自然的音符

118 种化学元素的故事

[英]施普林格·自然旗下的自然科研

(Nature Research，part of Springer Nature) 编

Nature 自然科研　编译

清华大学出版社

北京

北京市版权局著作权合同登记号　　图字：01-2019-7939

Material from: 'Nature: research articles [UK] part of Springer Nature GmBh, 1476-4687 (ISSN). Translated & Complied by Nature 自然科研, reproduced with permission of SNCSC'.

图书在版编目 (CIP) 数据

自然的音符：118种化学元素的故事 / 英国施普林格·自然旗下的自然科研编；Nature 自然科研编译. — 北京：清华大学出版社，2020.1（2024.11重印）

书名原文：'In Your Element' from Nature Chemistry

ISBN 978-7-302-54186-8

Ⅰ.①自…　Ⅱ.①英…　②N…　Ⅲ.①化学元素—普及读物　Ⅳ.①O611-49

中国版本图书馆CIP数据核字（2019）第256405号

责任编辑：刘　杨
装帧设计：意匠文化·丁奔亮
责任校对：刘玉霞
责任印制：宋　林

出版发行：清华大学出版社
　　　　　网　　　址：https://www.tup.com.cn, https://www.wqxuetang.com
　　　　　地　　　址：北京清华大学学研大厦A座　　　邮　　　编：100084
　　　　　社 总 机：010-83470000　　　　　　　　　邮　　　购：010-62786544
　　　　　投稿与读者服务：010-62776969, c-service@tup.tsinghua.edu.cn
　　　　　质量反馈：010-62772015, zhiliang@tup.tsinghua.edu.cn
印 装 者：天津鑫丰华印务有限公司
经　　销：全国新华书店
开　　本：165mm×235mm　　印　　张：24.75　　字　　数：354千字
版　　次：2020年2月第1版　　　　　　　　　　　印　　次：2024年11月第10次印刷
定　　价：98.00元

产品编号：085620-01

Preface

序

Starting in the inaugural issue of *Nature Chemistry* in April 2009 and throughout its first ten years, the last page of each month's journal was occupied by the 'In Your Element' (IYE) column, which explored — one element at a time — the building blocks that make up everything around us. There are currently 118 known elements, and we also included the two rather special isotopes of hydrogen: deuterium and tritium. This means that the IYE feature happened to run for exactly ten years, spanning 120 issues of the journal. With fortuitous timing, it came to an end in March 2019 during the International Year of the Periodic Table (https://www.iypt2019.org/), which celebrates

《自然-化学》(*Nature Chemistry*) 从 2009 年 4 月的创刊号开始, 十年以来每期的最后一页都属于 "In Your Element" 这个专栏, 该专栏每期介绍一种化学元素——这些元素就像积木块一样构成了我们周围的一切物质。目前已知的元素有118 种, 另外我们也介绍了两种相当特别的氢同位素: 氘和氚。这就是说, 该专栏开办了整整 10 年, 延续 120 期, 并刚好在 2019 年 3 月正式结束, 恰逢国际元素周期表年(https://www.iypt2019.org/)——旨在纪念德米特里·门捷列夫(Dmitri Mendeleev) 早期版本的元素周期表问世 150 周年，元素周期表大概已成为化学最普遍的象征之一。

本书是该专栏 120 篇文章的合集。起初，这些文章并无固定模式，只是为了分享元素的故事，既增长见识，又寓教于乐。这些文章粹集了各种珍闻片段，包括元素的历史记述、词源学意义、化学特性和相关的个人轶事等。一路走来，我们也了解到很多关于元素周期表及其内容的知识，所获匪浅。

元素周期表看起来相对简单，所有的元素都按原子序数递增排列，排列有序的行和列反映了元素化学性质的相似性和递变趋势。今天人们或许很容易认为元素周期表理当如此。然而，这张我们都熟悉的表格却是由众多科学家煞费苦心、几经努力才完成的。尽管门捷列夫被普遍认为是元素周期表的缔造者，但发现元素物理或化学性质的周期性，并试图以具有科学意义的方式排列它们的还有其他人，门捷列夫甚至不是第一个这样做的人。但是他在 1869 年提出的元素周期表有其独特之处：在列入当时已知的 63 种元素之外，他还为一些他认为已

the 150th anniversary of Dmitri Mendeleev's early version of the chart that would become one of the most ubiquitous emblems of chemistry.

This book is the collection of these 120 IYE essays. From the very beginning there was no set formula for these articles; they were simply intended to be informative and entertaining stories about an element. They gather together a wide variety of snippets, ranging from historical and etymological accounts to chemical characteristics to personal anecdotes, and we have learnt a great deal about the periodic table, and its content, along the way.

With its relatively simple appearance — all of the elements catalogued in order of increasing atomic number, arranged in neat rows and columns that reflect similarities and trends in their behaviour — it's perhaps easy today to take the periodic table for granted. Yet the familiar chart has been painstakingly shaped by the work of many scientists. Although Mendeleev is widely recognized as the creator of the periodic table, he wasn't the only one — or even the first one — to have noticed a periodicity in the elements' physical or chemical behaviour, and to attempt to arrange them in a manner that made scientific sense. But his 1869 version exhibited noteworthy features: it included all the 63 then-known elements as well as several gaps for elements that he believed existed but hadn't yet been discovered. Some of those 'missing' elements did indeed turn up within a matter of years — and exhibited properties that closely matched the ones Mendeleev had predicted based on their location in the table, lending great credibility to his periodic placement. It would take nearly 7 decades, however, to fill the last of his blank tiles, in a manner that would represent a fundamental departure in element discovery: rather than being found in nature, technetium — a highly radioactive element in the middle of the d-block — was created artificially and finally identified in 1937.

The discovery of some other elements initially caused classification problems, and prompted expansions of the table. The noble gases for example — of which krypton, neon and xenon were discovered within just weeks of each other — had no place on Mendeleev's chart for several puzzling years until they were finally given their own column in 1902. Another major adjustment came in the mid-1940s when Glenn Seaborg moved the actinide series

存在但尚未被发现的元素留了空位。其中一些"缺失"的元素确实在几年之内被陆续发现,其特性与门捷列夫在排列它们的位置时所预测的非常相近,这极大地增加了他所提出的元素周期排列方式的可信度。然而,填补最后一个元素空位花了近 70 年的时间,而且是以一种完全不同的元素发现方式完成的:位于元素周期表 d 区中间的高放射性元素锝并不是在自然界中发现的,而是 1937 年经人工合成制得并最终获得确认。

有些元素被发现后最初曾难以归类,这推动了元素周期表的扩展。例如,氪、氖和氙等稀有气体在短短几周内相继被发现,但在门捷列夫的周期表上却好些年没有它们的位置,直到 1902 年,人们才扫清疑惑将它们列入表中。另一个重大调整发生在 20 世纪 40 年代中期,格伦·西博格(Glenn Seaborg)将锕系元素的位置移到镧系元素下面,这次重排引导科学家们发现了铀之后的元素。

我们所熟悉的元素周期表并非一成不变。我们专栏的文章曾讲述人们如何就第 3 副族元素的排列展开了持续不断的争论——镧和锕，或者镥和铹是否应位于钪和钇之下？铹可否被认为是 p 区元素？

稀土的发现可谓趣事连连（虽然名中带"稀"，但在地壳中其实并不那么稀有，其中最常见的稀土元素铈的储量几乎和铜一样丰富）。约翰·加多林（Johan Gadolin）曾猜测有一种新元素存在，却因为担心稀土元素会"越来越多"，而不愿意承认，该元素现被称为钆。1843 年，卡尔·莫桑德（Carl Mosander）为了寻找两种新元素，对氧化铒和氧化铽进行了分析，但是因为失误而混淆了两种矿物的样本，"阴差阳错"地导致他从氧化铽中分离出了铒，从氧化铒中分离出了铽，后来两种矿物的名称才被更换过来。

专栏的文章也经常引经据典。例如，使用"既是诅咒，也是祝福"来形容镝元素，这是借用《茶花女》中有关爱情的描述；节选鲁德亚德·吉卜林（Rudyard Kipling）《冷铁》一诗的段落；引用儒勒·凡尔纳（Jules Verne）的著作——他在书中曾预见将水"分解成它的组

below that of the lanthanides; this placement would guide scientists to the discovery of elements beyond uranium.

The table as we know it is still not set in stone. The IYE essays tell of an on-going debate on the occupancy of group 3 — should lanthanum and actinium, or lutetium and lawrencium, sit below scandium and yttrium? Can lawrencium even be considered a p-block element?

The rare earths proved to be a trove of discovery quirks (despite their name these elements aren't all that rare in the Earth's crust; the most common one, cerium, is nearly as abundant as copper). Johan Gadolin, for example, guessed the existence of a new element, albeit reluctantly as he feared the rare earths were 'becoming far too numerous' — this very element is now known as gadolinium. A blunder caused some confusion between two minerals: in 1843 Carl Mosander analysed erbia and terbia in search of two new elements. A mix-up in his samples, however, meant that he had isolated erbium from terbia and terbium from erbia; the minerals' names were subsequently swapped.

The IYE essays also feature poetic passages: a description of dysprosium — a curse and a blessing — that is borrowed from that of love in *La Traviata*; a stanza from a poem by Rudyard Kipling entitled '*Cold iron*'; and excerpts from Jules Verne's books in which he had foreseen the use of water as a fuel 'decomposed into its primitive elements', and written in praise of aluminium — a light metal that was once more precious than gold.

There are quite a few unnerving accounts of early uses of p-block elements that were curbed when toxicity issues became painfully obvious: phosphorus in matches that plagued workers with a bone necrosis called 'phossy jaw'; mercury causing the neurological disorder now known as 'mad hatter' disease; the ubiquitous use of lead compounds (including one dubbed 'lead sugar'). In contrast, bismuth is a bit of an oddity among the heavy metals owing to its low toxicity. Only two tiles to the left, though, sits thallium — the weapon of choice of an English serial killer nicknamed the 'teacup poisoner', and an element that should perhaps have remained altogether undiscovered.

A number of glowing, radioactive elements also proved dangerously alluring. Initially purported to be a wonder element, radium used to be sprinkled into everything from water to food to cosmetics (presumably making skin glow for all the wrong reasons).

成元素"作为燃料使用，还赞扬了曾经一度比黄金还珍贵的轻金属铝。

很多有关 p 区元素的描述会让人不寒而栗，因为这些元素显然具有毒性，其早期使用受到了限制，如火柴中的磷导致工人发生"磷毒性颌骨坏死"，汞会引起现被称为"疯帽病"的神经紊乱，还有就是铅化合物（如"铅糖"）被广泛地使用。相比之下，铋由于毒性较低，在重金属中显得有些格格不入。然而，在铋的左边，只隔了一个主族的同一周期的铊，却是号称"茶杯投毒者"（teacup poisoner）的英国连环杀手的首选武器，或许这一元素本不应该被发现。

一些会发光的放射性元素既诱人也很危险。镭最初被称作一种神奇的元素，被撒到各种东西里面，包括水、食物、化妆品等（大概是由于它阴差阳错地能使皮肤焕发光彩的缘故）。现在，放射性元素已可以安全地用于各种用途，从原子钟到地质年代测定等。出乎意料的是，有些还可以轻易买到，比如烟雾探测器中使用的镅元素和无电池冷光装置中的氚元素。

一些重元素的发现充满了争议。这些争议是如此激烈，甚至被称为"超镄元素战争"（transfermium wars），为此还成立了特别委员会——超镄元素工作组（Transfermium Working Group），去裁决争端和名称归属。那些在元素周期表右下角的元素，在完全正常的条件下，可以通过让原子核相互撞击以诱导其短暂现身，这需要使用看似直接出自科幻小说的装备，以及极大的耐心。除了镄之外，原子核无法以可称重的数量制备。但科学家们并没有就此放弃，而是研发了特殊的实验技术，例如"一次一个原子"化学（one-atom-at-a-time chemistry）。元素搜寻者们目前正在精心制作更重的原子核，他们在人工合成方面的任何成功都将显著改变元素周期表的形状，因为现在元素周期表的 7 行相似元素已没有任何空白可填了。

再看元素周期表的另一端，有些元素实际上已经存在了很久。例如，氢和氦在宇宙大爆炸后大约 38 万年便出现了。氧在生命的起源和演化中起着关键的作用，氮则在多

Radioactive elements now safely serve a variety of purposes from atomic clocks to geological dating. Some can also be purchased surprisingly easily: americium in smoke detectors and tritium in battery-free luminescent gadgets.

The stories of some of the heavier elements are replete with discovery disputes. The controversies were so fierce that they are referred to as 'transfermium wars' and a special committee, the Transfermium Working Group, was created to adjudicate claims and attribute names. Those elements at the bottom right corner of the periodic table can — under exactly the right conditions, using equipment that seem straight out of science fiction, and with a lot of patience — be coaxed into fleeting existence by smashing nuclei into each other. Beyond fermium, nuclei cannot be prepared in weighable quantities. Undeterred, scientists have developed special experimental techniques: there is such a thing as one-atom-at-a-time chemistry. Element hunters are currently working on crafting ever heavier nuclei; any synthetic success will prompt a noticeable change in the shape of the periodic table, as there are no blank tiles left on its seven familiar rows.

At the other end of the spectrum

there are elements that have essentially been around for ever. Hydrogen and helium, for example, appeared only around 380,000 years after the Big Bang. Oxygen played a key role in the origin and evolution of life and nitrogen is intimately implicated in most matters of life and death. Nickel, iron and sulfur are thought to have been used by early forms of life; today most living organisms rely on iron. Another transition metal, iridium — which incidentally adopts the widest known range of oxidation states (from −3 to +9) — can provide clues as to why the dinosaurs died out.

The IYE articles have reflected the depth and breadth of the periodic table, and we are extremely grateful to all the writers who have contributed to this feature over the years. We have thoroughly enjoyed it, and we hope you do too.

Dr. Anne Pichon
Senior Editor, *Nature Chemistry*

Note: this preface is largely based on the editorial published in the March 2019 issue of *Nature Chemistry*, entitled 'End of an elemental era'.

数情况下攸关生死。镍、铁和硫被认为是早期生命形式所使用的物质，而今天大多数生物则依赖铁元素。另一种过渡金属铱，其氧化态范围恰巧是已知最广的（从 −3 价到 +9 价），它能为寻找恐龙灭绝的原因提供线索。

专栏的文章展现了元素周期表的深度和广度，我们非常感谢多年来为专栏写稿的所有作者。我们十分喜欢这个专栏，希望你也一样。

安妮·碧尚博士
《自然 - 化学》高级编辑

注：本序言主要基于 2019 年 3 月《自然 - 化学》杂志发表的题为《一个元素时代的终结》的社论。

目　录

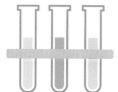

首先，要有氢

原文作者：

沃伊切赫·格罗查拉（Wojciech Grochala），波兰华沙大学。

格罗查拉讲述了宇宙中最古老、最轻、最丰富的元素如何继续在今天的地球上发挥着至关重要的作用。

氢是一种充斥全部已知世界的元素，它的历史波澜壮阔。大爆炸后"仅仅"过了 379 000 年，氢和氦原子就开始出现了。当这一团由质子、电子和光子所构成的炽热稠密的等离子体——也就是那时的整个宇宙——开始冷却和膨胀时，电子和质子聚集从而形成原子。4 亿年后，在引力坍塌的作用下，氢气云演变为恒星，我们自己的太阳就是如此而来。恒星能为这个温度仅有 2.7 开尔文（约 –270.45℃）的巨大、深邃而又冰冷的宇宙提供维持生命所必需的热量。氢在历史上的第三次巨变大约发生在 44 亿年前，当时地球的温度降到了 100℃以下，氧化氢——水开始在地球表面凝结，在这个新的水环境中生命才得以孕育。

现在估计，宇宙中 90% 的原子都是氢，它是构成物质世界的基础。对人类而言，氢也是必不可少的，我们身体中近 2/3 的原子是氢原子。元素周期表的第一个元素绝不是一种无用的物质，作为一种极好的化学燃料，它已经引起了人们越来越多的关注。早期地球的大气富含氢气，于是细菌中进化出可以利用氢气或水来提供能量的酶[1]，这种酶被称为氢化酶。在还原条件下这些微生物可以大量繁殖，其中的许多种类通过依赖氢燃料供能存活至今。

范·海尔蒙特（Van Helmont）第一个发现氢气在空气中可燃，但它本身并不能支持燃烧。早在 1671 年，罗伯特·波义耳（Robert Boyle）就描述了铁屑与酸反应形成气泡，但却是亨利·卡文迪许（Henroy Cavendish）认识到氢气（他称之为"易燃空气"）与其他气体不同，它在脱燃素气（氧气）中燃烧会生成水。因为这一现象，安托万-洛朗·德·拉瓦锡（Antoine-Laurent de Lavoisier）在 1783 年将氢气命名为"hydro-gen"，意为"生成水的（物质）"。与燃烧得水这一反应相对，1800 年，尼科尔森（Nicholson）和卡莱尔（Carlisle）及其后的里特（Ritter）通过电解将水分解成了它的元素成分。这正是我们今天仍在努力实现的反应，但现在要实现的是利用光化学过程来大大减少反应所需电力的新形式[2]。这样产出的氢气是一种极好的超轻能源载体，而且它储量丰富、对环境友好——氧化产物是水，作为燃料有着广阔的前景。除此之外，氢分子还填充了 1783 年第一个载人气球和两个世纪后的火箭燃料箱，使得充满好奇心的我们能够探索得越来越远。

然而，在实际应用中，氢必须以压缩的、液化的或固态的方式储存[3]。1970 年，飞利浦研究实验室偶然发现氢可以以氢化物的形式被金属间化合物可逆地吸收[4]，这使得电化学储氢获得了巨大成功。1997 年，第一批大规模生产的镍氢电池驱动的汽车开始在日本的道路上行驶。随着氢氧燃料电池和固态质子导体的蓬勃发展[5]，我们越来越接近于实现凡尔纳早在 1874 年《神秘岛》中就提到的梦想："氢和氧……将提供取之不尽

[1] Vignais, P. M. & Billoud, B. Chem. Rev. 107, 4206–4272 (2007).

[2] Walter, M. G. et al. Chem. Rev. 110, 6446–6473 (2010).

[3] Schlapbach, L. & Züttel, A. Nature 414, 353–358 (2001).

[4] Vanvucht, J. H. et al. Philips Res. Rep. 25, 133–140 (1970).

[5] Haile, S. M. et al. Nature 410, 910–913 (2001).

用之不竭的热源和光。"

自量子力学诞生以来的一个多世纪，作为典型的原子和分子，氢原子和氢分子被理论学家们广泛使用。这两个物质种类作为试验台，被用于严格地评判不同的量子力学模型和近似方法[6]。氢的氧化态从 −1（氢化物）经过 0（元素）到 + 1（质子），每一种状态都具有非常不同的物理化学性质。氢气分子是相当惰性的，它与闭壳的氦原子在统一的原子模型中是等电子的。直到 1984 年，才由库巴斯（Kubas）描述了氢气分子与过渡金属的配位[7]。与氢分子相反，H⁻ 阴离子是一种强碱和强还原剂，而 H⁺ 则是一种强酸和强氧化剂；无（或很少）水合的质子在超强酸的环境下可以轻易将烷烃转变为碳正离子[8]。事实上，氢曾是建立合理的酸碱理论的关键元素，如 Brønsted-Lowry 理论就认为酸碱是质子转移的反应。

第 1 号元素无时无刻不对我们的世界产生方方面面的重大影响，而且它将继续在可持续能源战略中发挥重要作用。

[6] Kołos, W. & Wolniewicz, L. J. Chem. Phys. 43, 2429–2441 (1965).

[7] Kubas, G. J. et al. J. Am. Chem. Soc. 106, 451–452 (1984).

[8] Olah, G. A. et al. J. Am. Chem. Soc. 93, 1251–1256 (1971).

氘的主权

原文作者:

达恩·欧莱瑞（Dan O'Leary），美国加利福尼亚州波莫纳学院化学系。

欧莱瑞重新回顾了哈罗德·尤里（Harold Urey）将质量数为 2 的氢同位素命名为 "deuterium"（氘）的决定。

1931 年，尤里发现了质量数为 2 的氢同位素，并因此获得了诺贝尔奖，一般认为，他在 1933 年 6 月将其命名为 "氘" [1]。然而尤里和他的合作者斐迪南·布里克韦德（Ferdinand 'Brick' Brickwedde）之间的通信 [2] 表明，直到当年的 5 月，他们的团队仍然在头疼如何给这种同位素起一个合适的名字。

5 月 9 日当天，尤里写信给布里克韦德，说他还是决定不下来要给 "那种氢" 起个什么名字。已有的各种提案包括了 "pycnydrogen"（"pycno-" 意为 "浓、厚、密实"）或是 "barhydrogen"（H- ）和 "barogen"（"baro-" 意为 "重"）这样的名字，但他对这些提议都没什么兴趣。他问布里克韦德是否觉得用 "pycnogen" 称呼氢 -2 会是个好主意。一个多星期以后，布里克韦德回复说，他倾向于 "barhydrogen" 这个名字，但 "barogen" 和 "pycnogen" 也过得去。然后他又在这潭浑水里搅了一

[1] Coffey, P. Cathedrals of Science: the Personalities and Rivalries That Made Modern Chemistry (Oxford Univ. Press, 2008).

[2] Brickwedde correspondence in Harold Clayton Urey Papers (Mandeville Special Collections Library, Univ. California, San Diego).

把：他提出了"haplogen/ haplohydrogen"（"haplo-"
意为"单"）和"diplogen/diplohydrogen"（"diplo-"
意为"双"）这组叫法。

尤里在 5 月 23 日回复了布里克韦德的信，信中说
他正在考虑"protium"和"deutium"的叫法能不能行。
他告诉布里克韦德，他一直在和他以前的博士导师吉尔
伯特·N. 路易斯（Gilbert N. Lewis）通信，而后者私
下里提议了"dygen"这个名字，他也将"pycnogen"
和"barogen"两个叫法告知了路易斯。尤里附上了路
易斯发来的一份电报：

　　请无视我上封信里提议的名字，那些连我自己
都不喜欢。暂时放弃把同位素当物质命名。但作为氢
同位素核，我们都认为"deuton"是最好的名字且已
经临时采用。

尤里继续写道："我给你附了一份电报的复本；我花
了些时间来回复这封电报，然后用平信给他寄去了。我
希望他能体会我的意思，因为看起来他把给这种同位素
找个好名字当成了自己的责任。"他接着表示，"这个命
名建议是路易斯提出的，这是我不愿接受的原因。现在
我已经开始希望他们不要再建议任何名字，不然我肯定
要对其中某些抱有偏见了。"

在 5 月 26 日的回信中，布里克韦德说他觉得"pro-
tium"和"deutium"都可以接受。他仍然喜欢"haplogen"
和"diplogen"这组名字，但它们的人气正在降低，因
为提出它们的是另一名同事。5 月 29 日，尤里回复说，
"我对氢同位素的名字考虑得越多，就越倾向于使用
'protium'和'deuterium'（我们的希腊语专家们告诉
我们，'deutium'不是一个合适的希腊语衍生词）。如
果以后发现了氢 -3 同位素，可以将之命名为'tritium'。"

布里克韦德在下个月 4 日回信说"proterium"和"triterium"语音上更好听，但"protium/deuterium/tritium"更合适。尤里在 6 月 6 日复信："'protium'和'deuterium'这组名字仍然没有让我完全满意，但我已经想不出更好的了。你觉得'proterium'比'protium'好，而路易斯给我写了封信表示'deutium'要比'deuterium'好——事实上他更倾向'protum'和'deutum'这样的叫法。"

6 月 15 日，尤里的团队在《化学物理杂志》(*Journal of Chemical Physics*) 上发表了一份快报，提出了 protium/deuterium/tritium 的命名[3]。他们引用了路易斯提出将这种原子核命名为 deuton 的私人通信，但以"并非基本粒子"为由拒绝了这一建议。在需要命名原子核的情况下，尤里及其合作者建议使用"deuteron"这个名字。一组来自于英国的科学家在 1934 年初试图抢先将这种同位素命名为"diplogen"(文章发表在《自然》上，为其背书的则是欧内斯特·卢瑟福 (Ernest Rutherford)[4])，但尤里等人提出的这组名字存活了下来。这场乱斗甚至得到了《时代》杂志的报道[5]，报道将其称作"非常紧张的"大西洋两岸科学界关系的缘由。尤里及其支持者做了回复，中心思想是"我们想过了他们提到的那种叫法，也试过了，最后觉得不行"。

因为发现了氘，尤里独自获得了 1934 年的诺贝尔化学奖。虽然路易斯争分夺秒地发表了他对重水的研究工作，但仍然被排除在获奖者之外。据称他一直没能够从这次——以及他认为的别人对他的其他各种轻蔑——中恢复过来；他死于 1946 年，很可能是自杀。尤里后来这样描写[6]他的导师在对氘的追逐中所扮演的角色："我一直对路易斯教授在这件事里的态度感到难过。自

[3] Urey, H. C., Murphy, G. M. & Brickwedde, F. G. J. Chem. Phys. 1, 512–513 (1933).

[4] Farkas, A. & Farkas, L. Nature 133, 139 (1934).

[5] http://www.time.com/time/magazine/article/0,9171,746988,00.html

[6] Unpublished autobiography dated 1970 in Harold Clayton Urey Papers (Mandeville Special Collections Library, Univ. California, San Diego).

那时起，每当我从前的学生做出了重要的发现，我都会尽可能帮助他们，而不是试图从他们那里将之夺走。"

如果尤里的团队孤军奋战，他们是否能够在希腊文"deuteros"的基础上创造出一个名字来呢？尤里本人虽不情愿但也对布里克韦德承认了，提出最终被采用名字的词根的仍然是路易斯。

特别的氚

原文作者：

布雷特·F.桑顿（Brett F. Thornton），瑞典斯德哥尔摩大学地质科学系和柏林气候研究中心；肖恩·C.伯德特（Shawn C. Burdette），美国马萨诸塞州伍斯特理工学院化学与生物化学系。

　　科学家对待学术命名一般都很严肃，但是给氚命名时却有些随意了。桑顿和伯德特共同讨论了氚———个超重、具有放射性、并能在网上购买的氢同位素。

　　为什么 ^{3}H 被称为氚，而不是直接叫氢 -3 呢？更确切地说，为什么只有 ^{2}H 和 ^{3}H 仿佛独立的元素一样，拥有自己的名称，而其余大量的同位素却无此殊荣，难道它们不值得吗？其实，在 20 世纪初期，许多放射性同位素都拥有各自的名称，但它们早已停用。1957年，国际纯粹与应用化学联合会（IUPAC）正式禁止了除了氘和氚之外的同位素命名，只有少数未经批准的特例，例如，^{14}C 被称作放射性碳，^{220}Rn 叫钍射气（thoron），而 ^{230}Th 则叫锾（ionium），它们仍在某些专业领域里被使用。

　　当同位素这一概念被认识到之后，许多以前被认为是独立元素的同位素，因为具有明显相同的化学性质，而被归类为元素周期表上的某个单一元素。尽管某些同位素之间也被观察到有轻微的化学差异，但氢

[1] Wildman, E. A. J. Chem. Ed. 11, 11–16 (1935).

[2] Urey, H. C., Murphy, G. M. & Bric kWedde, F. G. J. Chem. Phys. 1, 512–513 (1933).

[3] Stuewer, R. H. Am. J. Phys. 54, 206 (1986).

[4] Oliphant, M. L. E., Harteck, P. & Ruth-erford, E. Proc. R. Soc. A 144, 692–703 (1934).

[5] Alvarez, L. W. & Cor-nog, R. Phys. Rev. 56, 613 (1939).

[6] Rutherford, E. Nature 140, 303–305 (1937).

同位素的发现是一个重要的转折点。在化学反应中，^{2}H 和 ^{3}H 的行为显然与"普通"的 ^{1}H 不完全相同，这给它们独立命名提供了清晰的依据。在发现 ^{2}H 和 ^{3}H 后不久，化学老师被告知[1]要谨慎使用"一种元素的同位素的化学性质相同"这一论断，然而即使在今天，这句提醒也经常被忽略。

1932 年，美国科学家哈罗德·尤里、乔治·墨菲（George Murphy）和布里克韦德发现了氘，他们在 1933 年的一份报告[2]中给 ^{2}H 取名"氘"（deuterium），同时也为当时尚未被发现的 ^{3}H 取了"氚"（tritium）这个名字。这一先发制人的命名提议，激化了关于氘（deuterium）这个名字是否合适的争议，又很快演变成了一场激烈的公开辩论[3]。在大西洋彼岸，卢瑟福支持以"diplogen"作为 ^{2}H 的名字，并以"diplon"称呼其原子核。这一方案因他个人的名声而吸引了很多公众的眼球。此后不久，在 1934 年初，剑桥大学的马克·欧力峰（Mark Oliphant）、保罗·哈特克（Paul Harteck）和卢瑟福报道称[4]，他们用"diplon"轰击"diplogen"，生成了 ^{3}H。值得注意的是，这篇文章并没有提到或建议这种新同位素的名字。

剑桥大学有关 ^{3}H 的初步报告错误地宣称它是稳定的，因为他们认为放射性来源于反应的另一种产物 ^{3}He[3]。当事实证明情况正好相反时[5]，"tritium"这个名字已经很常用了。1937 年，卢瑟福在去世前不久，写了一篇关于 ^{3}H 的回顾性文章，提倡将 ^{3}H 命名为"triterium"[6]。尽管他做出了努力，但"triterium"并没有取代尤里提议的"tritium"，而与"diplogen"对应的"triplogen"得到的支持就更少了。

尽管浓度极低，但氚在地球上是自然存在的。它产生于平流层，在那里宇宙射线分裂原子核释放出中子，撞击 ^{14}N，使其生成 ^{12}C 和 T（氚）。整个大气中，氚的自然含量可能不到 2 kg，但到 20 世纪 60 年代初，核聚变武器的试验产生了大约 200 kg 的氚。它的衰变（半衰期为 12.3 年）已被证明对许多地球物理示踪剂研究有用，对地表和地下水系统和海洋的示踪研究尤为有用。氚是一个极弱的 β 射线放射体，除非异常大量地吸入或摄入，否则危害性较小。另外，氚的 β 衰变产物为稳定的 ^{3}He。这些特性使氚成为使用最广泛的放射性物质之一。在网上很容易就可以买到各种各样的含有微量氚气的钥匙链、项链和手表，氚元素的衰变会激发荧光体，比如掺有铜的硫化锌，在没有电池或外部电源的情况下，其自发光可持续多年。

氚在同位素中仍显得很特殊，而这不仅仅是因为它的名字。"T + D"反应是未来最有前景的聚变能来源。由于一种元素的同位素之间的区别仅仅在于中子的数量，因此同位素之间的相对质量差异对于较轻的元素来说更为显著，而对于氢来说，这种质量差则是到目前为止最大的。现在，大量研究领域要依赖于同位素之间化学性质的微小差异，而这种差异往往是由质量的不同引起的。同位素之间相对质量一般差异不大，比如，^{208}Pb 比 ^{207}Pb 大约重了 0.5%，^{13}C 比 ^{12}C 重约 8.5%，但是 T 却比 ^{1}H 重了约 200%。相对质量差异如此之大，与其他元素相比，T 和 ^{1}H 之间的差异绝对是一个极端异常值。相对较短的半衰期和稀缺性使得对氚进行宏观化学性质研究变得极为困难，这是一个遗憾，毕竟氚在同位素效应方面确实是独一无二的。

2 He
氦
helium
4.0026

冷酷如氦

原文作者：

克里斯汀·赫尔曼（Christine Herman），美国伊利诺伊大学
厄巴纳-香槟分校化学系博士生。

多年来，氦以其特异的性能在科学发现中扮演着各种主要和次要的角色。赫尔曼在此向我们解释了氦是因何而如此酷炫的。

小时候，我曾经是星星眼望着氦的孩子们中的一员，因为它既能把五颜六色的气球送上天空，又能让我用尖细的嗓音说话。成为化学工作者以后，我了解到，科学家们还会因为成千上万的别的理由迷上这种无色无味的第 2 号元素。氦是一种冷酷的元素，一点儿都没错。

氦有着所有元素中最低的熔点和沸点，而且在 2 K 以下，氦会转化为超流体，黏度消失，同时获得极高的导热能力。这些性质使得氦具有绝佳的制冷能力，使其成为冷却超导磁体的理想制冷剂。物理学家、外科医生和核工程师也同样都要利用氦的制冷能力依靠液氦来工作：进行原子对撞实验、核磁共振成像，以及将核反应堆降到足够低的温度。

氦是由天文学家皮埃尔·让森（Jules Janssen）和诺曼·洛克耶（Norman Lockyer）在 1868 年发现的，两人都从太阳光谱中独立观察到了氦的特征黄光谱线。

洛克耶（他也是《自然》的第一位编辑）用希腊语里的太阳"Helios"命名了这种元素。氦第一次被分离出来则要到 1895 年了——苏格兰化学家威廉·拉姆齐（William Ramsay）爵士在用矿物酸处理钇铀矿，并除去了所有氮气和氧气之后，终于发现了和 30 年前从太阳光谱中观测到的同一条谱线。就在同一年，瑞典化学家皮·特奥多尔·克利夫（Per Teodor Cleve）和尼尔斯·朗勒特（Nils Langlet）也各自独立地分离出了氦，并确定了其相对原子质量。

虽然氦是全宇宙丰度第二的元素（仅次于氢），但因为它不会被地球的重力束缚，在大气层中的体积含量仅为 0.0005%。相对地，在天王星的大气层中，氦气的体积分数和质量分数分别为 15% 和 26%，这已经很接近我们所在的银河的组成了。作为放射性重元素的自然衰变副产物，α 粒子（He^{2+}）会在天然气田中富集；采集获得的天然气中最多会含有体积含量为 7% 的氦，供应商会用分馏法将其分离出来然后再销售。

除了辅助物理、医药和核能方面的应用以外，氦在工业、研究和日常生活中还有着各种各样的用处：弧焊工用它作为惰性保护气体，火箭科学家用它来为燃料增压，而深海潜水员用它和氧气混合来避免在长时间潜水中陷入氮醉。科学家们研究着氦在各种形态下的超流体中表现出的量子力学现象；而由于放射性衰变会产生氦原子核，古生物学家能凭借测量岩石中的氦与铀钍的比值来为其断代。氦氖激光被广泛应用在需要可见光波长上的相干光的场合。实际上，1978 年第一张商业化的光盘存储介质，读取信息时使用的就是氦氖激光。最近，科学家们还展示了如何使用氦离子束来构造纳米级电子元件和光学元件以及对其成像[1]。

[1] Bell, D. C., Lemme, M. C., Stern, L. A., Williams, J. R. & Marcus, C. M. Nanotechnology 20, 455301–455305 (2009).

[2] Pimentel, G. C., Spratley, D. & Miller, A. R. Science 259, 143 (1964).

[3] Saunders, M., Jimenez-Vazquez, H. A., Cross, R. J. & Poreda, R. J. Science 259, 1428–1430 (1993).

[4] The STAR Collaboration Nature 473, 353–356 (2011).

[5] Rutherford, E. Philos. Mag. 6, 669–688 (1911).

氦是一种惰性气体，难以与其他元素进行化合，但这并不能阻挡化学家们探索的脚步。从 20 世纪 60 年代起，人们就在努力试图通过氚[2] 的 β 衰变制取 HeF_2，但到现在尚未获得成功。然而合成化学家在这个方向上已经迈出了一步：他们制成的富勒烯（碳构成的笼状分子）能够以非共价方式将氦原子包裹在其中心[3]。氦还能与其他原子结合，形成准分子——这是一种寿命短暂的二聚或异二聚分子。在高压和电流刺激下，碘、钨或硫等元素能与氦构成准分子。这类物质经常用于产生激光，来处理半导体以及进行眼科手术。

在最近的新闻中，氦的反物质表亲——反氦，站在了聚光灯下：这是人类所观测到的最大的反物质原子[4]。金离子构成的粒子束以接近光速的速度互相撞击，溅射出数万亿粒子，其中就有此前从未被观测到的反氦粒子。有趣的是，刚好在此一个世纪之前的 1911 年[5]，卢瑟福以 α 粒子束轰击金箔，发现了原子核的存在——恰恰是这次实验的反过程。

从提供惰性气氛和将系统冷却到极低的温度，到推进量子模型和医学上的应用，氦在科学发现上扮演的缤纷多彩的角色，使我想要高呼：无论比喻上还是现实中，氦都是最（冷）酷的元素。

锂会成为新时代的黄金吗？

原文作者：

让 - 马里·塔拉斯孔（Jean-Marie Tarascon），法国皮卡第儒勒 -
凡尔纳大学反应性和固态化学实验室。

塔拉斯孔在本文中探讨了发现于约两百年前的锂元
素的价值：锂的地位正因为其在贮存能源和电动汽车方
面的应用前景而飞速上升。

虽然已经被发现差不多两个世纪了，锂却在最近搞
了个大新闻：作为将要驱动下一代电动汽车的锂离子电
池的主要原料，锂元素的身价可能在 21 世纪上涨到黄
金的级别[1]。鉴于这种元素在地壳中并不是均匀分布的，
已经有流言声称，安第斯山脉边上的南美诸国可能很快
会成为"下一个中东"。现有储量[2-4]和预期消耗[1]之
间的矛盾预示着，如果在接下来的五十年里，所有的车
辆都改为使用电力驱动，恐怕会出现锂资源危机，届时
锂会像今天的化石燃料一样价格飙升。

锂（lithium）的原子序数为 3，在周期表上位居
左上角。1817 年，永斯·雅各布·贝采利乌斯（Jöns
Jakob Berzelius）的学生约翰·奥古斯特·阿韦德松
（Johann August Arfvedson）在分析发现于 1800 年的
叶长石（Petalite, $LiAlSi_4O_{10}$）时，发现了该元素的存在。
贝采利乌斯将这种新元素命名为"lithos"，希腊语中意
为"石头"。

[1] Greene, L. Batteries & Energy Storage Technology 37–41 (Spring issue, 2009).

[2] Tahil, W. The Trouble With Lithium (Meridian International Research, 2006); http://go.nature.com/jhDqLH

[3] Tahil, W. The Trouble With Lithium2 (Meridian International Research, 2008); http://go.nature.com/AWITRo

[4] http://www.worldometers.info/cars/

室温下，锂单质是电正性最强的金属（标准电极电位为 –3.04 V，暴露在空气中时其银白色表面会因氧化而褪色），同时也是最轻（6.94 g/mol）和密度最小（0.53 g/cm^3）的固体元素，而且极其易燃。由于极度活泼，在自然界中锂仅以化合物的形式存在于卤水或硬岩矿物中，而单质锂则必须在矿物油或真空安瓿中进行无水保存。

锂及其化合物具有独特的物理、化学和电化学特性，这使得它们在众多领域都能大显身手。除最近问世的锂基电池以外，铌酸锂（LiNbO$_3$）也是非线性光学中的重要材料。工程师们还会用锂来制作高温润滑剂、为合金增加强度，以及用于进行热交换。由于有机锂化合物极强的碱性以及亲核性，其在精细化工中得到了广泛的应用，被用来合成多种化学物质。锂制剂还因能作用于神经系统而被作为情绪稳定药物使用；在核能研究中，还可以通过利用中子轰击锂-6 来制取氚（氢-3）。因此锂的市场需求保持着每年 7%~10% 的增长势头，2010 年已经达到了每年 16 万 t 碳酸锂（Li$_2$CO$_3$）——其中 20%~25% 被用于电池产业。

由于有助于缓解污染、全球变暖和化石燃料短缺等诸多问题，能量存储科技已经变得前所未有地重要，而锂离子电池技术正是发展可再生能源和电动汽车的一时之选。一般的锂离子电池由含锂的正极和不含锂的负极组成，中间用锂基电解质隔开。以 1 mol/L 浓度的锂基电解质加上一个 3.6 V 的 $LiMPO_4$ 电极（其中 M 是铁或锰）做简单估算，储存每千瓦时电能大约需要消耗 0.8 kg 的 Li_2CO_3——而这个数字并不会随着新研发的电池技术而降低，比如锂 - 空气电池或是锂 - 硫电池都需要在负极加入额外的锂才能正常工作。另外，氘可能与氚一起被用于核聚变这一点还会进一步增加锂的需求。

从硬岩中开采锂既辛苦又昂贵，而如今大部分（83%）的锂产量来自高盐湖泊以及其干涸后留下的盐盘：盐水首先被从湖中泵出，进入浅池中，然后太阳能会将盐水浓缩成为富含氯化锂的卤水；在这种卤水中投入苏打，Li_2CO_3 就会沉淀出来。虽然海水中含有总量相当大的锂元素，但从海水中进行锂的提取更为困难，而且昂贵。

对全世界的锂储量进行估量极为困难[1-3]——这一类议题往往是由投资者和风投资本家们推动的。如果要把现在每年生产的 5000 万辆汽车[4] 全部改装成"插电式混合动力汽车"（同时装有 7 kW·h 时锂离子电池驱动的电动引擎以及内燃机），现在的 Li_2CO_3 产量仅能满足一半的需求；而如果要以需要 40 kW·h 车载电池的全电驱动车辆来考虑的话，锂需求将是一个天文数字。这些数字使人担忧起数十年内将要到来的锂短缺，这不免让人觉着前景黯淡。

但愿这一令人警觉的全球态势能驱使研究者探索新的电池技术[5]，以缓解我们对锂的依赖。幸运的是，如

[5] Armand, M. & Tarascon, J. M. Nature 451, 652–657 (2008).

果考虑到回收利用，问题的严重性会有所下降——金属锂的低熔点（180 ℃）及其氟盐、碳酸盐以及磷酸盐的低溶解度使得锂的回收相当容易。扩大对盐卤资源的利用，同时提高回收系统的效率，应当可以满足完全依赖锂离子电池的"动力革命"的需求，从而降低地缘政治风险。

铍更明亮的未来

原文作者：

拉尔夫·普赫塔（Ralph Puchta），德国埃朗根-纽伦堡大学
化学与药学系。

虽然铍主要以其剧毒而闻名，但它也拥有一系列在非工业应用中引人注目的特性。普赫塔在这里解释了为什么我们不用"谈铍色变"。

自古以来，人们为祖母绿的绿色、红色及海蓝宝石的淡蓝色而着迷。这些宝石都是由绿柱石——一种透明的铍铝硅酸盐矿物——和少量赋予其鲜明色彩的过渡金属元素组成。德语中的"眼镜"（brille）一词也来源于绿柱石之名（beryl）。

1798年，法国人路易-尼古拉·沃克兰（Louis-Nicolas Vauquelin）在分析绿柱石时，从中分别分离出了铍盐和铝盐。当时他基于它甜甜的味道提议取名"glucinium"；但在1957年，为了与其他语言一致，铍在法语中也最终被定名为"beryllium"。1828年，弗里德里希·维勒（Friedrich Wöhler）和安托万·比西（Antoine Bussy）分别独立用氯化铍与钾反应的方法制备出了铍的单质。1898年，保罗·勒博（Paul Lebeau）通过电解氟化铍和氟化钠的熔融混合物也得到了单质铍。今天，大部分的铍都是通过镁和氟化铍的氧化还原

反应制备而成，而氟化铍的来源是绿柱石。

作为元素周期表中的第 4 号元素，铍是最小的金属原子，通常表面会有一层氧化铍的保护膜，该氧化膜可以防止它与浓的酸氧化剂反应。但稀盐酸可以溶解这层氧化膜并生成氢气。铍结合了高熔点（1287 ℃）、高弹性、优良的高能中子散射性能等物理性质的特点，这使其具有几个独特的实际应用。

例如，由于几乎不吸收 X 射线，铍一直被用于构建 X 射线管的辐射窗口。对高能粒子的透明性质也使其被用在大型强子对撞机的探测器部件中。此外，铍在所有的核能应用中都有贡献。譬如，铍在核裂变发电站和核武器中被用作中子反射器。

铍在宇宙中的天然核反应过程中也发挥着作用，例如生成碳的聚变反应。在古老恒星的 3α 过程中，三个 ${}^{4}_{2}\text{He}$ 氦原子核（也被称为 α 粒子）聚变成一个 ${}^{12}_{6}\text{C}$ 碳原子。首先，两个 ${}^{4}_{2}\text{He}$ 原子核聚变成极不稳定的 ${}^{8}_{4}\text{Be}$ 铍，这种铍原子核倾向于衰变回两个 ${}^{4}_{2}\text{He}$ 氦原子核。然而，在特定条件下，这些铍原子核的形成速度要快于其衰变速度。其中一部分铍原子核可以再与另一个 ${}^{4}_{2}\text{He}$ 氦原子核聚变为稳定的 ${}^{12}_{6}\text{C}$ 原子。在大约 60 亿年后，我们的太阳也会开始这一反应过程。那个时候太阳的年龄大约为 100 亿岁。

铍合金拥有的有趣机械性能、热性能以及电学性能使其在很多实际应用中大展身手。比如铍铜合金（一般含有最多 2.5% 的铍）是非磁性的，可以用于陀螺仪或者磁共振成像设备。铍比玻璃能承受更低的温度，这在军事及航天应用中非常实用。

铍还被用来掺杂半导体，比如用分子束外延的方法将其掺杂在砷化镓里。与其半导体掺杂应用相反，氧化铍却是一种电绝缘体，但具有非常好的导热性。也许铍最有意思的新可能性是在量子计算机中——铍离子可能被用作量子计算机的处理器。有 160 个量子程序已经在这样的量子计算机上经过了测试，其中有 80% 得到了正确结果。看起来通过使用基于铍的处理单元有可能实现更大的量子计算系统[1]。

然而，铍的大部分实际应用都被它和它的化合物（尤其是其尘埃颗粒形式）的毒性扼杀在摇篮里。被吸入后，这些小颗粒会引起铍中毒。铍中毒以慢性肺病的形式发作，发病时间可能是几个月到几年不等，且不可治愈[2]。这并不是说人们完全不该使用铍和铍的化合物，但必须小心。

当前对于铍元素的研究主要集中于对其基础性质的探索，比如其结构以及机械性质，近来这类研究更多是基于计算模拟而不是实际实验。例如，对铍的四配位化合物的研究[2] 提供了有关铍化合物的结构多样性的新认识。铍的可能配位数最近也已被解明[3,4]。为了阐明铍的溶剂交换过程[5,6]，对其相关机理的研究也正在进行中。

随着对铍化合物的结构和反应性能越来越深入的了解，铍元素无疑将在日常应用中扮演更加重要的角色。有鉴于此，我们或许可以给出结论——对于铍，"用，还是不用"，将不再是个问题。

[1] Hanneke, D. et al. Nature Phys. 6, 13–16 (2009).

[2] Dehnicke, K. & Neumüller, B. Z. Anorg. Allg. Chem. 634, 2703–2728 (2008).

[3] Azam, S. S. et al. J. Chem. Phys. Chem. B 113, 9289–9295 (2009).

[4] Rudolph, W. W., Fischer, D., Irmer, G. & Pye, C. C. Dalton Trans. 38, 6513–6527 (2009).

[5] Puchta, R., Pasgreta, E. & van Eldik, R. Adv. Inorg. Chem. 61, 523–571 (2009).

[6] Budimir, A., Walther, M., Puchta, R. & van Eldik, R. Z. Anorg. Allg. Chem. 637, 10.1002/zaac.201000418 (2011).

5		B
	硼	
	boron	
	10.81	
	[10.806, 10.821]	

硼的键合

原文作者:

肯恩·韦德(Ken Wade),英国杜伦大学化学系荣誉退休教授。

很久以前,全球兴起了探索硼烷超级燃料的热潮,这导致了碳硼烷的偶然发现。韦德回忆了他个人在太空竞赛时期并不出彩的表现,并且记录了碳硼烷是如何复兴了硼烷化学以及改变了我们对化学键认知的过程。

20 世纪 50 年代太空竞赛期间,东方共产主义和西方资本主义均制造出了比以往更大、动力更强的火箭,以此进行核威慑。在苏联把第一颗人造卫星"伴侣号"(Sputnik)成功发射并进入地球轨道赢得这场竞赛之前,火箭的研究进展一直以能从多远处能回收前端椎体为衡量标准。地面上的工程师们则继续设计和构建更好的火箭发动机,而更加高能的燃料则成为了化学家们所探寻的目标。

硼之所以引起化学家们的关注,是因为在其氢化物(硼烷)燃烧时每千克所产生的热量高于碳氢化合物。尽管硼烷的热力学不稳定性使其看起来很难成为理想的燃料或燃料添加剂,美国和苏联仍在硼烷燃料的研究当中投入了数百万美元/卢布的巨款。英国政府也不甘示弱,拨付 600 英镑[①]给相关研究工作。也正是这笔钱支

————————————
① 没看错,是 600 英镑。——编者注

撑了我与剑桥大学的哈里·埃米勒斯（Harry Emeleus）
教授一起合作开始了硼烷的研究（否则就要应召入伍）。

　　与埃米勒斯教授合作很愉快，他为人友善，擅长冷
幽默。他为我提供了护面罩、石棉手套以及软质皮革的
围裙，这样在爆炸发生时，就算围裙不能够挡住所有的
玻璃碎片，也可以保证那些能够射穿围裙的玻璃碎片足
够大，以便外科医生们可以通过手术将其取出。在如此
这般的鼓励下，我研究了乙硼烷各种反应，基本是以以
下这种方式进行的：在各种备选氧化剂存在的条件下，
冷凝少量乙硼烷到玻璃反应皿中，再允许其回温到液态
或者气态下进行反应。大部分反应都是在可以控制的情
况下进行。

　　直到有一天，我轻率地将乙硼烷和一个挥发性氧化
剂密封在一起，我本以为这个反应会在低温下即刻进
行，然而事实并非如此。几个小时之后，在室温下，这
个固定在具有安全屏的通风橱里、装着具有潜在爆炸可
能的两种气体混合物的反应皿，突然间伴随着一道绿闪
以及一声巨响消失了——成了粉末，所幸并没有造成人

员伤亡。用来固定反应皿的夹钳裂开着嘴，仿佛在无奈地嘲笑着我。只有一片玻璃碎片存留了下来。密封的反应管底部飞向了一侧，在通风橱的钢化玻璃上留下了一个弹孔般孔洞之后却又奇迹般完整地落回了通风橱里，就像火箭前锥体一样等待着找回。你可能想问："这是不是就是英国的燃料 / 氧化剂组合？"不，硼烷的制备太昂贵难以实现，且被证明不适用于卫星和导弹的发射。因此，化学家们开发了其他的燃料 / 氧化剂体系。

然而，全球范围内投入到硼烷研究的资金并没有浪费，它们推动了新型硼烷阴离子 $[B_nH_n]^{2-}$ 以及碳硼烷 $(C_2B_{n-2}H_n)$ 的发现。碳硼烷是硼氢和碳氢化物的混合物，具有新颖的三角面（二八面体型）结构，其结构中球面上紧密堆积的 n 个硼原子和碳原子仅通过 $n+1$ 个电子对键合，过少的电子对甚至不足以分配给每一个原子 - 原子（共 $3n-6$ 个）联结一对电子。该现象被称为"缺电子的"，而事实他们是"足电子的"，因为多加任何电子都会导致其结构的崩塌而形成更大的三角多面体碎片。

根据分子式或电子数绘制其形状可以得到完整的三角多面体或者碎片，该结果首先由碳硼烷的研究先驱罗伯特·E. 威廉姆斯（Robert E. Williams）于 1971 年报道，而现在已被列为教科书的标准内容。事实上，我在杜伦大学教授簇合物化学这一课程时发现，其实很多其他的簇合物也遵守这一模式。硼烷，显然的规矩破坏者，却成了一个模式打造师。

如今作为一个已经成熟的科研领域，碳硼烷化学吸引了很多来自有机化学、有机金属化学、无机化学以及材料科学的研究精英们。碳硼烷化学提供了诸多新的取代基团、配体、试剂以及催化剂，以及热稳定的聚合物、陶瓷材料和抗癌药物。一度饱受争议的碳硼烷结构，现如今已经可以通过计算得出，其准确度可以与 X 射线晶体分析法相匹敌。

硼烷曾是诸多诺贝尔奖得主的主要突出工作，比如威廉·N. 利普斯科姆（William N. Lipscomb，1976年获奖，研究内容为结构与键合）；赫伯特·C. 布朗（Herbert C. Brown，1979 年获奖，研究内容为硼氢化——恰好与他的名字首字母缩写相符）；罗德·霍夫曼（Roald Hoffmann，1981 年获奖，研究内容为结构、键合与反应）；以及乔治·A. 欧拉（George A. Olah，1994 年获奖，研究内容为碳正离子及其硼烷和碳硼烷类似物）。他们以及很多其他化学家一直是硼化学这一迷人世界的核心人物。

6　C

碳

carbon

12.011

[12.009, 12.012]

碳的四个世界

原文作者：

西蒙·H. 弗里德曼（Simon H. Friedman），美国密苏里大学
药学院副教授。

在本文中，弗里德曼讲述了碳除了其在有机化学中
优雅而尊贵的角色之外，还在哪些方面与我们的生活息
息相关。

有机化学家眼中的碳，就像"纽约客"眼中的世界：
曼哈顿的边界即是天涯海角。在有机化学家们看来，碳
构成了药物、杀虫剂和染料的骨架，它美丽、可预见，
而且标准。这些奇妙的造物拯救生命、使作物增产，还
能方便地给 T 恤衫印上时髦的标语。而这一切都是由
欧几里得和其他先贤所感悟、由鲍林所阐述的富有魅力
的 180°、120° 和 109.5° 键角——来自 sp^-、sp^{2-} 和
sp^{3-} 杂化的碳——所构成的。

碳所能构成的稳定结构的种类之多，在元素周期表
中无可匹敌。在 20 世纪 80 年代，富勒烯的加入进一
步扩充了本来就极为可观的碳的同素异形体列表（其中
包括了钻石、石墨和无定形碳）。估测表明，碳有可能
构成的小分子的种类，甚至要多于整个宇宙中所有原子
的数量。这保证了在可预见的未来，有机化学家都不会
失业。

然而，就像纽约哈德逊河以西也还有一整个世界一样，除了有机物以外也同样存在着好几个碳的世界，而且它们对我们有着和有机物相当甚至更大的影响。虽然这有可能冒犯某些有机化学家的敏感神经，但为了让本文不至于挂一漏万，我必须对此进行详细说明。

如果将有机化学称为碳的第一个世界，那第二个世界便是钢。没有碳的铁仍然足够用来钉钉马掌，但若是要造些耐用的大件就有些捉襟见肘。然而只要在铁里加入 1% 上下的碳，就产生了钢——有了钢就能造不少有用的东西了，比如推土机，抑或是 1000 m 的大楼。碳的这一功能是通过其结构特性生效的。纯铁形成的常规晶体是由最密堆积的铁原子层所构成的，这些铁原子层之间可以互相滑动，而层间的滑动会使纯铁在较轻的负载下就产生结构断裂。

碳能够协助解决这一问题，因为碳原子能嵌入铁的晶格结构中的间隙位置。虽然碳的嵌入位置没有规律可循，但间隙碳原子所导致的作用力已足以阻止铁原子的层间滑动，因而提高了其强度，这就产生了坚韧的钢。然而此处并没有原子层面的美学在起作用，规律性或是动人的几何美感并不存在于此。实际上，连含碳的多少都可以上下浮动，并由此为钢带来硬度、延展性、抗拉强度等宏观性质上的不同。"宏观性质"，看到这四个字，几乎就可以看到有机化学家们开始瑟瑟发抖。

碳的第三个世界同样也是宏观性质的世界。这个世界一言以蔽之便是"塑料"。塑料，或者说高分子聚合物，完全改变了制造物品的方法。由碳构成的聚合物单体能够轻松地互相连接，所构成的多种多样的聚合物则具有可塑性、可降解性等的广泛性能。在 20 世纪上半叶需要数十道工序才能制成的物品，在下半叶可能只需要将聚合物对着模具一挤便能完成。不管在世界的哪个角落，拥有人工晶状体或是开心乐园餐玩具的人们都为此而感到开心。

碳的第四个，也是最后一个世界则是能源。碳是驱动人类文明的主要能量来源：原油、煤炭以及天然气。燃烧着的碳资源驱动着活塞或是汽轮，同时产生了二氧化碳。二氧化碳是热力学上的终点，因为这两对碳氧双键很强，并且在整个势能面上，碳已经没有可以轻松抵达的更低洼的地方了。

但对有机化学家而言，比起碳在它的各个世界里所扮演的其他角色，单纯地为了能量而烧掉碳，肯定就像是在寒冷时焚书取暖，或是在饥饿时吃掉来年的粮种一样。这意味着相当程度的"饮鸩止渴"，也是对碳所能创造的种种奇迹的背叛。或许就在有机化学家们的精致美学中，我们能找到关于碳之美的重要信息，并将之传达给整个世界。

生死看氮

原文作者:
迈克尔·A.塔塞利（Michael A. Tarselli），美国诺华生物医学研
究所。

虽然在一开始，化学家眼中的氮只显现出其讨厌或
毫无生气的一面，但后来在大量的生与死的过程中都发
现了氮的身影。在本文中，塔塞利深入地介绍了氮这种
出乎意料的特性。

在 18 世纪的科学巨人们——卡尔·威廉·舍勒（Carl
Wilhelm Scheele）、约瑟夫·普利斯特里（Joseph
Priestley）和拉瓦锡——的眼中，不能助燃也不能维生
的氮气是"讨厌"甚至"死气沉沉"的。然而在接下来
的 300 年里，第 7 号元素的经历完全称得上举世无双:
参与有机合成，制造爆炸物，发电，污染食物，以及解
明 DNA（脱氧核糖核酸）的结构。

氮位于第 5 主族的顶部，这一族也被贴切地称为"窒
素"（pnictides），得名于希腊语的"使窒息"一词。这
一族的其他成员也同样是生死之道的高手: 砷同时是剧
毒和良药; 磷可以使人求死不得，但同时也是 DNA 骨
架的组成部分。

这些元素在 p 电子价层都有着三个未成对电子，同
时也能以其 s 电子成键，所以一般来说它们会希望形成

3~5 根键。在单质状态，氮会形成双原子分子 N₂——这是我们呼吸的空气中超过七成的组分。

氮倾向于形成三根共价键，同时还保留一对孤对电子"以备他用"，这为氮原子带来了极多的催化及生化用途。在脯氨酸和尿素——后者是人类合成出的第一种有机物（维勒，1828 年）——这两种含氮前体的基础上，我们制备了大量活性小分子。这些小分子正是蓬勃发展的有机催化[1]领域的基石。而在自然中，血色素蛋白及叶绿素中的卟啉 - 聚吡咯大环则配合着中心的过渡金属离子，为生命活动提供了最基础的功能，包括光合作用、氧运输以及清除血液毒素。几种重金属（包括钼、钒和铁）能支持豆科植物根部中的土壤菌类的固氮能力，使得植物能将氮气转化为可以利用的生物质。

DNA 的每个碱基中都含有氮原子，生命正是如此精妙地与氮彼此相连。米西尔逊（Meselson）和斯塔尔（Stahl）通过使用氮的重同位素 N^{15} 进行标记，证明了 DNA 单链即可作为自我复制的模板。有志于摆弄生命密码的化学家们已经设计出了碱基的"扩展包"[2]，这些新碱基也能像普通的 DNA 一样复制并配对。

[1] Jacobsen, E. N. & MacMillan, D. W. C. Proc. Natl Acad. Sci. 107, 20618–20619 (2010).

[2] Liu, H. et al. Science 302, 868–871 (2003).

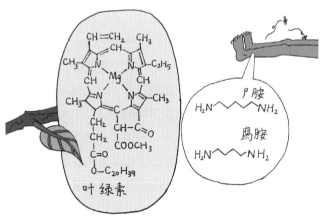

胎儿在母亲腹中的发育要大大地归功于又一种含氮化合物——叶酸（维生素 B$_9$）；与此相对，三聚氰胺（C$_3$H$_6$N$_6$）则登上过沉重的头条新闻。食物里的氮元素一般存在于蛋白质中，所以氮分析一直被用来作为蛋白质含量的标杆。正是为了人工增加表观蛋白质含量，不法分子在婴儿配方奶粉和宠物食品中添加了三聚氰胺，于是人和宠物就得病了。

氮也在可再生能源的发展中扮演了举足轻重的角色。诺塞拉（Nocera）发明的"hangman"结构 [3] 能将水分解为可用于为燃料电池供能的氢气和氧气。其结构包括一个八氟 corrole 骨架，这一骨架通过四个氮原子与钴配合。想要安全地运输氢燃料，一种可能的方式便是通过氨 - 硼烷配合物（H$_2$N–BH$_3$）。新型的太阳能电池 [4] 同样依靠含有金属 - 氮键的染料来捕捉环境光，这让我们能够制成柔韧、高效并且价廉物美的设备。

战争可以说彻底依赖着氮化合物的支持。哈勃法（由氮气和氢气工业催化合成氨气的方法）是在第一次世界大战时发展起来的，在此之前，炸药的制备原料则是鸟粪石中高浓度的硝酸盐。氮的高爆倾向同样延伸到了三硝基甲苯（TNT）、硝酸铵、硝化甘油和三碘化氮上——最后一位会在羽毛碰触之下就解体，作为演出道具来说相当震撼人心。就算知道叠氮化合物和四唑类化合物等具有高氮 / 碳比的分子一般会具有爆炸性，化学家们仍然把持不住自己。克拉普克（Klapötke）及其同事合成了一个具有十个氮原子链的分子，这种化合物的稳定性低得几乎无法完成分析，炸碎了好几件玻璃器皿 [5]。

氮的这种生死两面性贯穿了整个医药史。氮往往与恶臭和死亡联系在一起，哪怕空气中仅有极微量的尸胺和腐胺——死亡的生物组织会散发出这两种挥发性的胺

[3] Dogutan, D. K., Mc-Guire, R. Jr & Nocera, D. G. J. Am. Chem. Soc. 133, 9178–9180 (2011).

[4] Daeneke, T. et al. Nature Chem. 3, 211–215 (2011).

[5] Klapötke, T. M. & Piercey, D. G. Inorg. Chem. 50, 2732–2734 (2011).

类——我们也能闻到。古人就了解的毒剂，氰化物里面就有含氮的碳–氮官能团。觉得头晕了吗？能使人恢复清醒的"嗅盐"中往往也含有碳酸铵。苯胺类染料虽然一开始被认为是煤焦油中的无用废料，后来却表现出了强大的生物活性，推动了现代制药业的发展[6]。

想想氮具有的侵蚀、催化、养育和摧毁的能力，氮证明了自己"了无生气"的恶名实在是错得离谱。

[6] Garfield, S. Mauve: How One Man Invented a Colour that Changed the World (W. N. Norton, 2001).

氧之源

原文作者：

马克·H.西蒙斯（Mark H. Thiemens），美国加州大学圣迭戈分校化学与生物化学系。

氧为人类探索地质过程提供了价值连城的线索，极大地推进了我们对地球上生命演化的理解。然而在氧身上还隐藏着打开其他一些未解之谜的钥匙。在本文中，西蒙斯将为您详细阐明。

早在氧吧带来的时尚潮流之前，第 8 号元素就具有了自己的"魔力"。和惰性气体具有填满的电子层类似，氧在原子核中同样存在层级。如果核子数量正好填满了特定的数值，原子核将会获得超出结合能以外的额外稳定性，在质子或中子数正好是"幻数"，也即 2、8、20、28、50、82 或 126 时，就会出现这种现象。氧最常见的同位素 $^{16}_{8}O$ 具有 8 个质子和 8 个中子，因而是具有"双幻数"的原子核。氧的丰度正是这一现象的写照：在整个宇宙中，氧是第三多的元素，只排在氢和氦之后。

在恒星中，质子和中子通过核合成形成原子核，而四个氦 -4 原子核则会通过一个两步反应合并成为碳 -12——先是两个氦 -4 形成铍 -8，然后再和第三个氦 -4 发生聚变。然后碳 -12 会再与下一个氦 -4 进行核融合，转化为氧 -16。

氧在元素周期表中位于第二周期 VIA 族，这是一种具有极高反应活性的非金属原子，能与几乎所有其他元素形成化合物。氧在宇宙中的丰度，加上它的化学性质，使它得以参与包括从组建和保护星球（作为硅酸盐材料的一部分，以及形成臭氧层）到构成生命（DNA、蛋白质、脂质和碳水化合物），还有新陈代谢（光合作用和呼吸作用）在内的各种过程。地壳、地幔、大气层、地表水，以及生物库——在地球上，氧无所不在。将这些氧库联系起来的是氧交换，而作为主要温室气体的二氧化碳则是这一过程中的重要中介。

氧气漫长而有趣的历史开端，是 1773 年舍勒在乌普萨拉第一次发现了它，以及两年后普利斯特里在其著作中描述了它。拉瓦锡为确认氧化和燃烧过程中氧气所扮演的角色做出了主要的贡献——同时他也是氧（Oxygen）的定名人：这个名字是由希腊语词根"oxys"（酸）和"-genes"（创造）组成的，因为他认为所有的酸都含有氧。氧在文明史的各个角落都参与了演出，从能量的产生（无论是通过水循环还是作为通用氧化剂）到农作，以及作为织物和陶瓷，还有药物的成分之一。

而如果再往古回溯，氧与生命的起源与演化也有着紧密的联系。在前寒武纪，当时的大气氧含量要明显低于现在——很可能少于现在的 0.1%，但这点很难精确定量。利用多种硫同位素进行的测量表明[1]，这个低氧含量时间段大致存在于 27 亿 ~38 亿年之前。直到略微晚些时候（22 亿 ~25 亿年之前）"大氧化事件"[2]发生之后，大气氧含量才骤然提高。这一事件主要归功于蓝藻的活动造成了氧的氧化价态变动和在矿物中分布的明显变化，其结果之一便是遍布全球的条带状含铁建造（banded iron formation）的形成。

[1] Farquhar, J., Bao, H. & Thiemens, M. H. Science 289, 756–758 (2000).

[2] Holland, H. D. Geochim. Cosmochim. Acta 66, 3811–3826 (2002).

对氧同位素（^{16}O、^{17}O 和 ^{18}O）比例的测量是解析自然过程的利器。20 世纪 50 年代[3,4]，从尤里（Harold Urey）实验室的研究中派生出了海洋生物碳酸盐分析法，这一方法被用于定量分析地质时间尺度上的海洋温度变化。类似地，利用道尔效应，即大气与水环境之间 ^{16}O 和 ^{18}O 分布的不同，我们可以通过对大气中的氧进行测量，来获得海生与陆生生物在全球光合作用及呼吸作用中的贡献，及其随时间流动而产生的变化。

早在 1973 年，我们就已经知道，太阳系中最古老的物体——"碳质球粒"陨石中的富钙铝包体——中所含有的氧，其同位素之间的比例与传统的同位素效应[5]所能产生的结果是相矛盾的。之后的实验表明，这一结果可能是因为受到同位素的光化学自屏蔽影响，或者由依赖于对称性而非传统的质量效应的、可以产生类似的异常同位素分布的化学反应导致的[6]。然而，就在最近，对起源号探测器收集的太阳风样品的分析表明[7]，其同位素分布和陨石中的并不相同，而这种太阳风可以反映出太阳系内主要氧储量的同位素构成。

这意味着太阳内的氧同位素分布实际上可能并不能反映陨石和类地行星上最初的同位素分布情况。因而，这种星云中氧最初的构成比例，以及这些天体接下来是如何产出现在我们所见到众多类地行星和陨石的，仍然是一个未解之谜。

[3] Urey, H. C., Lowenstaam, H. A. & McKinney, C. R. Bull. Geol. Soc. Am. 62, 399–416 (1951).

[4] Epstein, S., Buchsbaum, D., Lowenstam, H. & Urey, H. C. Bull. Geol. Soc. Am. 62, 417–426 (1951).

[5] Clayton, R. N., Grossman, L. & Mayeda, T. K. Science 182, 485–488 (1973).

[6] Thiemens, M. H. & Heidenreich III, J. E. Science 219, 1073–1075 (1983).

[7] McKeegan, K. D. et al. Science 332, 1528–1532 (2011).

氟光普照

原文作者：

赫伯特·W. 罗斯基（Herbert W. Roesky），德国哥廷根大学无机化学研究所。

罗斯基通过本文讲述了半径小、电负性高的氟原子的本事：它一方面揭露了惰性气体也有化学反应活性，并且在实际应用中大显身手，另一方面却又能将有机化合物变成剧毒物或是污染物。

氟（Fluorine）的名字来自萤石，或者叫氟石（CaF_2，fluorspar/fluorite），过去它曾被用作冶炼时的助熔剂。早在 17 世纪，人们就发现萤石在被加热时会放光：它的命名正是来自于这种荧光（fluorescence）现象。到了 1886 年，法国化学家亨利·莫瓦桑（Henri Moissan）电解了以无水氢氟酸为溶剂的 KHF_2 溶液，得到了一种能瞬间点燃晶体硅的气体。他马上向法国科学院报告了他的发现："对释放出的这种气体的性质，我们可以提出各种假说，但最简明的是，我们面前的正是氟气。"1906 年，莫瓦桑因为发现了"氟"（le fluor）而被授予诺贝尔化学奖。

在第二次世界大战期间，氟化学得到了迅速的发展，这要归功于执行"曼哈顿计划"的美国科学家们试图将能进行裂变的铀 -235 从铀 -238 中分离出来。自然界中存在的铀包含了三种同位素：铀 -238、铀 -235 和铀 -234（丰度分别为 99.28%、0.73% 和 0.005%），但它们之间性质差异很小，难以进行分离。最后，六氟化铀的挥发性成为导向分离成功的关键发现：现行的富集流程采用气体扩散 - 离心法，依赖的便是两种同位素的六氟化物之间微小的相对原子质量之差。保证这项技术不扩散是现代政治的重头大戏之一。

即使不断有像 K_2MnF_6 和 SbF_5 这样的新的氟化物被合成出来，氟化物的制备方法仍然在相当大程度上依赖于莫瓦桑的开拓性工作。除了 UF_6，工业规模的氟化物合成还包括 SF_6，后者被用来作为电子设备内的绝缘介质。而近年来，像 AuF_5、AgF_3、NiF_3、NiF_4 以及 HgF_4 这样的有异常高价态的金属氟化物也被制备出来，被用作非常强的氧化剂。

化学史上的一座里程碑也是借由氟的使用而奠定的：1962 年，尼尔·巴特利特（Neil Bartlett）制备了氟化氙，这证明了惰性气体的反应活性，也挑战了一种被广为接受的观点——"惰性气体不反应"。这引发了一系列包括氟化氪和氟化氡在内的惰性气体氟化物及其衍生物的制备。

由于氟极小的原子半径和共价性，在有机分子上用氟取代氢或氧能构成极其稳定的碳–氟共价键，这往往能够产生大量具有奇妙特性的新化合物，最著名的例子莫过于不粘锅上广泛使用的特氟龙（聚四氟乙烯）。

在设计具有药用活性的分子时，这种稳定的碳 - 氟键的应用也带来了巨大的成功。碳-氢 和碳-氟键长区别不大，但在药物设计上，碳-氟的稳定性，以及其强大的吸电子能力能提供不少非常令人愉快的特性，而且大多数有机氟化物都可以安全应用，不必考虑释放出有毒氟化物的问题。例如在芳环的对位上进行氟化，得到的产物不会在体内被酶转化为有毒的过氧化物。当下，大约 20% 的医药产品，以及 30% 的农用化合物都含有氟，而且这一比例仍在上升。

但有机氟化物也可能有剧毒。举例而言，单氟乙酸会破坏人体内负责为细胞供能的三羧酸循环，口服 2~8 mg/ kg（剂量 / 体重）就会致命。另一方面，由于其在大气层中极高的动力学稳定性，氟氯烃（CFCs）在冰箱和气溶胶中被广泛应用，但在平流层中它却会带来破坏臭氧层的灾难。

近年来氟化学的进展包括了利用全氟化碳和氢氟醚进行液 - 液萃取分离，以及含氟催化剂。三氟一茂钛及其衍生物在苯乙烯的聚合反应中发挥了高效的催化能力：Cp^*TiF_3（$Cp^* = C_5Me_5$）的活性大约是对应的氯化物的 50 倍，并且具有更低的助催化剂 / 催化剂比（300，相较于氯化物体系的 900）。在工业应用上，高活性和低助催化剂 / 催化剂比能极大地降低支出。

最后让我们回到萤石上来：LCaF 类型（其中 L 是一个 β- 二酮乙胺配体）的化合物已经被制备出来。和萤石相反，这类化合物可以溶于有机溶剂，因而能用来为所需的表面覆盖上 CaF_2 涂层：该涂层对可见光透明，且耐酸耐碱。

虽然氟化合物在电子汽车、电子设备、太空技术和医药行业中都扮演着重要的角色，它们同时也可能引发灾难性的后果，在这一领域工作的科学家们必须多加小心。

10	Ne
氖	
neon	
20.180	

霓虹灯后的氖

原文作者：

菲利斯·格兰迪内蒂（Felice Grandinetti），意大利图西亚大学。

格兰迪内蒂在本文中探究了惰性气体之一的氖的独特性质，以及它是否应该占据元素周期表中最右上的位置。

惰性气体——氦、氖、氩、氪和氙都是空气中的"少数派"。虽然这似乎使它们很易得，但直到 19 世纪末人们都不知道它们的存在。其中含量最丰富的氩气在 1785 年已被卡文迪许分离得到，但他没有意识到空气中这个未知的成分是一种新的元素。直到 1894 年，拉姆齐爵士和瑞利勋爵共同宣布了氩的发现。这标志着一场非同寻常的科学探索的开始，拉姆齐和他的合作者们在短短几年内分离出了一整族新的元素。

第 18 族元素中的氖（从希腊语"νέον"得名，意为"新"，这是拉姆齐 13 岁的儿子建议的名字）、氪和氙都是利用一种当时最新的仪器从液态空气中分馏得到的。这种仪器由工程师威廉·汉普森（William Hampson）和卡尔·冯林德（Carl von Linde）发明出来，它可以高效地生产大量的液态气体，这也是一个纯粹科学和应用科学有效协作的完美例证。1898 年 6 月，含氖馏分被蒸馏出来。被分离出的第 10 号元素呈现出独特的光谱线，发射出明亮的红橙色光。这种光芒现在被用来照亮人们夜游城市的旅程。应用广泛的氦氖激光器中也利用了这种红色光束。条形码扫描仪、CD 播放机和一些医疗应用（如激光眼科手术和血细胞分析）中都使用了氦氖激光器。

1912 年，J. J. 汤姆孙（J. J. Thomson）观察到电离氖产生的阳极射线（正离子束）经过磁场和电场后有两条截然不同的轨迹。他据此推断存在两种不同原子质量的氖原子，分别为氖 -20 和氖 -22，从而发现了这一稳定元素的同位素。通过质量差分离不同离子的技术很快得到了阿瑟·登普斯特（Arthur Dempster）和弗朗西斯·阿斯顿（Francis Aston）的改进，并发展成为现代的质谱技术。

很自然地，化学家们试图让惰性气体参与反应，但早期的尝试都是不成功的。然而，没有其他负面结果比这些失败的尝试证实了更多的信息：这种对反应的抗拒成为现代化学键理论的基本规则，该理论着重考虑元素的价电子壳层。就惰性气体而言，其填满的价电子壳层导致了它们的反应惰性。

然而，化学家们并没有放弃让惰性气体参与化学反应的尝试。如果化学键是通过电子共享或捐赠形成的，那么可以合理地预期，从氦到氡的惰性将逐步降低。沿着周期表从氦下降到氡，极化率按顺序增加、电离电位逐渐减小到与常见的可氧化分子差不多的数值。在这些观点的指导下，1962 年 3 月的一个周五下午，巴特利特独自一人在他的实验室里成功地用六氟化铂将氙氧化。氙的研究很快就由此迅猛增长，并形成了氙化学。几个氪化合物以及一个氩化合物[1]（三原子的 HArF）也已被制备成功，但氦和氖的化合物目前尚无报道。

[1] Khriachtchev, L., Pettersson, M., Runeberg, N., Lundell, J. & Räsänen, M. Nature 406, 874–876 (2000).

按前述的推测，氖的反应活性应该比氦高。然而，根据理论研究，中性甚至阴离子物种如 HHeF、H₃CHeF、(LiF)₂(HeO) 和 FHeX⁻（X = O，S，Se）是具有氦共价键的亚稳态结构，而这些化学物种的含氖类似物据预测是无法存在的。这些计算结果与中性金属受体的氖配合物（包括最近在冷基质 [2,3] 中发现的 NeAuF 和 NeBeS）普遍比氦配合物不稳定的事实一致。还有些例子表明，氦和氖阳离子的稳定性 [4] 也与它们在元素周期表的顺序相反。

氖比氦大，且拥有被占满的 *p* 轨道。这被认为会产生更少的有效静电相互作用和更高的轨道斥力，并使氖的化合物不稳定或只是轻微稳定。这些因素的影响还有待于进一步研究。因此，研究氖的化学家们面临两个挑战：实验研究及精确地通过理论预测其化合物。

有人建议把氦移到周期表的第 2 族，氢的旁边，铍的正上方。支持此说的论据是等电子类推的逻辑（它的最外层和其他第 2 族元素一样有两个电子），以及其他一些隐藏的周期表规律。氖化合物比氦化合物更低的稳定性，正符合这一建议。移动氦将使氖占据周期表该列中的最高位置，也很符合氖是最惰性的惰性气体这一事实。

[2] Wang, X., Andrews, L., Brosi, F. & Riedel, S. Chem. Eur. J. 19, 1397–1409 (2013).

[3] Wang, Q. & Wang, X. J. Phys. Chem. A 117, 1508–1513 (2013).

[4] Borocci, S., Bronzolino, N., Giordani, M. & Grandinetti, F. J. Phys. Chem. A 114, 7382–7390 (2010).

钠的简述

原文作者：

玛吉特·S. 米勒（Margit S. Müller），丹麦哥本哈根大学。

11	Na
钠	
sodium	
22.990	

钠，普遍存在于地球上的每个角落：生物体、海洋以及矿物质，甚至是餐桌上的盐，它看起来是如此平凡。而米勒却在这里强调了为什么我们不应该像童话中的国王一样，把平凡的钠看作理所当然。

在一个古老的东欧童话中，一个国王要求他的三个女儿形容各自对他的爱。其中两个女儿把自己对他的爱与对钻石、珍珠以及黄金的喜爱相媲美，而他的第三个女儿却说："父亲，我对你的爱胜过食盐。"被拿来与如此普通的食盐相提并论，国王深感受辱，为此他驱逐了第三个女儿。公主借助一点魔法，与食盐一起从这个王国彻底消失。这个故事继续在流传着，以此来说服国王和读者们，那些生活中看似平凡的东西有时却有着不可或缺的重要性，比如说盐。没有魔法的帮助，科学想要证明同样的观点必须要付出更大的努力。

组成食盐的钠和氯这两个元素的发现，都与汉弗里·戴维爵士（Sir Humphry Davy）有关。戴维于1807年通过电解氢氧化钠分离出了钠。同样在1811年，他明确指出氯是一种纯元素单质并且命名其为氯。尽管氯其实最早是由瑞典化学家舍勒于1774年发现的，但在当时，它被认为是与氧的混合物。

[1] Gmelin, L. Handbuch der anorganischen Chemie 2 (Heidelberg, 1853).

[2] Kirchhoff, G. & Bunsen, R. Annalen der Physik und Chemie 186, 161–189 (1860).

钠是一种碱金属，它极易与氧气和水发生反应。在发现钠之后的数年之内，其性质就已经被详尽地分析了。早在 150 多年前，对钠的报道就形象生动地描述了它的物理和化学性质 [1,2]。其中尤其引人注意的是钠燃烧时发出的明亮黄色火焰；以及小块钠与水发生氧化反应时极快地释出氢气，使得钠碎块仿佛像在水面上"跳舞"。在包含了有价值的化学信息的同时，这些早期报告也展现了由对科学的好奇心而产生的兴奋和激动之情。例如，读者可以得知，用药勺敲打正在水面嗞嗞响的钠片会产生一声巨响，同时伴随着水花喷涌和容器的破碎 [1]。钠给予火焰的浓烈明黄色彩后来也在烟火中得到了美丽的应用。

难以让人高兴起来的是，1957 年，钠被用于冷却美国的第一台商用核反应堆。作为比水更好的热导体，钠在反应堆约 260℃的工作温度时是具有低蒸汽压的液体。虽然这次钠反应堆实验在几年后由于堆芯损坏和放射性泄漏而迎来了灾难性的转折，但是实验仍然展示了钠作为冷却剂的可能性 [3]。

或许钠的最重要角色还是体现在生物学中。尽管由于与高血压和心脏疾病的相关性导致钠有个坏名声，但

[3] Daniel, J. A. Sr Investigation of Releases from Santa Susana Sodium Reactor Experiment in July 1959 (Daniel & Associates, 2005).

钠也是维持生命不可或缺的元素。我们的细胞稳定维持着内部高钾低钠（约 140mmol/L K⁺，约 15mmol/L Na⁺）而外部相反的（约 5mmol/L K⁺，约 150mmol/L Na⁺）浓度平衡。这一平衡是几乎每一个生理活动的基本要素；从观察到思考，更不用提呼吸以及心跳了。在可被"激发"的特定细胞的细胞壁中，蛋白质构成了钠通道。这一通道能被诸如配体结合，或是细胞膜电势差变化这样的触发条件打开，从而允许钠离子快速地流入细胞。这一机制调节着内分泌细胞的分泌、肌肉细胞的收缩以及大脑中神经细胞通信通路的神经信号传递。

事实上，干扰人体钠的流入是非常有效的杀人手法。河豚毒素（TTX），是河豚体内发现的一种可以阻塞神经细胞内的电压控制钠通道的化合物。这是目前自然界中发现的最毒物质之一，且仍没有有效解药。一旦摄入了足量的河豚毒素，就会导致中毒者在几分钟至几小时内由于呼吸衰竭而死亡。此类中毒场景通常是因为食用没有认真处理好的河豚菜肴而产生的。然而正是这一特性，使得 TTX 成为研究神经网络一个非常有效的研究工具。神经网络构成了大脑工作的基础，而我们才刚刚开始对此有一些了解。

最近，化学家对钠本身的天然性质又有了令人惊讶的发现。马琰铭和他的同事们证实了[4]压缩可以极大程度地改变金属钠的光学性质。将钠暴露在逐渐增高的压强下会使其渐渐失去对可见光的反射性，并最终在约 2000 Gpa 压强下转变为透明材料。这一转变被认为是由于 p 轨道和 d 轨道的电子杂化后又受到核心电子排斥，从而占据钠晶格间隙所导致的。

从烟火到核反应堆再到人类的大脑以及材料结构上的洞见，钠都无疑是令人激动的科学发现史中的一部分，而科学上的美妙新发现也将一直持续到遥远的未来。

[4] Ma, Y. et al. Nature 458, 182–185 (2009).

12 Mg
镁
magnesium
24.305
[24.304, 24.307]

镁光一闪

原文作者：

保罗·诺科赫尔（Paul Knochel），慕尼黑大学化学学院教授。

镁在岩石、海水以及生物体内很常见。诺科赫尔叙述了这一元素是如何引起化学家们浓厚兴趣的。

镁是地球上含量最丰富的元素之一（重量丰度第六），自然存在于地壳岩石中，它主要以其不可溶碳酸盐、硫酸盐以及硅酸盐形式存在。镁（magnesium）的名字是从古希腊塞萨利的麦格尼西亚（Magnesia）地区衍生出来的，那里的白色矿物滑石便是一种水合硅酸镁。

纯镁首先由戴维爵士于 1808 年分离得到，他利用的是由瑞典化学家贝采利乌斯和马格努斯·马丁·庞丁（Magnus Martin Pontin）于 1807—1808 年之间开发的用于分离钠、钡、钾、锶和钙的电解法。镁是一种具有相当强度的银白色轻金属。它在空气中会变暗，形成一层薄的致密氧化物膜，从而防止其进一步被氧化。

镁与大部分酸反应放热，室温下与水反应生成氢氧化镁和氢气。它是一种非常易燃的金属，能够在氮气和二氧化碳内燃烧，并以在空气中燃烧时会放出耀眼白光而著名：这使得镁在早期摄影中被用作光源。镁至今还被用在闪光灯泡里，也在烟火中被用来制造明亮的火花。

镁的低密度（1.74 g/cm³）使其成为一种具有吸引力的合金组分，举例而言，最好的镁合金仅有钢铁的1/4 重。不仅如此，因为其冶金过程相比于其他金属更为简单，镁在建筑、飞行器制造行业以及光学和电子器件行业也很受欢迎。

在中国，镁的大规模生产是通过"硅热还原"白云石（MgO·CaO）实现的，但在美国则是使用电解海水中富含的水合氯化镁得到的。镁离子普遍存在于生命体的基本核酸反应中。它对生命体内的细胞或酶合成腺苷三磷酸（ATP）、DNA 和核糖核酸（RNA）都至关重要，而绿色植物负责光合作用的叶绿素也是中心镁配位的卟啉。

这也意味着镁既是一种常见的肥料添加剂，也是常见的药物成分。比如"镁乳"，一种氢氧化镁的白色水溶液，就常被用作泻药和解酸剂。

镁在有机化学和有机金属化学中同样拥有举足轻重的地位。尽管有机镁化合物早在 19 世纪后半叶就已为人所知，但最初其难溶性阻碍了其应用的发展。

1900 年，一名年轻的法国博士生维克多·格林尼亚（Victor Grignard）（1871—1935 年）产生了在溶液中制备这类难溶试剂的想法——这是一个全新的概念。不同的有机卤化物能与镁条（或者镁屑）在乙醚里反应，生成有机镁试剂的稳定溶液；这一溶液被命名为格氏（Grignard）试剂。

事实上，他在 1900 年发表的首篇文章是如此成功，以至于全世界的有机化学家们立刻用起了这一方法，让格林尼亚甚至一下子找不到足够未发表的格氏试剂应用样例来完成他的博士论文。这一重大发现让格林尼亚获得了 1912 年的诺贝尔化学奖，同时也在有机化学领域掀起了一场革命。

含有碳镁键的有机金属化合物目前是最受欢迎的亲核试剂之一。在化学界，至今已经发表了超过十万篇研究此类中间体的活性的文献。它为何如此受欢迎呢？通过与各种各样的金属盐进行合适的转移金属化反应，碳镁键的活性很容易得到调节，这可以显著增加其在合成中的应用。

另外，碳镁键自身的反应活性与同分子内很多重要官能团之间是可以互相兼容的。如今，带有酯、腈或者芳香酮等官能团的多基团芳基和杂环芳基镁化合物的制备方法也已经被探明，这又进一步增加了格氏试剂在有机合成中的适用范围。

此外，镁的廉价和低毒性使得这些化合物适合作为大规模工业生产的中间产物。很多重要的药物——例如常用于治疗晚期乳腺癌的非甾体雌激素拮抗剂柠檬酸三苯氧胺（他莫昔芬）——都是利用格氏试剂来进行工业制备的。

镁在一个世纪前就已经以格氏试剂的形式抓住了化学家们的眼球，它一定还将继续在研究领域保持着举足轻重的地位，包括材料科学、生物化学以及有机合成化学等。

13	Al
铝	
aluminium	
26.982	

铝的魅力

原文作者：

丹尼尔·拉比诺维奇（Daniel Rabinovich），美国北卡罗来纳大学化学系。

拉比诺维奇概述了铝的历史、性质以及用途。铝是当今用途最多、最普遍且最廉价的金属，而就在仅仅 150 年前，它还被认为是一种稀有且昂贵的元素。

很难相信铝曾经比金还贵。19 世纪中叶时，为了给客人们留下深刻的印象，拿破仑三世在国宴上摆出了全套的轻巧铝制餐具。尽管第 13 号元素铝是地壳中最丰富的金属（含量约为 8%），且存在于超过 270 种不同的矿物中，但由于它对氧的高亲和性及其氧化物和硅化物良好的化学稳定性，使得很长一段时间人们都无法获得单质铝。直到 1827 年，德国化学家维勒制备出第一个纯铝样品，他也是开始研究铝那迷人的物理和化学性质的第一人。

1854 年，法国化学家亨利·圣克莱尔·德维尔（Henri Sainte-Claire Deville，1818—1881 年）开发了一种可以大规模制备铝的方法。很快，他又出版了第一本极为全面地描述铝的制造、特性和新兴应用的书籍[1]。

这种新型金属的诱人特性很快被研究清楚，包括低密度、高抗拉强度和延展性、良好的导热导电性，以及卓越的抗腐蚀性。凡尔纳在 1865 年写成的小说《从地

[1] Sainte-Claire Deville, H. De l'aluminium: ses propriétés, sa fabrication et ses applications (Mallet-Bachelier, 1859).

球到月球》中生动地写道："这种宝贵的金属具有银的洁白、黄金般的坚不可摧、铁的韧性、铜的可熔性以及玻璃的亮度。它易于被制造，分布广泛，是大多数岩石的基础成分，且比铁轻三倍，似乎就是为了给我们提供月球炮弹的材料而生。"但那个时候铝的价格仍与银差不多。高价阻碍了铝的大规模应用，同时也促使人们去寻找一种更经济的制备工艺以替代旧方法。

到了 1886 年，美国人查尔斯·M. 霍尔（Charles M. Hall）与法国人保罗·埃鲁（Paul Héroult）几乎同时独立研究出了将氧化铝溶解在熔融冰晶石（Na_3AlF_6）中并电解以制备铝的方法。著名的德国化学和制药公司拜耳的创始人之子、奥地利化学家卡尔·约瑟夫·拜耳（Karl Josef Bayer）在几年后就开发出了一种从最重要的铝矿石——铝土矿中提取和纯化氧化铝的高效工艺，这使 Hall–Héroult 电解炼铝法变得经济可行。到 20 世纪 60 年代早期，铝超越铜成为世界上最广泛使用的有色金属。

铝及其合金的应用范围非常广泛，从建筑和运输行业，到电线、包装材料、炊具和许多其他家庭用品的制造。这一无处不在的金属的另一个重要特性是易于回收利用，这种特性具有重要的经济和环保价值。将铝二次回收所耗的能量大约仅为从铝土矿中提取新铝金属所消耗能量的 5%，同时这还可以减少垃圾填埋占据的空间，并减少温室气体的排放。

与纯铝的短暂历史大不相同的是，含铝化合物早就为人所知。在古希腊和古罗马，明矾——十二水合硫酸铝钾 [$KAl(SO_4)_2 \cdot 12H_2O$] 就被用作止血剂和染色剂。氯化铝（$AlCl_3$）作为常见的路易斯酸，广泛应用于 Frie-del–Crafts 酰基化和烷基化反应。碱式氯化铝则是许多抑汗剂中的活性成分。三甲基铝部分水解得到的不确定混合物——通称甲基铝氧烷则大量用于 Ziegler–Natta 烯烃聚合反应。

种类日益增多的铝配位络合物的存在给铝金属的化学带来了许多新进展，这些络合物将在催化和有机合成[2]领域大展身手。其他较为活跃的研究领域包括制备包含金属有机形态[3]和类金属簇[4]在内的罕见一价铝化合物，合成可有效破坏有机磷神经毒剂和杀虫剂[5]的 Schiff 碱衍生物。

这个曾经被美国《国家地理》称为"神奇金属"的元素仍是科学家、工程师，甚至是艺术家和设计师的灵感来源[6]。让我们在下一次使用铝箔纸包裹三明治或者从易拉罐里喝碳酸饮料时，铭记它丰富多彩的化学性质、迷人的历史和诸多的用途。

[2] Taguchi, T. & Yanai, H. in Acid Catalysis in Modern Organic Synthesis (eds Yamamoto, H. & Ishihara, K.) 241–345 (Wiley-VCH, 2008).

[3] Roesky, H. W. & Kumar, S. S. Chem. Commun. 4027–4038 (2005).

[4] Schnepf, A. & Schnöckel, H. Angew. Chem. Int. Ed. 41, 3532–3552 (2002).

[5] Butala, R. R., Cooper, J. K., Mitra, A., Webster, M. K. & Atwood, D. A. Main Group Chem. 9, 315–335 (2010).

[6] Nichols, S. C. Aluminum by Design: Jewelry to Jets (Harry N. Abrams, 2000).

14   Si

硅

silicon

28.085

[28.084, 28.086]

飞跃山谷的硅

原文作者：

梅特克·杰罗尼克（Mietek Jaroniec），美国肯特州立大学化学系教授。

杰罗尼克讲述了硅是如何深刻地影响着我们生活的方方面面，无论是在各种材料中与其他元素化合的硅，还是用来制作电子器件的高纯硅，又或者是更新形式的"黑硅"。

　　硅是地壳中含量仅次于氧的元素。硅土（又称二氧化硅）是一类硅酸盐矿物，也是沙、石英岩以及花岗岩的主要成分；尽管大约 75% 的地球都由硅土组成，但硅单质在自然界中却很少见，且直到 19 世纪才为人所知。其实，不纯的非晶形硅可能最早在 1811 年便由约瑟夫·路易·盖 - 吕萨克（Joseph Louis Gay-Lussac）和泰纳（Thenard）通过加热钾和四氟化硅得到。然而，说起硅元素，人们还是会将其发现归功于贝采利乌斯，因为是他在 1824 年将通过上述方法所得的硅进一步润洗提纯而得到了纯硅。如今已经可以利用电炉加热硅土与碳的混合物至远远高于硅熔点（1414 ℃）的温度（1900~2350 ℃），来实现硅的大规模生产。

　　根据美国地质调查所的资料，截至 2007 年，全世界包括合成硅在内的纯硅存储量已经超过了 50 万 t，这足以显示其对当今科技的重要性。其中超过 90% 的硅被用来制造含硅化学品及合金，比如汽车行业的富铝合金，以及被广泛用作润滑油、树脂、橡胶或者密封胶的硅脂（特征为含有硅氧键和硅碳键）等。而以沙子形式存在的二氧化硅则是玻璃和混凝土这些最常用材料的基础原料。气凝胶，由于其体积的 90% 都被孔洞所占据，属于极轻的二氧化硅形式，因此是非常有效的绝缘材料。

这些应用固然非常重要，但硅对当今科技和生活方式产生的最深刻影响却要归于其整体储量中的一小部分（约 5%），即用于包括电脑芯片、功率晶体管、太阳能电池以及液晶显示器和半导体探测器等各种电子器件中的高纯硅。而硅集成电路的微型化也使得微电子学有了长足的进步，这一领域正在进一步向纳电子学进军。另外，多孔硅由于其发光特性以及巨大的表面积也促进了一系列传感器的发展。微电子器件所需要的高纯硅制备过程较为烦琐，通常涉及由粗金属硅到氯硅烷的转变（含有硅氯键的化合物），经过分离提纯后用氢还原成多晶硅，再制成硅晶圆（光滑的薄盘）。

硅化学的丰富多彩令人惊叹，且这一领域还在不断涌现出新的发现。尽管 1 g 沙粒的表面积非常小，但相同质量、拥有接近纳米级（约 3 nm）孔隙的硅胶粒子，其内表面积可以轻易超过 1000 m^2（大约一个奥林匹克游泳池的表面积）。这种具有有序纳米孔隙的颗粒是在表面活性剂模板存在的条件下合成的，这一合成策略为纳米材料的发展提供了无限可能，比如纳米多孔硅胶颗粒可以用于催化、分离、环境清理、药物释放以及纳米科技等各领域。

提及硅胶，就不得不来谈一谈由各种海洋生物大规模生产的、具有纳米级精度的氧化硅材料。对大自然中的"生物硅化作用"的理解，将会为新型硅基材料的环境友好型合成提供无限潜能，并将最终促使生物传感器、生物催化以及现在被称为"硅生物技术"的生物分子工程学的发展。

另一惊人而具有科技前景的发现体现了揭示微纳结构的重要性。1998 年，哈佛大学的马祖尔（Mazur）团队报道了利用飞秒激光脉冲，在含硫气体存在的情况下照射硅晶片会使其光滑表面变成一个尖峰林立的微观森林，与美国犹他州布莱斯峡谷国家公园非常相似。通常，硅表面会将大部分光反射，但"黑硅"却通过将可见光捕获在尖峰之间而大大增强了对可见光的吸收性能，这使其在太阳能电池中的应用更有前景。黑硅也可以吸收波长为 2500 nm 的红外辐射，因此，黑硅在光电中全新的应用也非常值得期待。这一事例说明，尽管硅被发现已有 200 年，至今仍可以使我们惊叹。

有善有恶磷之用

15　P

磷

phosphorus

30.974

原文作者：

乔纳森·R. 尼奇克（Jonathan R. Nitschke），英国剑桥大学化
学系。

尼奇克在此讲述了磷的故事：这种不用点燃就能放
出光芒的元素的故事，很好地象征了对科学知识本身的
探求——以及这些知识至今是如何服务于各种各样的需
求的，这些需求有向善的，也有向恶的。

在磷五颜六色的各种同素异形体中——红的，紫
的，还有黑的——白磷（P_4）是最早被发现的，它的故
事也最有趣。白磷发出的冷光，让在 17 世纪首次得以
注视它的人心生敬畏和惊奇；它为第一批现代意义上的
科学家们指明了探索的方向，令他们开展实验，探明它
的性质和用途。他们的叙事和我们的一样——竭尽全力
将理性之光洒向我们先祖所留下的黑暗神话，挥舞实证
方法从阴影中抽取深刻的、将要派上用场的知识。然
而，暗淡的磷火同时也穿越了时间的阻隔，向我们警示：
这些被发现的知识中的很大一部分，并不是用来造福人
类的。

P_4 的发现一般认为要归功于汉堡的亨尼格·布兰
德（Hennig Brandt）。为了追寻点金石，他在 1669
年前后将从人尿中获得的固态沉淀投入了熔炉进行热

[1] Emsley, J. The Shocking History of Phosphorus (Pan Macmillan, 2000).

[2] Van Zee, R. J. & Khan, A. U. J. Am. Chem. Soc. 96, 6805–6806 (1974).

解[1]。他获得的黄白色的升华物具有奇妙的特征：能发出冷光，而且不同于通常的燃烧，在放光的同时并不伴随火焰、放热或是冒烟的现象。直到 1974 年，实际放出光芒的物质才被确认为短暂存在的氧化产物（HPO 和 P_2O_2），是由 P_4 和空气中的氧气[2] 在其表面所发生的反应产生的。这些物质产生时处于高激发态，而在衰变回到基态时则会放出可见光。

白磷放出冷光的缓慢氧化过程很容易被加速——成块的 P_4 会在空气中自燃。在将 P_4 与惰性材料结合后，这种易燃性得到了抑制，于是产生了第一种便宜可靠的火柴——白磷火柴（被称作"Lucifer"，这是其中最畅销的牌子）。白磷火柴在 20 世纪初被全世界禁止，因为这种火柴不仅能毁掉房产——不小心挤压一盒火柴，就可能造成一场火灾——而且还会造成健康上的问题。白磷的毒性几乎等同于氰化物，常年暴露在白磷环境中，会让火柴工人患上严重的骨坏死，也即磷毒性颌骨坏死（phossy jaw，"磷下巴"）。

P_4 的毒性和自燃性质，使其成为一种可怕的武器。在"二战"期间，作战双方都向对方的城市投下了成吨的白磷燃烧弹，白炽的液磷火雨不断四处溅射。磷会造成严重的烧伤——白磷会在皮肤上持续燃烧，并且会"渗入"血肉。不仅如此，燃烧产生的磷酸酐（P_4O_{10}）会迅速水解成为磷酸（H_3PO_4），导致脱水并造成酸性灼伤。

在"二战"之前和"二战"期间进行的研究，揭示了磷更为可怕的另一种用法：在有机磷酸酯的磷原子上如果连上了例如氟或氰之类的基团，其产物将会是强大的乙酰胆碱酯酶抑制剂。这些物质被称为神经毒剂，能通过阻断关键的神经活动来杀死人类，是人类已知的有毒物质中毒性最强的类别之一。

与上述恶名昭彰的用途相反，磷酸根（PO_4^{3-}）是所有生物体必需的关键养分之一。在 DNA 的骨架中、在负责为生物分子间传递能量的腺苷三磷酸中，以及在构成骨骼的基石羟基磷酸钙中，都能找到磷酸根的身影。人们还发现，另外一些有机磷酸酯虽然具有和神经毒剂类似的结构，但对有害生物的毒性远高于对人；这些化合物在 20 世纪 60 年代的"绿色革命"中登上舞台，提高了世界各地的农业产量。这类化合物的例子包括了强力除草剂草甘膦（也叫"一扫光 / 农达"（Roundup）），以及杀虫剂马拉硫磷（Malathion）。后者起效的机理在于能抑制节肢动物的乙酰胆碱酯酶，因而能杀死昆虫，但对哺乳动物的类似酶则没有什么效果。

最近，更多磷的新用途被发掘了出来，尤其是在金属催化反应中崭新的膦配体（R_3P，其中 R 是烷基或者芳香基团）的应用上。钌催化烯烃复分解和钯催化碳碳键成键反应的发现者都获得了诺贝尔化学奖；这两项发现都是在有机膦配体的基础上做出的。黑磷有着类似石墨的层状结构，是可充电电池导电材料领域的明日之星。就在最近，通过以主体分子包裹的方式改造之后，

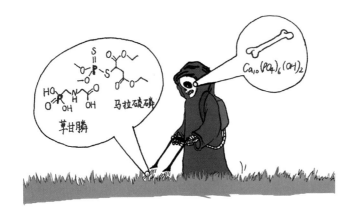

[3] Mal, P., Breiner, B., Rissanen, K. & Nitschke, J. R. Science 324, 1697–1699 (2009).

甚至连 P_4 单质都能变得对氧不敏感了，从而使得调节它的反应活性成为可能 [3]。

　　磷的性能及其独特性，保证了磷化合物必然能被开发出新的应用。愿我们能够秉持良知，为善去恶，而不是再将磷制成新的武器。

16		S
	硫	
	sulfur	
	32.06	
	[32.059, 32.076]	

硫的魅力

原文作者：

托马斯·拉赫弗斯（Thomas Rauchfuss），美国伊利诺伊大学
化学系。

拉赫弗斯惊叹于硫多样的反应活性。尽管硫会使大
部分工业催化剂中毒，但是它自然存在的多种形式和多
样生物学功能中恰恰包括了生物催化剂这一功能。

什么是硫？这是一个不好答的问题，因为有很多种
已知的以 S_x 化学式存在的硫单质。室温下最稳定的是
类似皇冠状结构的环状 S_8，但单质硫同时也含有少量
亮黄色的 S_7 以及微量其他环状结构的硫。硫在受热情
况下非常容易转化为亚稳态一维弹性体，而这种弹性体
在室温下又会快速地降解回 S_8 形式。成环和成链的倾
向是硫最独特的属性。只有在高温时，硫才形成与氧气
分子 O_2 形式类似的 S_2。

硫倾向于成链这一特性在它的多硫阴离子 S_x^{2-} 上也
十分显著。在单质硫中加入少量还原剂就会产生这种阴
离子。这些硫原子组成的链状结构与烷烃构型相似，可
以通过氧化还原反应延伸或者缩短；这一过程在钠 - 硫
电池中得到了利用。这种硫阴离子链与硫自由基（如
天青石中的蓝色发色团 $S_3 \cdot$ ）之间形成了动态平衡。烷
基化试剂、质子以及金属阳离子[1] 可以作为分子链端
帽与处于链终端的硫阴离子结合。与金属结合时，我

[1] Devillanova, F. A.
(ed.) Handbook of
Chalcogen Chemistry:
New Perspectives
in Sulfur, Selenium
and Tellurium (Royal
Society of Chemistry,
2006).

们可以得到具有奇特化学式的化合物，比如 PtS_{15}^{2-} 和 $Fe_2S_{12}^{2-}$。

硫很容易被氧化，特别是形成其二氧化物和三氧化物。根据生存的环境不同，微生物可以通过无氧呼吸来依靠这些硫氧化物的水解衍生物为生。二氧化硫就像是一个亲电且弯曲的二氧化碳结构。它在火山喷发时以极大的规模生成，甚至能导致天气变化。进一步氧化后，二氧化硫可转化为硫酸前体——硫的三氧化物，每年如此生成的规模可达约 1.4 亿 t。

硫还出现在两种编码氨基酸——蛋氨酸和半胱氨酸中。对硫化学家而言，蛋氨酸是比较无趣的，而半胱氨酸则有令人惊异的多样角色。半胱氨酸通过形成硫-硫键转化为胱氨酸来固化蛋白，这与硫化橡胶里的硫-硫键交联作用类似。另外，硫醇基团还是人们青睐的转录后修饰点。辅酶因子和维生素中也有硫的身影，比如硫胺（维生素 B_1）、生物素（维生素 B_7）和硫辛酸。解明这些物质生物合成途径的过程揭示了一系列新颖的机制。

由于硫在蛋白质中已经存在了数千年，因此化石燃料通常含有数个质量百分比的有机硫化合物，最成问题的是噻吩。在石油精炼领域，除硫是长久以来的一个焦点话题，尤其是很多柴油燃料里规定允许的硫含量上限仅为百万分之五。加氢脱硫技术是利用修饰后的硫化钼催化剂生成含硫量低的产物以及硫化氢废气。废气氧化后可以生成大量的硫，以备它用。

硫醇盐对金属离子具有特殊的亲和力；在酶活性位点，金属通常被半胱氨酸残基所锚定。金属-硫醇键的韧性被用于通过硫醇作用形成自组装单分子层。简单地将硫醇和金的表面相接触即可形成这种材料。由于自组装单分子层可以在流动相（即气相和液相）和导电器件之间提供一个响应界面，因此在纳米科技领域十分关键。

金属-硫键在生物催化中的作用也是一个研究热点。其中一个挑战是阐明产甲烷作用的机制，该机制是天然气的主要来源，同时也是气候变化的因素之一。产甲烷作用的最后阶段涉及辅酶 M 中的甲基-硫键的断裂。（辅酶 M 最初就是在作者的家乡厄巴纳的下水道中分离出来的。）在发现产甲烷作用可以通过镍催化甲烷[2] 的反应逆转之后，这一领域便吸引了更多的关注。

与"生物能"相关的转化过程会受到 Fe-S 团簇的影响，包括二氧化碳转化为一氧化碳，质子转化为氢气以及氮气转化为氨气[3]。这些过程全部涉及质子与电子的协同运动，这是一个极其重要的机理研究的主题。相关的酶中的活性位点由通过硫化物配体"粘"在一起的金属团簇组成。由于电子数的变化对其结构几乎毫无影响，因此金属-硫化物团簇可以快速地接收和传递电子，这也是有效催化过程所必需的。显然，软酸性的硫配体的存在使这些催化剂的金属中心可以结合并激活较弱的碱基配体，如氢气、二氧化碳以及氮气——这些配体一般仅能被有机金属配合物结合并激活。掌握这些转化过程的能力可能对我们的未来至关重要。

[2] Thauer, R. K. Angew. Chem. Int. Ed. 49, 6712–6713 (2010).

[3] Fontecilla-Camps, J. C., Amara, P., Cavazza, C., Nicolet, Y. & Volbeda, A. Nature 460, 814–822 (2009).

17　　　　　　　Cl

氯

chlorine

35.45

[35.446, 35.457]

氯的编年史

原文作者：

芭芭拉·J. 芬利森 - 皮茨（Barbara J. Finlayson-Pitts），美国加州大学欧文分校化学系教授。

在本文中，芬利森-皮茨思考了氯如何在我们生活中的各个方面发挥了或好或坏的作用。

无论是在自然界还是在人造环境中，氯都随处可见。地壳和海水都富含氯；它也存在于人体的各个部位，比如胃液中的盐酸；同时，它还是清洁剂和农药的主要组成部分。

对单质氯最早的观察记录可以追溯到 1774 年，当时舍勒在二氧化锰与盐酸的反应中观察到了 [1] 一种黄绿色气体生成，后来被鉴定为是分子氯（Cl_2）。那个时候人们以为这一气体是氯酸——氧和盐酸形成的化合物，并发现它可被用于杀虫和漂白。直到 1810 年，戴维才提出 [2] 该气体实际上是一种单独的化学元素，并于次年将其命名为"氯"（chlorine，源自希腊语的"chloros"，意为"黄绿色"）。

在漂白中并不太实用的气态氯很快就被次氯酸溶液取代了。直至今日，次氯酸仍被用于需要漂白和消毒的场合，比如造纸业，以及处理饮用水和游泳池水。氯也被广泛用于从溶剂、塑料（如聚氯乙烯）到药品等各种

[1] The Early History of Chlorine (The Alembic Club, 1905).

[2] Davy, H. The Elementary Nature of Chlorine. Papers by Humphry Davy Reprint 9 (The Alembic Club, 1902).

产品的制造。

遗憾的是，含氯化合物也产生了种种不良影响：氯气、光气及芥子气都曾被残忍地、不人道地用作化学武器。另一个例子是二氯二苯三氯乙烷（DDT），其影响被详细地记录在蕾切尔·卡森（Rachel Carson）所著的《寂静的春天》（*Silent Spring*）[3] 中。

第 17 号元素与大气中的灾难性效应也有关。20 世纪 30 年代开发的氯氟烃（CFCs）被广泛用作制冷剂、气溶胶喷射剂和泡沫发泡剂。它们在对流层（15 km 以下的大气层）中无毒、无反应活性，这最初被认为是优点；但在 1974 年，莫利纳（Molina）和罗兰（Rowland）发现 [4] 它们实际上具有重大的全球性影响。因为这一发现，1995 年他们与克鲁岑（Crutzen ）一起获得了诺贝尔化学奖。

因为 CFCs 在低层大气中不会显著下沉，所以会被运载到上层大气。在那里，波长小于 240 nm 的辐射可以诱导其光解，生成的氯原子会参与破坏臭氧层的连锁反应。平流层（距离地面 15~50 km 之间）的臭氧可以阻挡来自太阳辐射的紫外线。正常情况下很稳定的臭氧浓度会被 CFCs 诱导降解过程所降低，这会导致到达地球表面的紫外线增强。这一化学过程导致的最引人注目的后果是南极春季臭氧层空洞——某些海拔高度 [5] 的臭氧层被完全破坏。此外，CFCs 也是相当强力的温室气体 [5]。

对流层化学中氯的另一个神秘作用在过去的几十年里 [6] 已经逐渐明朗。海洋的波浪作用产生的亚微米级空气盐颗粒主要由海水中的氯化钠（NaCl）组成；同时来自碱性干湖的灰尘也含有氯。大气中的痕量气体（如 HNO_3、NO_2、N_2O_5）和羟基自由基与这些颗粒的内部

[3] Carson, R. Silent Spring (Houghton Mifflin, 1962).

[4] Molina, M. J. & Rowland, F. S. Nature 29, 810–812 (1974).

[5] Finlayson-Pitts, B. J. & Pitts, J. N. Jr Chemistry of the Upper and Lower Atmosphere - Theory, Experiments, and Applications (Academic Press, 2000).

[6] Finlayson-Pitts, B. J. Anal. Chem. 82, 770–776 (2010).

[7] Finlayson-Pitts, B.
J. Daedalus 137,
135–138 (2008).

及表面的氯离子发生反应，生成含氯化合物，如 HCl、CINO、CINO$_2$、Cl$_2$ 和 HOCl[7]。

令人惊讶的是，最近的测量结果显示，这种对流层的氯化学反应似乎也广泛地发生在大陆中部地区，这些地区也能检测到 CINO$_2$。其来源尚不明确，可能与卤素化合物和地表的氮氧化物（NO$_y$）之间的非均相反应有关。大部分含氯化合物都会快速地转化为氯原子，它们与合成和（或）天然有机化合物具有相当高的反应活性。这通常会导致对流层臭氧的增加，臭氧是一种有毒的空气污染物和强力的温室气体。这是人为和自然排放协同作用的一个典型例子，其潜在重要性越来越明显。尽管这些大气过程极其复杂并难于研究，但阐明它们的化学性质对大气过程的定量预测至关重要，这进而有助于减少或克服这些过程导致的不良影响。

无论如何，在日常生活中不论好坏，我们已逃避不了氯。那么接下来的挑战便是如何扬长避短。

18   Ar

氬

argon
39.95
[39.792, 39.963]

从空气中提取的氩

原文作者：

马库·拉萨能（Markku Räsänen），芬兰赫尔辛基大学化学系。

拉萨能回忆了制备含氩中性化合物的过程，并梳理
了这个惰性元素的化学活性。

惰性气体的发现过程很好地展示了研究人员的创新
能力，他们可以借助相对简陋的工具，从混合物中分离
和鉴定微量成分。

1785 年，卡文迪许通过实验分析发现了空气中含
有惰性成分的迹象——大约 1% 的空气成分不参与化学
反应。不过他当时无法将该惰性成分鉴定出来。后来，
它被证明是氩气，由瑞利勋爵和威廉·拉姆齐共同发现。
1892 年，瑞利勋爵和拉姆齐通过化学方法分离出空气
中的不同成分后，对各成分进行了相当精确的测定，结
果显示用加热的铜从空气中去除氧气、二氧化碳和水得
到的氮气密度与通过氨气制备的氮气密度有偏差。

两年后，他们意识到这意味着另一种元素 X 的存
在，并通过卡文迪许时代还不具备的光谱分析法加以确
认。拉姆齐向瑞利勋爵建议[1]："既然 X 如此不活泼，
用 'argon'（希腊语 'αργον'，意为 '懒惰的'）命名
如何？"他们各自做了非常类似的研究，后来一起发布
了联名报告。1904 年的诺贝尔物理学奖和化学奖被分

[1] Klein, M. L. &
Venables, J. A. (eds)
Rare Gas Solids Vol.
1, p19 (Academic
Press, 1976).

别授予瑞利和拉姆齐，以肯定他们在惰性气体方面的研究成果。

在当时已知的元素周期表里还没有放置氩元素的合适位置，于是拉姆齐提议再增加一列，即元素周期表第18族。氩以及之后发现的另外一些元素，才得以和"稀有气体"一起在元素周期表里找到位置。然而，这个名字多少有些误导性，毕竟氩是大气中仅次于氮和氧的第三多的成分（约占大气成分的0.94%）。鉴于它们很难参与成键化学，用"惰性气体"指代第18族元素会更准确一些。化学惰性给氩带来了许多化学和工业用途，比如为焊接、食品储存和保温窗等提供惰性环境。氩的同位素也被用于测定地质年代。激光技术也广泛使用氩，比如气体激光器使用了氩阳离子，而准分子激光器则使用了受激二聚体氟化氩。

也正因为这种化学惰性，氩很难形成中性化合物。1995年，惰性气体（Ng）氢化物被发现，其通用结构为HNgY，其中Ng是氪或氙，Y是电负性原子或原子团。这些分子中一般氢和Ng之间是共价键，Ng和Y之间是离子键。

也许会令人惊讶的是，早在1995年，初步的量子化学计算就预测低温条件下可以制备含有一个氩原子[2]的化合物：氟氩化氢（HArF）。参照用H（氢）+ Xe（氙）+ I（碘）制备碘氙化氢（HXeI）的方法，我的团队尝试在固态氩中，将氢、氩和氟合成为氟氩化氢，但几次都失败了。尽管如此，在接下来的几年里，更多大规模的计算研究增强了我们对氟氩化氢存在的信念。在分析清楚对反应前体氟化氢处理不当是前述实验失败的主要原因后，我的团队在1999年12月21日第一次检测到了这种新物质——每年圣诞前夕实验室里没有学生干扰

[2] Pettersson, M., Lundell, J. & Räsänen, M. J. Chem. Phys. 102, 6423–6431 (1995).

多少有利于开展实验。确凿的实验结论来自氢 / 氘以及氪 -36/ 氪 -40 同位素置换引起的光谱同位素效应 [3]。含有氪的中性分子——没有比这更好的圣诞礼物了。

计算还预测了许多稳定的氪化合物，待后续实验验证。该化学领域的最新进展包括诸如 ArBeS[4] 和 ArAuF[5] 的制备和表征。随着惰性气体化学的研究成果开始逐渐进入教科书，比如具有广泛成键能力的氪，我们对第 18 族元素化学性质的理解也在发生变化。

时间将会告诉我们究竟可以合成多少惰性气体氢化物及其相关物质。目前，通过实验验证的惰性气体氢化物的数量大约有 30 种，而且很容易设计出更多这类亚稳态分子。化学家们希望探索化学基础知识领域的前沿，研究惰性气体与其他元素之间的新型键合方式为此提供了一个充满挑战的阵地。优秀的计算工具正在不断被研发出来，辅以一定的实验工作，这将极大地提高成功的可能性。

[3] Khriachtchev, L., Pettersson, M., Runeberg, N., Lundell, J. & Räsänen, M. Nature 406, 874–876 (2000).

[4] Wang, Q. & Wang, X. J. Phys. Chem. A 117, 1508–1513 (2013).

[5] Wang, X., Andrews, L., Brosi, F. & Riedel, S. Chem. Eur. J. 19, 1397–1409 (2013).

19　　　　K

钾

potassium

39.098

强力的钾

原文作者：

拉尔斯·奥斯特罗姆（Lars Öhrström），瑞典哥德堡查尔姆斯理工大学化学及化工系教授，《巴黎最后的炼金术士和其他化学奇闻》的作者。

奥斯特罗姆思考了钾在生命和死亡中的重要性。

钾是生命体必需的元素（我们每天都要消耗 1~5 g），但它也与危险甚至死亡密切相关。1807 年，戴维通过电解熔融氢氧化钾分离得到了钾元素，但这是一个不适合胆小者的电化学实验。一年以后，年轻的盖-吕萨克在一场爆炸中得到了关于纯钾反应活性的第一手资料，代价则是终身视力损伤 [1]。

钾最危险的用途是将其氯化物溶液注射到血液中。这种静脉注射足以致命，并在美国的一些州被用来实施死刑，不过这种溶液也会被用来治疗缺钾症。医疗事故悲剧以及可怕的连环杀人案中都有氯化钾水溶液的身影，因为它很难被发现，这样致死的原因常常被误认为是自然死亡 [2]。要识别钾中毒，就需要进行快速的分析，这使得在犯罪小说中使用氯化钾非常"不合时宜"，因为及时的毒理分析会让作家被迫早早地透露全盘剧情 [3]。

在我们的身体中，细胞内外钾离子和钠离子浓度之间存在着精妙的平衡，正是氯化钾注射破坏了这种平衡，才使其具有致命性。钾离子通过钾通道蛋白传递穿

[1] Michalovic, M. Not-so-great moments in chemical safety. Chemical Heritage Magazine 26 (2008); http://go.nature.com/MxhAtw

[2] Emsley, J. Molecules of Murder: Criminal Molecules and Classic Cases (Royal Society of Chemistry, 2008).

[3] Matsson, O. En dos Stryknin: om Gifter och Giftmord i Litteraturen (Atlantis, 2012).

过生物膜。对这些离子通道的研究为罗德里克·麦金农（Roderick MacKinno）赢得了 2003 年的诺贝尔化学奖，但详细的输运机制仍存在争论：水协同转运的主导思想最近受到钾离子间直接"库仑（力）撞出"机理的质疑[4]。

第 19 号元素有两个名称：一是"potassium"，"potassium"的变体在许多语言中都很常见；二是"kalium"，钾的化学符号 K 便是从这个名字中派生出来的。前面的描述可能会让一些人以为"kalium"来自印度教主宰死亡的女神迦梨（Kali）。但是正如"potassium"一样，"kalium"源自一种早期化合物——碳酸钾（K_2CO_3），在阿拉伯语中被称为"potash"或"al-qalyah"，意为"碱性"[5]。

有些化学家可能认为第 19 号元素在化学上没什么用处，因为它通常只是一个没有特定功能的反离子。然而，事实并非如此。以硝石（硝酸钾）为例，它曾经是最重要的钾化合物，在古代火器的火药中，与更吸湿的类似物硝酸钠相比，硝酸钾是更出色的氧化剂。

钾离子的传统来源是碳酸钾，历史上碳酸钾是北欧重要的出口品，它是从草木灰中提取出来，再在容器中结晶而得到的。今天，钾主要来源于北美洲和俄罗斯的

[4] Köpfer, D. A. et al. Science, 346, 352–355 (2014).

[5] Greenwood, N. N. & Earnshaw, A. Chemistry of the Elements (Pergamon Press, 1997).

氯化钾矿。它的主要用途是作为"NPK"肥料。顾名思义，这种肥料由氮、磷、钾三种元素构成。农作物的钾摄取量很大，这就要求我们不断补充土壤中的钾，因此施肥工作规模巨大。但这并没有带来将钾消耗殆尽的风险，因为它是地壳中丰度排名第八的元素[6]。

[6] Freilich, M. B. & Petersen, R. L. in Kirk-Othmer Encyclopedia of Chemical Technology http://doi.org/25z (John Wiley & Sons, 2014)

钾的化学基本都是钾离子的反应，并主要由静电作用主导。冠醚及其相关化合物的引入[5]，产生了重要的钾配位化学。这些配合物中有些有助于阐明钾的生物作用，其余的被用来促进歧化生成复合体结合的 K^+ 和 K^- 反离子，证明这个非常正电性的元素具有虽小但显著的电子亲和力。

碱金属冠醚配合物也很好地说明了这一族元素尺寸大小的趋势。该族反应活性的趋势也非常规律，钠与水的反应是一个经典的实验展示。但尺寸更大、电离能更低的钾会使得相应的钾 - 水实验变得危险，因为生成的氢气必将会被点燃并爆炸。因此，虽然有机溶剂通常是通过加入钠片蒸馏而干燥的，但使用金属钾作为替代物是不明智的。然而，这正是化学系学生普里莫·莱维（Primo Levi）在被分配到蒸馏苯的任务时所做的，因为当时在都灵的库房中找不到因战争被耗尽的金属钠。尽管他"像对待圣物"一样小心地处理了钾，实验室仍然起火了。幸运的是，他最终扑灭了火焰[7]，保全了自身和文献。

[7] Levi, P. The Periodic Table (Abakus, 1985).

无论是在生物系统中还是实验室里，钾离子都远远不是个旁观者，而是一个事关生死的角色。

20　Ca

钙

calcium

40.078(4)

流星般的钙

原文作者：

约翰·普拉内（John Plane），英国利兹大学大气化学教授。

在整个太阳系、地壳以及海洋中，我们都可以发现钙的身影。钙还是细胞、贝壳以及骨骼的核心组成部分，然而它在上层大气中却出奇地稀少。这个长达 25 年之久的谜让普拉内陷入了沉思。

与其元素周期表中的邻居钾、钠以及镁一样，1808 年发现第 20 号元素的功劳要归于英国化学家戴维。他开发了用于从岩石中分离出元素单质的电解法。钙是生命体必需的元素，它也参与各种细胞反应。然而，上层大气中存在的钙都来源于外星。

当星际尘粒以 11~72 km/s 的极高速度进入大气层时，它们与空气分子的碰撞会引发闪速加热，并导致颗粒在约 1800 K 时熔化和蒸发。这一"流星消融"过程通常发生在海拔 75~110 km 之间，并且会直接在大气层中注入金属原子。

利用"激光雷达"技术可以从地面上观测到其中的几种"陨星金属"，这一技术是将脉冲激光调谐到目标金属的吸收光谱——对于钙就是波长为 422 nm 的蓝光——然后直接向大气层发射。这束激光所引发的金属共振荧光可以随即被望远镜监测到。激光雷达灵敏度极高，能够在 90 km 距离上检测到浓度低于 10 个原子每立方厘米的钙原子。

1985 年 [1]，法国的上普罗旺斯天文台首次利用激光雷达来测量大气钙浓度，结果显示钙的大气峰值浓度只有 20 个原子每立方厘米，仅是钠浓度的 1/200，铁浓度的 1/400。这与太阳的光球层、陨石以及地壳均形成了鲜明的对比，在这些地方钙含量几乎与钠一样，也可以达到铁含量的 1/16。大气中钙的含量为何如此贫瘠呢？

仅有三种可能：一是进入大气层中的星际尘粒本就含钙量极低；二是由于流星中的钙的消融效率较低；三是钙的大气化学性质非常不同于钠和铁。直到近来，我们对星际尘粒的成分的认识仍然局限于在地球表面回收到的陨石粒，但在这些样品中并没有发现明显的钙贫瘠现象。然而这些样品都是经受过大气层烧蚀过程后剩余的部分（这也是陨石的定义），外来星际尘中的绝大部分依然可能是缺钙的。目前的共识认为，到达地球的大多数星际尘颗粒来自于彗星。2006 年，美国航空航天局（NASA）的星尘航天器直接收集了来自彗星 81P/Wild 2 的颗粒样品，可惜的是，分析样品的结果并没有揭示出钙贫瘠现象 [2]。

第二个可能是，与难熔的元素（如钙）相比，消融过程更倾向于发生在易挥发的元素（钠和铁）上。这与热力学结果一致，因为钙在石英熔体中会形成非常稳定的氧化物，也有事实证据表明这种"差别消融"的确存在。然而，模型预测的钙含量应仍有钠的 1/3，而不是观察到的 1/200 [3]。

那么，钙的大气化学性质真的不同于钠和铁吗？经过实验研究，我们对这些活泼金属元素会在高氧化性的

[1] Granier, C., Jegou, J. P., & Megie, G. Geophys. Res. Lett. 12, 655–658 (1985).

[2] Flynn, G. J. et al. Science 314, 1731–1735 (2006).

[3] Vondrak, T., Plane, J. M. C., Broadley, S. & Janches, D. Atmos. Chem. Phys. 8, 7015–7031 (2008).

大气层中以其还原态呈现的原因已经有了相当清晰的理解 [4]。关键在于在 85 km 海拔高度时，极强的紫外线辐射会导致氧气和水的光解，并使大气中富含氧原子与氢原子。氢原子和氧原子会攻击像氢氧化物和氧化物这样的金属化合物，并将其还原为金属原子。然而，钙和钙化合物的相对反应速度与其他金属的类似反应速度相近 [5]，这意味着，因反应活性差异导致的钙与钠含量的差别不会超过 5 倍。

　　因此，至少有一个数量级的钙损耗原因不明。这可能是因为我们对流星消融这一过程中发生的极端化学仍缺少了解。此外，星际尘埃颗粒的速度和质量的分布仍一直具有不确定性且充满争议，这些信息均取决于它们的彗星和小行星源头。因此，关于钙的这一谜题可能最终会告诉我们更多关于太阳系演化的信息。

[4] Plane, J. M. C. Chem. Rev. 103, 4963–4984 (2003).

[5] Broadley, S. L. & Plane, J. M. C. Phys. Chem. Chem. Phys. 12, 9095–9107 (2010).

21	Sc
钪	
scandium	
44.956	

有违体育精神的钪

原文作者:

约翰·埃姆斯利（John Emsley），科普作家，著有《大自然的积木》等书。

从地球到恒星，再回到日常生活，埃姆斯利从多个方面介绍了一个在人类活动中越来越重要的元素，包括其用途、分布和未解之谜。

门捷列夫在 1869 年首次提出元素周期表时，特别提到有几个元素的相对原子质量差异超出预期，并在它们之间留出了空位。其中一个空位位于钙和钛之间，他据此推测应该存在一个相对原子质量约为 44 的金属，并取名"ekaboron"。仅仅 10 年后，当乌普萨拉大学（瑞典）的拉尔斯·弗雷德里克·尼尔森（Lars Fredrik Nilson）着手分析黑稀金矿（一种具有黄褐色柔软光泽的矿物，其实含有不少于 8 种金属）时，他发现从中提取的一种金属的原子光谱中出现了之前没有报道过的谱线。经计算，该金属的相对原子质量为 44，正是门捷列夫预测的那个缺失元素。现代元素周期表中并不存在 ekaboron，因为尼尔森用拉丁语中表示"Scandinavia"（斯堪的纳维亚）的词语将这个新元素命名为"scandium"（钪）。

地球上钪的丰度并不是特别高，已知它的总量大概和铅相当。但与铅不同的是，由于没有被任何地质过程所聚集，它广泛地散布在整个地壳中，这也是它以微量形式出现在数百种矿物中的原因。正因为如此，纯钪化合物矿物对于收集者来说十分珍贵。20 世纪 50 年代，来自挪威伊韦兰（Iveland）的墨绿色钪钇石（含 $Sc_2Si_2O_7$）样品价值超过了同等重量的金。长度不过 10 cm 的同种矿样在目前市场上要价 1500 美元。有一些达到结晶态纯度的钪钇石则被切割制成宝石，这也解释了为何该种矿样价格如此之高。

　　原子光谱中那些让尼尔森首次识别出钪的明亮谱线，也能用来探测它在恒星和星际物质里的相对丰度。1908 年，威廉·克鲁克斯（William Crookes）爵士基于这些光谱的研究报告指出，钪在其他恒星中的丰度出乎意料地比在太阳中高。恒星中的这种反常现象目前仍在研究之中，同样在研究之列的还有距我们 8000 光年的海山二（Eta Carinae）恒星系统外层围绕的一团富含钪的星云。几个世纪以来，人们已注意到它神秘的明暗变化[1]，而钪在这一现象里的角色仍有待查明。

　　钪在星际空间的作用和命运尚待澄清，已知钪在地球生物圈中并不扮演任何角色，也并未发现有什么生命体需要它。微量的钪会进入食物链中，普通人的每日摄入量大概不到 0.1 μg。比较奇怪的是，茶叶中含有比其他植物更多的钪——但平均也不过只含 140 ppb（ppb：十亿分之一），所以喜欢喝茶的人并不需要担心。对这种异常聚集的一种解释是铝和钪的化学性质很相近，茶树吸收时无法区分，而它们又需要铝元素。

　　虽然不存在钪矿——钪只是开采钽和铀矿时的副产品，但是因为它可以用于制备铝钪合金而仍受到重视。在铝中添加 0.5% 的钪可以在保持质量轻盈的同时大大提高它的强度，并将其熔点提高 800 ℃，使其可以被

[1] Bautista, M. A. et al. Mon. Not. R. Astron. Soc. 393, 1503–1512 (2009).

焊接，而普通铝却不能。由于上述合金被用于制作先进的米格喷气式战斗机的某些零件，出于战略原因，俄罗斯甚至囤积了钪。同时，钪合金在美国常被用于制造运动器材，如棒球棒、曲棍球棒和自行车车架等。人们发现用这种合金制造的板球拍具有更高的击球力量，但因被认为"违背了体育精神"而被禁用。

　　虽然全世界钪的年产量只有几吨，被转化为钪金属本身的量更少，但钪的氧化物 Sc_2O_3 作为精炼钪的主要供应形态，仍有一些特殊用途。氧化钪可用作紫外线探测器的专用光学涂层 [2]，对波长在 $0.25{\sim}5.0$ μm 之间的光透明，它还被用于核反应堆的中子滤波器。

　　钪的其他潜在用途不断被挖掘出来。它被添加到汞蒸气灯中以产生更接近阳光的柔和灯光，体育场馆使用的泛光灯通常就是这一类。钪的配位化合物显示出催化氢胺化反应的潜力 [3]，而硫酸钪同样有可能被用作种子催芽剂。至于钪的这些应用会像用来造战斗机一样被认为高大上，还是会像用在板球拍里那样被诟病，仍有待观察。

[2] Rainer, F. et al. App. Opt. 21, 3685–3688 (1982).

[3] Lauterwasser, F. et al. Organometallics 23, 2234–2237 (2004).

传奇的钛

原文作者：

迈克尔·A. 塔塞利（Michael A. Tarselli），美国诺华生物医学研究所。

22　Ti
钛
titanium
47.867

从牙膏到特伯（Tebbe）试剂，塔塞利带我们了解钛的多面性。

写作时，我会带着这样一副眼镜，镜片由轻巧又耐用的钛合金框架固定着。从耳环和婚戒到固定和接续骨折的连接件，这些用来打扮我们自己的小玩意儿也都用到了钛。你可能每天用含有二氧化钛增白剂的牙膏刷牙，在粉刷卧室墙壁的涂料和药物的镀层中，你也能找到这种闪闪发光的白色颜料。单晶二氧化钛半导体很快就将在太阳能电池板和平板电脑中得到应用。钛甚至被发射到太空中——它被用于制造美国国家航空航天局（NASA）航天飞机[1]的耐热机身。

第 22 号元素在地壳中的元素含量丰度排名第九，几乎随处可见。一个无处不在的元素需要一个足够强有力的名字，而钛（titanium）正是得名于古希腊神话中的巨神泰坦（Titans）。钛很难分离，在自然界中你永远找不到它的金属单质。直到 20 世纪，纯的金属钛才变得易得。常见的两种钛提纯工艺都需要将矿石与碱金属还原剂一起加热到 300 ℃。

钛（壳层电子排布为 s^2d^2）处于元素周期表 d 区外

[1] http://history.nasa.gov/SP-4221/ch8.htm

围边缘，该区包括锰、铬等强氧化还原金属。当然，钛在氧化还原化学方面也毫不逊色。钛通常有 +2，+3 或 +4 三种氧化态，并与氮、硫和氧等杂原子形成化合物。

大多数有机化学家是从四氯化钛开始了解钛，因为从醇醛反应到糖的脱保护都涉及这种典型的路易斯酸。你更青睐自由基化学？把还原强度降低一级到三氯化钛，你就可以从亚胺和羰基的反应中得到频哪醇加成物。钛丰富的配位化学在其"半三明治型"配合物中得到了充分体现。它可以同时与三个配体配位，并将它们结合成短寡聚体。如果再多一个芳烃，我们就得到了二茂钛配合物，你会发现很多合成实验室都将 Tebbe 试剂和 Petasis 试剂这两种配合物用于烯化作用。

当失去全部 4 个价电子的时候，钛会是一个相当好的路易斯酸。但是，如果还给钛几个电子后又会怎样呢？尽管处于 +4 价氧化态的钛易与杂原子作用，但二价钛有"更温和"的一面，它能与炔和羰基配位形成极性转换二价阴离子。库林科维奇反应（Kulinkovich 反应）是一种利用"低价"钛（Ⅱ）试剂与醛作用生成环丙醇的反应，这一反应开启了钛耦合化学的复兴。包括麦克利兹奥（Micalizio）、查（Cha）以及帕尼克（Panek）在内的几个研究组，已经利用这一独特的反应活性将各种各样的生物碱[2]和聚酮类键合。

[2] Yang, D. & Micalizio, G. C. J. Am. Chem. Soc. 134, 15237–15240 (2012).

这样一个全能的金属在获得诺贝尔奖的研究中占有一席之位并不令人惊奇。齐格勒（Ziegler）和纳塔（Natta）的以二茂钛为基础的烯烃聚合催化剂，成本极低且具有非常好的催化活性。这样生产出来的聚乙烯碳酸饮料瓶和垃圾桶虽然嵌有痕量催化剂，但回收几纳克的这种极易制备的络合物是没有丝毫意义的。钛催化的 Sharpless 环氧化反应证明了单一构型产物可以由手性催化剂制备而得。甚至早期的烯烃复分解反应也使用了钛卡宾，远早于如今为人熟知的钼和钌的催化体系。钛甚至还可能在硅复分解反应中占有一席之地——日本和法国的科学家最近表征了稳定的硅杂环丁烯[3]。

钛的低成本和高丰度使得丢弃上述反应中所产生的副产物——没什么毒性的钛盐毫无负罪感。然而，新的证据表明，事情似乎并没有那么简单：一篇最近的《分析化学》综述[4]研究了不同剂量的纳米二氧化钛所产生的生物积累以及对土壤和水生物的负面影响。

为了防止将来可能出现的环境问题，我们应当把钛的化学计量反应转化为催化反应，就像早期我们为同属过渡金属的铁和铜付出过的努力一样。水净化的一种"绿色方法"是通过光催化反应：紫外线照射下，掺杂二氧化钛催化剂产生的活性氧物种会分解饮用水中存在的细菌和生物毒素。可以利用可见光[5]的同类催化剂刚刚才开始出现。最近，好几个研究组也利用钛催化实现了将类药物分子快速键合的多组分反应。

从制药到涂料，从化学到珠宝，钛无所不在。或许是冥冥之中的天意，写下本文时的 2013 年正好是第 22 号元素被发现的第 222 年。所以，让我们举起镀有钛硅酸盐的香槟酒杯，再来一些撒了二氧化钛"糖霜"的蛋糕。真是美味极了！

[3] Lee, V. Y. et al. J. Am. Chem. Soc. 135, 2987–2990 (2013).

[4] Maurer-Jones, M. A., Gunsolus, I. L., Murphy, C. J. & Haynes, C. L. Anal. Chem. 85, 3036–3049 (2013).

[5] Likodimos, V. et al. Ind. Eng. Chem. Res. http://dx.doi.org/10.1021/ie3034575 (2013)

钒的胜利

原文作者：

安德烈·塔罗尼（Andrea Taroni），《自然 - 物理》主编。

塔罗尼分享了他与钒相关的经历。钒具有丰富的色彩、化学性质，甚至还有丰富的物理性质，是典型的过渡金属。

为什么我在大学选择读化学可谓是一个谜，连我自己都不大清楚。我了解化学中大部分的基本原则，但其中的细节，如氧化 / 还原、顺式 / 反式以及 R/S 构型等，以及它们转化的方式，似乎专门就是为了让我感到无所适从的。坦率地说，我并不是天生擅长这一学科。

我记得在实验室里，我尝试实际处理，而不只是单纯地知道其存在的第一个元素就是钒。在无机化学实验中，我合成并分析了五配位络合物 $VO(acac)_2$（acac 是乙酰丙酮），很快它就向我生动地展示了化学能够多么色彩缤纷。

"钒奇妙的化学和物理特性都源于其 d 电子的丰富特性。"

和大多数的过渡金属一样，钒存在很多氧化态。最常见的是从 +2 到 +5 价的钒，但它甚至能够展现出 −1 价乃至 −3 价的氧化态（如 $V(CO)_5^{3-}$），因此钒可以参与各种类型的电子转移过程。钒的配位络合物可以发生金属向配体的电子转移跃迁（反之亦然）。当这些跃迁的激发能量处于电磁谱的可见光区域时，对应的光吸收会产生一种强烈的特征色彩，比如 $VO(acac)_2$ 的蓝色。

通常我们可以通过增加或调换其配体来改变一个金属的氧化态，这影响了其配位环境，进而改变了配合物电荷转移跃迁的能量，最终导致配合物的颜色改变。我其余的本科实验课程便要求我利用不同试剂，还原我的钒配合物溶液并确定其氧化态。我清晰地记得每一个氧化态改变所带来的颜色突变，这让我非常理解为何以"Vanadis"命名这一元素——Vanadis 是主管美的北欧女神，她更常被称作 Freyja。

事实上，许多过渡金属化合物都有异常丰富的颜色，这使它们成为理想的颜料。它们丰富的氧化还原化学也是它们在生物系统中应用的关键所在（譬如光合作用中的锰）。氧化还原反应当然也是电化学的核心，全钒液流电池已经被设计出来，用以在液体电解质而非电极中储存能量。这些电池利用 V^{4+}/V^{5+} 和 V^{2+}/V^{3+} 的硫酸盐水溶液作为阴/阳电解质，并用离子交换膜将两者隔开。

过渡金属也有令人兴奋的物理学现象。当它们以固态形式结合在一起时，会形成凝聚态物理学家口中的强关联电子体系，一些特别的特性就会显现出来。

比如铁的导电性和铁磁性，它们是自古以来就为人类所利用的两个例子，例如基于磁铁矿的指南针。铁是一个被利用得如此充分，以至于人类历史上有一个完整的时代都以它来命名。20 世纪 80 年代中期，人们发现了某些铜氧化物在液氮冷却下可以变成超导体，这一发现为 K. 阿勒克斯·缪勒（K. Alex Müller）和约翰内斯·格奥尔格·贝德诺尔茨（Johannes Georg

Bednorz）赢得了 1987 年的诺贝尔物理学奖。在同一年代，人们发现薄铁铬薄膜对外加磁场有巨大的电流响应，这种性质现在被称为巨磁阻效应，它支撑了大部分的信息存储技术（阿尔伯特·费尔（Albert Fert）和彼得·格林贝格（Peter Grünberg）因在这一领域的贡献而赢得了 2007 年的诺贝尔物理学奖）。所有这些特性都来自于这些体系中电子的不同编排，这些电子似乎有无穷多种排列方式，而材料科学家们现在越来越能够熟练地操控它们。

自然地，第 23 号元素在固态下也显示了它自己的一系列有趣又有用的特性。例如，二氧化钒是一种典型的被冷却到室温以下时会从金属导体转化为绝缘体的氧化物。事实上，这种金属 - 绝缘体的转变可以通过调节一系列外部参数（如压力、掺杂和外加电场等）来控制。由于这种转变伴随着电阻率和透明度的显著变化，因此二氧化钒已被广泛应用在涂料和传感器上。

就像其他的过渡金属元素一样，钒奇妙的化学和物理特性都源于其 *d* 电子的丰富特性。在我本科学习化学的那些日子里，我体验到了一个虽简单却十分精彩的演示实验。我当时从没想到，这些强关联电子体系将会变成我成为物理学家后的一个主要研究兴趣。

色彩斑斓的铬

原文作者：

安德斯·伦纳特松（Anders Lennartson），瑞典查尔姆斯理工大学化学与生物工程系。

24　　　　Cr
铬
chromium
51.996

从红宝石到劳斯莱斯，伦纳特松探讨了铬及其配位化合物丰富多彩的历史。

小时候，我在家里地下室建立了自己的临时实验室。在早年的化学启蒙阶段，我获得了一些氯化铬（Ⅲ）六水合物，一种绿色的盐，它溶于水会得到同样是绿色的溶液。然而，当我第二天再看时，惊讶地发现溶液变成了蓝紫色。这怎么可能？我当时疑惑极了。

铬（Ⅲ）配合物的一个重要特性是配体交换缓慢。$CrCl_3 \cdot 6H_2O$ 更准确的分子式应该是 $[CrCl_2(H_2O)_4] \cdot Cl(H_2O)_2$，它被我投入水中时便开始和溶剂缓慢反应，得到蓝紫色的 $[Cr(H_2O)_6]^{3+}$ 配合物和游离的氯离子。如果我当时手上有一些硫酸铬（Ⅲ），我会观察到相反的颜色转换过程。它在固态水合物中以 $[Cr(H_2O)_6]^{3+}$ 存在，但当该化合物的水溶液被加热时，其水分子配体缓慢解离并被替换为硫酸根离子配体，并由蓝紫色变为绿色。Cr（Ⅲ）的这种性质为分离多种铬（Ⅲ）配位化合物提供了便利，这也是为什么 Cr^{3+} 和 Co^{3+} 是早期的配位化学家如阿尔弗雷德·维尔纳（Alfred

Werner）的最爱。

与铬（III）相反，铬（II）络合物可以快速交换它们的配体。向蓝色 $CrCl_2$ 溶液中加入乙酸盐将析出红色的具有铬–铬四重键的 $Cr_2(OAc)_4$（乙酸亚铬）。铬还能以更高的氧化态存在：黑色铬（IV）氧化物因具有铁磁性在磁带的黄金时代被广泛使用，而 CrF_5（五价铬）是既不稳定又易挥发的红色固体。如果三氧化二铬（III）（也称为铬绿）和碳酸钾、硝酸钾一起加热，混合物会缓慢变黄。这种颜色变化源于铬酸钾 K_2CrO_4 的形成，其中铬处于 +6 价氧化态。

其他铬（VI）化合物包括拥有美丽橙色的重铬酸钾 $K_2Cr_2O_7$、红色的三铬酸钾 $K_2Cr_3O_{10}$ 以及红色的三氧化铬（VI）CrO_3。后者是酸性氧化物，其水溶液即为铬酸——在加入稀硫酸后便可制成琼斯试剂，用于将醇氧化为酮或羧酸。酸性的重铬酸钾 $K_2Cr_2O_7$ 也被有机化学家用于相同的反应，用它有一个额外的好处：如果合成失败，可以使用 $K_2Cr_2O_7$ 的硫酸溶液来清洗弄脏了的玻璃器皿，这利用了它的氧化性。

虽然如今人们已经知道六价铬化合物有毒且致癌，但之前诸如 $PbCrO_4$ 和 Pb_2OCrO_4（分别为铬黄和铬红）等含铬颜料很受欢迎。自古以来，铬的颜色一直受到高度追捧——红宝石只不过是掺杂铬的结晶氧化铝，而蓝宝石中的粉红色调也来自氧化铝晶格中的微量铬。祖母绿，一种绿柱石——$Be_3Al_2(SiO_3)_6$，其绿色也源自少量的铬。

正因如此，路易 - 尼古拉·沃克兰在 1791 年发现了铬元素之后用代表颜色的希腊语"chroma"为其命名。这种金属并没有立即产生商业上的成功。在铬被发现 15 年之后，戴维爵士在撰写著名的读本《元素化学哲学》时对铬或其化合物仍了解不多，但他确实提到铬酸尝起来是酸的 [1]。品尝化学品显然是当时的惯例，因为同一年，贝采利乌斯也在他的读本中写道，铬酸（有毒）的后味酸涩并带有金属味道 [2]。贝采利乌斯同时指出，这种金属虽然很脆，但对各种酸和空气的氧化都具有很强的抵抗力。现在我们已经知道，这实际上是因为当暴露在空气中时，金属铬表面会形成一层非常薄而致密的氧化层。

19 世纪 20 年代，人们发现在钢中添加铬可以防锈，可惜当时能获取的铬含碳量太高导致这些合金太脆、不实用。当工艺发展到 19 世纪 90 年代并能供给无碳的铬时，情况立刻发生了变化。含有 8% 铬和 18% 镍的常规不锈钢很快得到广泛应用，直至如今，这仍然是铬的主要用途之一。20 世纪 20 年代，人们发现可以在钢上电镀薄薄一层高亮的铬，这让汽车行业欣喜若狂。很难想象，一辆 20 世纪 30 年代产的劳斯莱斯幻影 II 如果没有镀铬会是什么样子？

[1] Davy, H. Elements of Chemical Philosophy Part 1 Vol 1, 463 (J. Johnson, 1812).

[2] Berzelius, J. J. Lärbok i Kemien Part 2 89 (Henr. A. Nordström, 1812).

25	Mn
锰	
manganese	
54.938	

保护者——锰

原文作者：

约翰·埃姆斯利（John Emsley），科普作家，著有《大自然的积木》等书。

埃姆斯利在本文中讲述了一个对生命至关重要的元素。

锰是所有生物所必需的元素。它在保护细胞免受超氧自由基（O_2^-）侵害的机制中起着关键作用——锰超氧化物歧化酶（Mn-SOD）可以将超氧自由基转化为双氧水。同时锰也是其他一些酶所必需的元素，它参与了葡萄糖代谢、对维生素 B_1 的利用和 RNA 的运作过程。

一直到20世纪50年代，人们才认识到人体需要锰。这其中一部分原因是我们对锰的需求量实在太小了，人体内一般只有 12 mg 左右。而我们每天的锰摄入量平均约为 4 mg，远超所需。许多食物都能提供这种元素，尤其是谷物和坚果。含锰量最高的是甜菜根和法国大餐中的蜗牛。然而，以灰尘或烟雾形态摄入过量的锰会使人发疯。在过去，锰矿的矿工常常有"锰疯"的症状，他们会不由自主地大笑或哭泣，攻击他人，产生妄想和幻觉。

20世纪50年代，Mn-SOD 保护活细胞的强大效能得到了耐辐射奇球菌的证明。这种微生物能够在受到强烈辐射的肉类中生存。它能够优先积蓄锰而非铁元素，并且利用这些积蓄的锰来消灭由辐射而产生的巨量氧自由基。这能使其细胞的 DNA 修复机制不会被完全破坏，并得以继续发挥作用。

在被分离为元素单质之前很久，锰就已经为人所知。在 3 万多年前，法国拉斯科地区的洞穴艺术家们就使用了黑色的软锰矿（二氧化锰）。公元 79 年死于庞贝古城毁灭的罗马作家老普林尼，描写过玻璃制造者使用一种黑色的粉末来为玻璃脱色，这种黑色粉末几乎可以肯定是软锰矿，同时它还被陶工用作黑色颜料。

锰矿也为说明数千年来行星的多样变化提供了证据。4 亿至 18 亿年前的沉积岩中缺乏锰，这表明那段时间海洋中的含氧量很低[1]。

软锰矿是最常见的锰矿，它的年开采量约为 2500 万 t。假如某一天陆地上的锰矿藏用尽了的话，我们就必须开采位于海底的锰结核了。据估计，这些分散在广大区域内的锰结核多达万亿（10^{12}）t，其中东北太平洋尤其富集。1876 年，探索深海的"挑战者号"帆船从大洋底挖出了奇怪的锥形块。分析结果发现它们的主要成份是锰，并且似乎是在鲨鱼的牙齿周围形成的，而鲨鱼就是少数能够在海底深处生存的生物之一。

生命与锰密切相关，在海洋中没有铁的地方，海洋硅藻的存活更是有赖于这种元素[2]。这种微生物对锰的吸收能力也许有一天能被用于从低品位矿石中提取锰，从而成为锰的另一来源，正如目前提纯铜和金的生物方法那样[3]。

因为太脆，金属锰一般不会直接使用。锰矿石开采量的 95% 都被用于制作合金——主要是在钢中加入约 1% 锰用于提高其强度、工作性能和耐磨性。1883

[1] Maynard, J. B. Econ. Geol. 105, 535–552 (2010).

[2] Wolfe-Simon, F. et al. Plant Physiol. 142, 1701–1709 (2006).

[3] Das, A. P. et al. Bioresource Technol. 102, 7381–7387 (2011).

年，谢菲尔德大学 24 岁的冶金学家罗伯特·哈德菲尔（Robert Hadfield）获得了含有约 13% 锰的"锰钢"专利。这种金属非常强韧，并被用于制作铁轨、土方机械、保险柜、军盔、步枪枪管和牢房的钢条。至今，这种锰钢仍被称为 Hadfield 钢。

锰化合物也有很多用处。例如二氧化锰（四价）既可作为橡胶添加剂，又可作为工业催化剂；氧化锰（二价）作为化肥用于缺锰土壤；高锰酸钾（其中锰的氧化态为七价）用于去除废气和废水中的有机杂质。虽然色彩鲜艳，但高锰酸钾那特别的紫色仅仅是锰这个在我们生活和地球演化中起着关键作用的元素的一个次要方面。

26   Fe

铁

iron

55.845(2)

铁的新纪元

原文作者:

卡斯滕·博尔姆(Carsten Bolm),德国亚琛工业大学有机化学研究所教授。

从生理过程到工业活动等许多领域,铁都具有重要角色,但是曾因在有机合成过程中与过渡金属相比相形见绌而并没受到重视。博尔姆就铁是如何变成越来越受欢迎的催化剂进行了讨论。

金子是给女主人的,银是给侍女的,铜是给精于生意的手艺人的。"很好!"男爵坐在大厅说,"但是铁,冷铁,是金属之王。"

以上是 1907 年诺贝尔文学奖获得者吉卜林的诗歌《冷铁》(Cold Iron)的开头。的确,铁确实与我们生活的方方面面相关,从铁娘子乐队到铁人三项锦标赛,历史上还有铁幕,或者我们提及铁腕统治的铁娘子撒切尔夫人。

铁是熔点为 1539 ℃的过渡金属,外表为淡的银灰色且有金属光泽。它是地球上仅次于铝,含量第二的金属,最常与镍以合金形式构成致密金属核。另外铁在地壳内亦普遍存在,约占其总质量的 1/3。

铁几乎是所有生物体内所必需的微量元素。比如,血红素是一种铁与卟啉的配合物,它是几种蛋白质活动的关键所在，其中包括与血红蛋白结合运输氧分子。所有生理过程都有铁的参与，并且它的吸收、运输以及存储均受到严格控制。这对生物体非常重要，因为铁离子的非可控流失所导致的缺铁会使细胞损伤甚至死亡。

只是纯的单质铁很稀有，二价铁化合物也很少见。铁最常见的形式是其三价氢氧化物和氧化物，但这些化合物均不溶于中性水，因此大部分生物体为了满足对铁的基本需求都发展出了专门的机制。比如，细菌释放的铁载体会与铁络合，从而实现其定向运输与吸收。巴塞尔大学为教学人员所举办的一场关于铁载体的报告会事实上是我第一次直接接触铁化学，这次报告深深地影响了我的研究兴趣，也是一次愉快的挑战。

铁化学发展于人类历史早期。在史前时代，人类可能就已从流星中收集铁样品，且于公元前 2000 年便已经开始冶炼铁。纯金属铁可以从铁的氧化物中获得，例如赤铁矿（Fe_2O_3）在高温下被碳还原可以得到铁。随后可以通过与其他金属结合（连同少数几种非金属添加剂，比如硅或者碳）形成性质可调控的合金；例如钢铁，已经成为建筑、汽车零部件以及机械工业等核心组件。

含量丰富且基本无毒性，因此铁在催化剂中应用备受期待。利用掺杂铁催化剂催化氢气和氮气合成氨气的哈柏法为人熟知，另外铁催化剂还被在德国路德维希港巴斯夫实验室工作的沃尔特·雷佩（Walter Reppe）引入到了利用烯烃与一氧化碳合成醇类的过程当中。然而，铁仍然不是常用金属催化的首选，人们更倾向于用钯或者铑等贵金属。这可能是因为太多反应都可以利用非铁催化剂实现，那么，又何必寻求改变去探究未知的方法呢？

另外，铁的磁性使其标准机理研究难以实现（比如

说，难以使用核磁波谱法）。很多含铁配合物是顺磁性的，且反应路径经常涉及自由基组分。其理论研究由于需要考虑到自旋态的改变也受到一定阻碍。尽管如此，越来越多的化学家们现在开始研究铁催化剂且发现这非常值得。近期进展显示，其反应活性和选择性经常可以通过合理搭配铁源、配体和添加剂的组合而调控。

这一方法导致了意外的交叉偶联反应活性的发现，甚至利用简单的氧化剂功能化烃类化合物也成为可能。最终，利用手性改性的铁配合物实现不对称合成的可行性也得到了证明。有关铁催化剂的更多发现和突破指日可待，并将有效取代当前的贵金属催化剂。

铁是否真的像吉卜林在 20 世纪初所作诗歌中提到的一样，是冷的吗？大约 100 年以后，情况已经改变，铁热了，且热潮才刚刚开始。

27 Co
钴
cobalt
58.933

钴的小传

原文作者:

戴维·林赛（David Lindsay）和威廉·克尔（William Kerr），
英国雷丁大学化学系。

林赛和克尔向我们强调，就钴而言，好处远比坏处多。

纵观历史，含钴化合物一直以来都很有用处，它们至今在化学合成中仍有很多非常重要的应用。一般认为，钴的名字来源于德语中的"kobold"，意为"小恶鬼"或者"坏妖精"。从矿石中分离出钴的种种困难和冶炼钴时释放出的剧毒砷氧化物，都被受此折磨的矿工们认为是坏妖精作祟的结果。毫无疑问，钴的稀有性也导致了这种看法。它在地壳中的含量仅为百万分之二十九，元素丰度排在第三十位，是含量倒数第二的过渡金属元素（最少为钪）。

布兰德在 1735 年就分离出了钴，但要到近半个世纪后的 1780 年，钴才最终被伯格曼（Bergman）确认为是一种新元素。其实人类利用钴的历史还要更久远，在四千多年前的中东，钴矿石就被用作蓝色染料。甚至到今天，大约 30% 生产出来的钴都被用于陶瓷和涂料行业。钴也是人体内必不可少的微量元素，在维生素 B_{12} 和一系列被称为钴胺素的辅酶中均可以找到它的身影。尽管人体内仅含有 2~5 mg 的维生素 B_{12}，但它参与了红细胞的生成，而这一过程对生命体至关重要。维生素 B_{12} 还因它包含的钴 - 碳键而闻名，这使它成为唯一天然的有机金属化合物。

因为这一特性，所以钴化学的很多新进展都与有机金属化合物有关。例如在催化领域，钴被发现可以催化很多交叉偶联反应，在这些反应中多年来原本主要使用钯和镍作为催化剂。另外，基于钴的催化剂也是能够催化析氧反应的诸多催化体系中的一员。析氧反应是光化学驱动水分解而产生氢气和氧气的基本步骤，提高该过程相关技术的效率，能最终引领我们开始大规模地应用太阳能这种对环境友好的能源。

有机钴化合物在催化领域历史上最重要的应用一直是经过氢甲酰化过程催化烯烃生成醛的反应。这一反应的经典催化剂是加质子后的四羰基钴阴离子（即四羰基钴酸）。尽管这些年已经发展出选择性更好的含铑催化剂，但含钴催化剂在很多应用中仍在使用。

作为第 9 族的元素，钴并不会形成中性单金属羰基络合物，但钴可以形成含有一个弯折的钴 - 钴键的二聚体（八羰基合二钴）。这一双核化合物也是一种氢甲酰化反应的催化剂，但它更为重要的一个反应是与炔烃的反应。在失掉两个一氧化碳分子后，炔烃与八羰基合二钴形成炔烃 - 六羰基 - 二钴络合物。这些在空气中稳定的深红色化合物可以催化炔烃的环三聚反应并用于制备取代苯化合物，但它们最主要的用途还是制备取代环戊烯酮。

炔烃 - 钴络合物在上述高效直接成环的反应中的使用，是由苏格兰思克莱德大学的彼得·L. 葆森（Peter L. Pauson）在 1971 年偶然发现的。继他在二茂铁的合成与活性研究的开拓性工作后，葆森将注意力转向钴催化

炔烃三聚反应的基础研究。因为他相信具有足够活性的
烯烃与炔烃 - 钴络合物可以发生类似的反应，所以他开
始研究之前就引人注目地含应变的降冰片烯衍生物。该
反应的主要产物是环戊烯酮，由各一个单元的炔烃、烯
烃和一氧化碳构成。

　　这一偶然又非常幸运的发现在思克莱德大学的各个
实验室掀起了接下来持续数年的研究热潮，这些研究致
力于确定这种能够选择取代环戊烯酮的一锅法合成反应
的应用范围和局限。这些热潮产生得理所当然，因为有
机化学中的取代五元环酮化合物就是如此重要。很多相
关的构建此类小环体系的金属催化过程相比于最初的发
现已完善很多，并且到现在，相关的工作仍是国际前沿
研究的焦点。

　　除了葆森自己外，全世界的有机化学家都将这一著
名的成环过程称为"葆森 - 侃德反应"（Pauson–Khand
reaction）。发现该成环反应的合作者是一名博士后研究
者伊赫桑·U. 侃德（Ihsan U. Khand）——葆森曾经的
博士生。而向来对学生和同事谦逊慷慨的葆森，无论是
书面还是口头提及这个反应，都只称其为"侃德反应"
（Khand reaction）。

镍关存亡

原文作者:

卡西·L. 德雷南 (Catherine L. Drennan), 美国麻省理工学院
霍华德·休斯医学研究所教授和研究员。

28   Ni

镍

nickel

58.693

德雷南在本文中指出, 人类对镍最早的应用可以追
溯到公元前 3500 年, 而近年来在能源和环境领域内,
人们又重新燃起了对镍基化学的兴趣。

镍是我们的老朋友了。研究生命起源的科学家们提
出假说, 认为早期生命可能利用了某种含镍、铁和硫的
混合物, 来从当时富含二氧化碳、一氧化碳和氢的环境
中获取能量 [1]。早在公元前 3500 年, 叙利亚人就在不
经意间将镍掺入了青铜, 但将镍正式认定为一种元素则
是 1751 年的事情了。

绝大多数美国人都知道, 镍的用途之一是作为硬币
的材料——五美分硬币正是因此被称为"镍币"(nickel)
的。虽然一枚镍币的面值一直是五美分, 但这些年间它
的镍含量一直在最初以及现在的 25% 与"战时镍币"
的零含量之间波动。镍同时也会被用于制造不锈钢和可
充电电池、催化加氢, 以及使玻璃带上一丝绿色。

能够具有如此多样的用途, 是因为镍拥有以下几条
重要的性质。作为 d 区过渡金属之一, 镍左边紧挨铁钴,
右边则邻接铜锌。因为具有 d 轨道电子的原因, 过渡金

[1] Wächtershäuser, G.
& Huber, C. Science
276, 245–247 (1997).

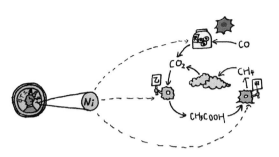

属络合物往往色彩夺目，能够显示出种类繁多的明快颜色。这些络合物的氧化价态能够大幅变化（镍可以从 0 变动到 +4），可以组成多样的几何构型，以及形成包括有机金属键在内的多种不同的化学键。

和元素周期表上的近邻们一样，镍在生物过程中发挥着极为重要的作用。对于包括我们小肠中的有益微生物在内的大量微生物而言，为了生存下去，镍是不可或缺的。不幸的是，对于有害微生物而言，镍同样是其存活的关键。例如，会引起膀胱感染的某些大肠杆菌菌株中就具有镍铁氢化酶，其作用就是催化氢分子与质子和电子（一个氢分子生成两个质子和两个电子）间相互转换——这一反应是细胞内产能过程的一部分；胃溃疡的病因之一——幽门螺杆菌，能够在胃内的酸性环境下生存的原因正是一种名为脲酶的含镍蛋白，这种蛋白会将尿素分解为氨和二氧化碳，从而中和了酸性。因此，为了治疗胃溃疡，科学家正在考察以幽门螺杆菌的镍摄入过程为标靶的药物。

在生物过程中，镍的另一个大放异彩的角色则是出现在全球碳循环里。虽然在我们眼中，一氧化碳、二氧化碳和甲烷是环境污染物和温室气体，但在一些微生物眼中，这些正是它们可以利用的能源。一个微生物的排泄物，却能成为另一个微生物的能量来源："全球碳循

环"这一术语所描述的正是这一过程。举例而言，向光
性厌氧菌会"吃"一氧化碳而产生二氧化碳，而一类叫
做产乙酸菌的微生物则会消耗二氧化碳以产生乙酸。与
此同时，产甲烷菌则以乙酸为食，进而产生甲烷。接着
甲烷会进入大气，并在大气中通过厌氧降解重新被转化
为二氧化碳，完成这一循环。

　　这一碳循环的核心是三种含镍的酶：一氧化碳脱氢
酶，乙酰辅酶 A 合成酶，以及甲基辅酶 M 还原酶。这
三种酶的协作每年大约从环境中吸收 10^8 t 的二氧化
碳 [2]，并合成 10^{11} t 的乙酸 [3] 和 10^9 t 的甲烷 [4]。镍与
碳原子成键的能力正是这种反应能力的关键。有趣的是，
镍在原始汤中所扮演的角色的假说，也是从微生物利用
一氧化碳和二氧化碳生存的能力上衍生出来的——这两
种气体曾经在早期地球上大量存在。

　　现在，科学家们更感兴趣的是利用这些含镍酶来解
决世界正面临着的能源和环境危机——氢化酶的性质正
适合氢燃料电池科技的需要 [5]，而一氧化碳脱氢酶和乙
酰辅酶 A 合成酶则能够为火力发电厂减少二氧化碳排
放 [6,7]。面对着诸如全球变暖、城市污染和最近（2010 年）
发生的墨西哥湾石油泄漏这样的问题，我们必须在注意
到对能量的索求造成的环境冲击的同时，探索替代性的
能源。"老而弥坚"的镍化学可能正是这攸关存亡的时
刻所需要的救星。

[2] Bartholomew, G. W. & Alexander, M. Appl. Environ. Microbiol. 37, 932–937 (1979).

[3] Drake, H. L., Daniel, S. L., Matthies, C. & Kusel, K. in Aceto-genesis (ed. Drake, H. L.) 3–60 (Chapman and Hall, 1994).

[4] Thauer, R. K. Microbiology 144, 2377–2406 (1998).

[5] Posewitz, M. C., Mulder, D. W. & Peters, J. W. Curr. Chem. Biol. 2, 178–199 (2008).

[6] Stauffer, N. Energy Futures 6–8 (Autumn, 2009).

[7] http://www.teachers-domain.org/resource/biot09.biotech. car. drennan/

29   Cu

铜

copper

63.546(3)

靠谱如铜

原文作者：

蒂贝留·G. 莫加（Tiberiu G. Moga），加拿大多伦多大学医学院医学博士生。

在日常生活中经常遇到的铜，乍一看似乎很平凡。然而科学家们并未忽视铜，莫加在本文中讲述了铜的潜力是如何被发挥出来的。

在芬兰史诗《卡勒瓦拉》（芬兰语：*Kalevala*）的结尾处，男主人公维纳莫宁（Väinämöinen）驾驶一条铜船，起航离开凡间前往天堂。现代工程师们似乎对这个故事尤其认真：船只的外壳会敷设铜基材料，以抑制细菌、藤壶和其他不速之客的生长。在整个历史过程中，维纳莫宁的船不过是铜的红褐色光泽激发人类诸多想象之一例。

在古罗马，铜被叫做"cuprum"，这个词来自他们主要的铜矿来源：塞浦路斯岛（Cyprus）。现在，"铜"这个词一般让人联想起硬币、电线或者是自由女神像——后者的绿色肌肤便是来自于二价铜的碳酸盐。尽管铜在日常生活中看起来平平无奇，但因为它在生物体中有着重要而性命攸关的功能，也因为它多样的化学特性，铜一直活跃在科研舞台上。铜的多才多艺主要是因为它能够完成以下三种不同的化学过程：路易斯酸催化，单电子转移过程以及双电子转移反应。

在路易斯酸催化中，Cu⁺ 或 Cu²⁺ 离子能让不同的分子聚到一起，并在它们之间引发化学反应。一个著名的例子是铜催化叠氮 - 炔环加成反应——"点击化学"（click chemistry）。在这个反应中，起始原料之一上带有叠氮基团，而另一种则带有炔基；这两者先配位到铜上，随后互相之间形成共价键，构成一个三唑环 [1]。在催化这一步反应上，没有别的过渡金属能比铜更有效。由于这一反应的可靠性和高选择性，点击化学在从自然产物及其衍生物全合成到聚合物改性的大量领域上获得了广泛的应用。

[1] Adzima, B. J. et al. Nature Chem. 3, 256–259 (2011).

另一个铜离子作为路易斯酸催化的反应是环肽的合成——这类化合物有着极多的生物应用：有像环孢素 A 和短杆菌肽 S 这样的抗生素，也有奥曲肽和降钙素这样作用于内分泌系统的，还有依替巴肽这种能辅助预防血栓和中风的。因为带正电，Cu²⁺（以及其他离子）可以与作为前体的链状多肽的氧、氮或硫原子上的电子对结

[2] White, C. J. & Yudin, A. K. Nature Chem. 3, 509–524 (2011).

合，从而将前体多肽进行弯曲，使其更易于闭合形成环状结构 [2]。

铜通过在 Cu^+ 和 Cu^{2+} 之间切换来进行单电子转移，这个机理上比路易斯酸催化更为复杂的过程在生物体内是不可或缺的。在细胞呼吸中，生物组织从葡萄糖摄取能量，这一过程就涉及线粒体膜上的含铜酶。这些酶通过逐步的单电子转移过程氧化葡萄糖和还原氧气，同时产生水。

其他利用了铜参与的单电子转移的酶还包括超氧化物歧化酶和酪氨酸酶 [3]：它们或许比较少见，但仍然非常重要。含铜锌辅基的超氧化物歧化酶会将反应活性强的各种氧转化为毒性较低的过氧化氢分子，以此保护细胞；后者随后会转化为氧气和水。含铜的酪氨酸酶会将酪氨酸转化为左旋多巴，后者是肾上腺素的前体，负责调节在剧烈压力下的"战斗或逃跑"反应。左旋多巴也被用于治疗帕金森病，它的代谢产物是多巴胺，负责调节脑神经细胞之间的信息传递。

[3] Lippard, S. J. & Berg, J. M. Principles of Bioinorganic Chemistry (University Science Books, 1994).

最后一种常见的铜催化是双电子转移反应，也被叫做偶联反应，这种反应分三步进行：氧化加成，金属转移，然后还原消去。第一步是 Cu(O) 插入碳 - 卤素键，形成碳 - 铜键和铜 - 卤素键，并被氧化到 Cu^{2+}；第二步，是金属中心铜上的卤素离子被亲核基团或者另一个进攻基团取代；最后一步，则是碳 - 铜键和铜 - 亲核键同时切断，形成碳 - 亲核基团键，同时 Cu(O) 催化剂得到再生 [4]。

[4] Kar, A. et al. Org. Lett. 9, 3405–3408 (2009).

偶联反应一开始是依靠钯催化剂而流行的，这一工作为理查德·赫克 (Richard Heck)、根岸英一 (Ei-ichi Negishi) 和铃木章 (Akira Suzuke) 赢得了 2010 年的诺贝尔化学奖。这些反应如今在药物合成中都获得了广泛的应用，而且在未来会继续引人注目下去。作为催化剂来说，铜在温和的反应条件下能有不错的产率，而且对会毒化其他催化剂的成分有一定的抗性，这使得它能成为钯的理想替代品。

从药物合成到设计新的纳米结构[5]，铜一次次地被再发现，作为催化剂和性能全面的基础单位而得到应用。这一趋势仍未有任何消退的迹象，或许这正说明，唯一能限制铜的用场的，只有人的想象力。

[5] Ameloot, R. et al. Nature Chem. 3, 382–387 (2011).

30　Zn

锌

zinc

65.38(2)

锌的未知价值

原文作者：

安德斯·伦纳特松（Anders Lennartson），瑞典查尔姆斯理工大学化学与生物工程系。

那些在自然界分布广泛并且已被使用数千年的元素，通常不会引起人们太大的兴趣，但是伦纳特松认为我们不能太不把锌当回事儿。

一位教授曾跟我说："你永远没法用锌打动我。"为什么有些元素比其他元素更加光彩夺目？为什么锌元素不是这些出彩的元素之一呢？是的，它没有展现出多样的氧化还原特性，一价锌的化合物不多，最近还有计算表明我们永远不会看到稳定的三价锌化合物[1]。第 30 号元素紧紧吸引住它的 d 轨道电子，这就是为什么它的化合物没有展现出我们通常看到的 d 区元素的鲜艳色彩。实际上，由于 d 电子壳层被填满，锌和其他第 12 副族元素并不是严格意义上的"过渡"元素——它们有时被称为后过渡金属或"荣誉"过渡金属。

我们不知道是谁最早发现了锌[2,3]，但自古以来人类都在使用锌化合物。罗马人将锌矿石与木炭、铜混合来生产黄铜。然而，由于锌易挥发，一直到中世纪人类也没能提纯锌。单质锌可能首先出现在印度，但它的商业化生产首先发生在中国。化学家们直到 18 世纪才对它提起兴趣，并很快发现它其实很重要：锌使不可计数

[1] Schlöder, T., Kaupp, M. & Riedel, S. J. Am. Chem. Soc. 134, 11977–11979 (2012).

[2] Weeks, M. E. Discovery of the Elements 6th edn (Journal of Chemical Education, 1956).

[3] Gmelins Handbuch der Anorganischen Chemie. Zink, System-nummer 32 8th edn (Verlag Chemie, 1924).

的铁不生锈，它可以用作锌 - 碳电池和碱性电池的阴极，它的氧化物被用在防晒霜里，氯化锌可以用作焊接助焊剂。

此外，第 30 号元素对人类生命也至关重要。人体内锌的总量约为 2 g。锌离子是许多转录因子和酶的核心，没有锌，我们一天也活不下去。碳酸酐酶、醇脱氢酶和胰岛素蛋白酶依赖于锌的路易斯酸性。"锌指"是一种广为人知的结构基元，其中锌离子既能帮助肽链折叠，又为底物配位提供了锚点。

有机化学家也对锌感兴趣。1849 年，爱德华·弗兰克兰（Edward Frankland）希望分离出乙基自由基[4,5]，因而加热密封玻璃管里的碘乙烷和锌粉。令他惊讶的是，在该反应产物中滴入一滴水的瞬间，管中喷出几英尺高的蓝绿色火焰。二乙基锌——第一种主要类型的有机金属化合物就此被发现！这也基本上标志着有机金属化学的诞生。虽然在 1830 年，威廉·克里斯托弗·蔡泽（William Christopher Zeise）已经报道过一水合三氯乙烯合铂酸钾化合物——被称为蔡氏盐，但它并没有引起太多关注。二乙基锌在空气中会自燃，但在当时干燥的氮气或氩气不易获得，勇敢的有机金属化学先驱们通常使用氢气作为惰性气体——这肯定不会是我在处理自燃物质时的首选……

有机锌化合物的应用范围包括：使用二乙基锌蒸气处理古书籍来阻止其降解（确实有效，但没有人敢用这种方法！），还有荣获过诺贝尔奖的应用——在交叉偶联反应中使用有机锌衍生物。有机锌试剂通常比常用的镁基格氏试剂更温和、更具选择性，因此近年来越来越多具有复杂官能基的有机锌试剂被制备出来[6]。

1995 年[7]发现的 Soai 反应是展示有机锌化学选择

[4] Seyferth, D. Organometallics 20, 2940–2955 (2001).

[5] Frankland, E, Experimental Researches in Pure, Applied, and Physical Chemistry (John van Voorst, 1877).

[6] Knochel, P. et al. in Chemistry of Organozinc Compounds (eds Rappoport, Z. & Marek, I.) 287–393 (Wiley, 2006).

[7] Soai, K. et al. Nature 378, 767–768 (1995).

性的一个不寻常的例子。在没有催化剂的情况下，二烃基锌不会与醛类反应；然而，在有催化剂存在时，二异丙基锌能与前手性分子嘧啶羧醛反应得到手性醇。该反应是自催化的，这意味着产物（嘧啶醇）可以催化其自身的生成。这本身并没有什么不好的，但该反应最神奇的地方在于新产生的嘧啶醇较之原始催化剂具有更高的光学活性。实际上，该催化剂不仅能促进一种旋光异构体的形成，还能抑制相反异构体的形成。近乎外消旋的催化剂中细微的统计偏差就已足以触发上述放大效应。

哪怕只提它的有机金属化学反应性，锌就足够动人了！

爱抱团的镓

31	Ga
镓	
gallium	
69.723	

原文作者：

马歇尔·布伦纳（Marshall Brenna），美国伊利诺伊大学厄巴纳—香槟分校化学系。

布伦纳解释说，能变弯的汤匙和手机里有着同一种奇特的元素。

可以说元素周期表是化学界最耳熟能详的工具了。1869 年，门捷列夫将当时已知的元素从轻到重依次排列，每当后续元素表现出与上一行元素相近属性时则新起一行。门捷列夫绝不是第一个尝试这样组织元素的人，但只有他的表格最终被挂在世界各地的教室和实验室里，也许是因为他第一个在元素之间留下了空白以待后来人填补的缘故。他推测在某些位置上存在尚未发现的新元素可以更好地匹配同一纵列元素族的共性，并参考同族中邻近元素的名称在这些位置留下占位符——类硼（ekaboron）、类铝（ekaaluminium）、类锰（ekamanganese）和类硅（ekasilicon），又依据这些元素在表中的位置预测了它们的某些属性和特征。

1875 年，法国化学家保罗 - 埃米尔·勒科克·德布瓦博德兰（Paul-Émile Lecoq de Boisbaudran）在闪锌矿矿样中发现了上述预测中的第一个元素。光谱检测显示了一对紫色线，这是类铝（ekaaluminium）的特征。

之后，德布瓦博德兰在同一年用电解法首次提取了该元素的纯样品，并以他的祖国——法国为之命名"gallium"（注："高卢"的拉丁语拼法为"Gallia"）。他进而描述了该元素及其性质。在看到其大部分实验结果都与类铝（ekaaluminium）的预期属性类似时，门捷列夫觉得有必要写信联系德布瓦博德兰，以指出后者对该金属密度的测量值 4.5 g/mL 有误（门捷列夫预测的密度为 6 g/mL）。随后该值真的被修正为 5.9 g/mL，与门捷列夫的预测惊人的一致，也印证了他在周期表中排放类元素的正确性。

[1] Greenwood, N. N. & Earnshaw, A. Chemistry of the Elements 2nd edn, 217–267 (Butterworth-Heinemann, 1997).

镓是一种柔软的银色金属，导电能力一般。作为第 4 周期元素 [1]，它的性质正如预期的一样介于铝和铟之间。与铝全满的 $2p$ 电子层相比，由于 $3d$ 电子层的屏蔽较差，镓也因此具有比铝更高的电离能，或许更重要的是镓比预期值小得多的原子半径——130 pm，几乎和铝原子一样大。异常小的原子半径作为一个影响因素赋予了镓最为人熟知的特性。金属镓在室温下质地柔软，温度只要再上升 9℃——相当于伊利诺伊州天气温暖时的温度，或者说比人体体温低几个摄氏度——就熔化了。19 世纪的化学家经常利用这个特性来玩恶作剧：拿镓打造一个汤匙，并和茶一起递给一位毫无戒心的客人。汤匙在搅拌茶叶时迅速融化，令客人目瞪口呆。更具意义的是，低熔点意味着液相的镓在可利用且可达到的温度范围内表现出金属性质。

也许镓最重要的特性是它易于跟多种金属形成合金。这是因为小的原子半径可以让它相对容易地扩散到很多金属的晶格中。生成的合金通常也因为镓而获得低熔点，这让所得材料也变得更易加工、更稳定，从而更具成本优势。镓主要被应用在半导体行业中。作为镓最

常见的合金形式，GaAs 的应用包括手机里的高速逻辑芯片和前置放大器等，而 AlGaAs 和 InGaAs 是蓝光光盘播放机采用的 405 nm 激光二极管的发光材料。

除了促进技术进步，镓化学已经开始涉足燃料和能源科学中的基本问题。早期研究表明，掺杂镓的沸石可以有效地催化甲基环己烷的开环和断裂，形成短链烷烃[2]——这被用于回收汽油裂解产物。镓沸石还可以催化正癸烷的芳构化[3]，前沿研究表明 GaN 纳米线甚至可以催化甲烷生成苯[4]。断开甲烷的 C—H 键并非易事，这些反应是将相对不活跃的甲烷析出物和不需要的汽油生产副产物转化为有用的石化产品的重要步骤，对燃料储存和精细化工生产具有重要意义。

镓本身在元素周期表中并没有什么独占鳌头之处，熔点、密度等性质也中规中矩。不过，很可能正是这些性质让它在半导体行业中获得重要的基础性地位；它与其他元素的亲和力以及它的相变特性对于半导体行业来说颇具价值。无论是在确认早期化学理论上的贡献，还是在最新前沿技术中的角色，镓对化学的方方面面都产生了深远的影响。随着进一步的实践探索，也许它的重要性只会有增无减。

[2] Raichle, A., Moser, S., Traa, Y. & Hunger, M. Catal. Commun. 2, 23–29 (2001).
[3] Pradhan, S. et al. Chem. Sci. 3, 2958–2964 (2012).
[4] Li, L., Fan, S., Mu, X., Mi, Z. & Li, C-J. J. Am. Chem. Soc. 136, 7793–7796 (2014).

32　Ge

锗

germanium

72.630(8)

锗的萌发

原文作者：

布雷特·F. 桑顿（Brett F. Thornton），瑞典斯德哥尔摩大学地质科学系和柏林气候研究中心；肖恩·C. 伯德特（Shawn C. Burdette），美国马萨诸塞州伍斯特理工学院化学与生物化学系。

桑顿和伯德特探讨了锗是如何从一个门捷列夫元素周期表中缺失的元素发展成为信息时代的促成者，同时还保留了命名上的奇特之处。

德国化学家克莱门斯·温克勒（Clemens Winkler）在分析一种来自于他家乡弗赖堡附近一个矿井的银矿石（argyrodite）时，无法解释占总质量 7% 的那部分是何物[1]。物料平衡显示其含银（75%）、硫（18%）和少量杂质。1886 年，经多次失败的分离尝试后，温克勒最终用过量的盐酸沉淀出了一种硫化络合物，并对这种物质进行了严格的检验[2]。

在温克勒开展这些研究的时代，人们对当时相对较新的元素周期表仍感到困惑，并且想要澄清。门捷列夫在 1869 年就已对元素的组织提出了开创性建议，其中一个重要的部分是他为尚未发现的元素留下了空白位置。随着预测的两种元素镓和钪分别于 1875 年和 1879 年被发现，确证变得越来越多。尽管如此，一些科学家仍然对门捷列夫的周期表心存疑虑。

温克勒认识到 argyrodite 矿石中缺失的成分是一种

[1] Winkler, C. Ber. Dtsch. Chem. Ges. 19, 210–211 (1886).

[2] Winkler, C. J. Prak. Chem. 34, 177–229 (1886).

新元素，并将其命名为"锗"（germanium），且因其化学性质与已知的锑和铋类似[1]，而建议将其置于二者之间。但是看看现代元素周期表就会发现，这种排列方式似乎并不协调——但门捷列夫的周期表确实在锑和铋之间为"类锑"元素预留了空格。门捷列夫得知温克勒的发现后，两人和德国化学家尤利乌斯·洛塔尔·迈耶尔（Julius Lothar Meyer）通过通信详细探讨了这种新元素的预期性质和实际性质。门捷列夫对一些最初的假设表示怀疑，甚至认为这种元素可能是类镉。

这些看似奇怪的建议之所以产生，是因为门捷列夫的表格将当时未知的镧系元素的空档与更轻的主族元素和过渡元素放在了一起。当时钡和钽之间仅有四种元素是已知的，这种排列方式使得温克勒提出的类锑和门捷列夫提出的类镉的说法都显得非常合理。温克勒在他的第一份报告中指出，获得锗的相对原子质量可以解决定位问题。最终是迈耶尔断言锗实际上就是类硅，并通过对锗的物理性质的分析证明了他的观点是正确的，这与门捷列夫 1869 年对类硅的所有预测完全吻合，包括相对原子质量为 72。

温克勒在其关于鉴定和表征锗[2]的后续详尽报告中指出，他建议的名称之所以遭到反对，是因为它含有太多的"风土地域之味"，也就是说，它太民族主义了。他拒绝任何更改，理由是镓和钪的取名都对它们的发现者的故乡致敬了。虽然其词根被勉强接受了，但这个名字的另一部分也可能会引起他人的细究。锗，还有硒、碲和氦，是英语中为数不多的带"-ium"后缀的非金属元素[3]。这似乎是一个奇怪的选择，因为温克勒最初的报告标题为"锗，Ge，一种新的非金属元素"，明确表示他不相信它是一种金属[1]。然而，它与另一个 14 族

[3] Thornton, B. F. & Burdette, S. C. Nat. Chem. 5, 350–352 (2013).

的类金属硅的德语名称——silicium——保持着一致。

随着触点式晶体管在 1947 年被发明，锗在巩固类金属定义以及开创信息时代 [4] 方面起到了关键作用。那些给 32 号元素的分离并被纳入元素周期表带来挑战的特征，也赋予了它半导体的特性。有一段时间里，这种有点稀少的元素（在地壳中的质量分数约为 1.5 ppm）成为一种重要商品，因为 20 世纪 60 年代之前，它比硅更容易获得电子工业所需的纯度。虽然硅精炼技术的改进暂时降低了锗的工业需求，但近年来锗的使用又出现了复苏。锗现在用于光纤、聚合催化剂和微芯片制造所需的硅锗合金，芯片的特征尺寸可达 7 nm (< 60 个锗原子)。

在锗被发现了 100 多年之后，即使它的金属命名法仍然是一种反常现象，它与其他类金属一起沿着金属和非金属之间的分界线分布似乎已变得平常。

[4] Enghag, P. in Encyclopedia of the Elements: Technical Data — History — Processing — Applications 923–933 (Wiley-VCH, 2004).

砷的种种

原文作者:

凯瑟琳·哈克斯顿（Katherine Haxton），英国基尔大学物理与地理科学学院。

如果有一种元素可以体现"化合物的好坏取决于它们的用途"这一观点，那一定是砷。哈克斯顿在此解释了原因。

单质砷于 1649 年被首次确认，但早在公元前 4 世纪，亚里士多德（Aristotle）就曾描述过它的矿物。砷化合物可能是最臭名昭著的化合物，尤其是被称为砒霜的三氧化二砷。在 17 世纪的法国，砒霜被称为"poudre de succession"，意为"继承粉"。它是历史上许多引人注目的谋杀案的主角。

相反，维多利亚时代的人都着迷于砷不那么邪恶的用途，常用它来自我治疗，甚至是把它当作春药。据传，达尔文使用它来治疗湿疹。砷化合物也被用来制造一种漂亮的绿色染料，用于墙纸和其他商品。然而，当潮湿的房子中的真菌将这种染料转化为挥发性的砷化合物并导致多例中毒时，这种元素又再次表现出它阴暗的一面。这条接触砷的途径最近被认为与被流放到南大西洋圣赫勒拿岛的拿破仑的死有关[1]。

18 世纪 50 年代，路易斯 - 克劳德·卡戴特·德伽西科特（Louis-Claude Cadet de Gassicourt）首次制

[1] Kintz, P. et al. Forensic Sci. Int. 170, 204–206 (2007).

备出有机砷化合物，这是一种带有强烈大蒜气味的发烟液体。它们确切的化学组成未能立刻被识别出来——砷化学的这个特征将贯穿整个 20 世纪。19 世纪中叶，罗伯特·威廉·本生（Robert Wilhelm Bunsen）接下了辨识卡戴特通过三氧化二砷与醋酸钾反应所制成的发烟液体成分的挑战。在贝采利乌斯[2]的一些建议帮助下，本生通过光谱元素分析确认这种液体是四甲基联胂，通称二甲胂（Cacodyl）。这一名字来自希腊语的"kakodyl"，意为"臭"，因此非常贴切。这是有机砷化学的开端，到今天人们已经认识到了多种多样的环状和线型砷化合物。

[2] Seyferth, D. Organo-metallics 20, 1488–1498 (2001).

保罗·埃尔利希（Paul Ehrlich）研制出了一种关键的有机砷化合物——洒尔佛散（Salvarsan，又称胂凡纳明），这是第一种治疗梅毒的药物，也是第一种现代化疗药物。正是埃尔利希创造了"魔法子弹"（magic bullets）这个词语来描述能够消灭生物体内寄生虫的分子。洒尔佛散对梅毒晚期的患者并没有帮助，而且这种药物需要与空气隔绝，因而导致治疗实施起来较为困难。但埃尔利希被这种药物对早期患者的显著疗效所激励，因此他花费了相当长的时间开发更好的药物使用方法，并最终开发出了副作用更小且易于给药的胂凡纳明衍生物。洒尔佛散后来被确认为含砷-砷键的环状结构混合物[3]。

[3] Lloyd, N. C. Angew. Chem. Int. Ed. 44, 941–944 (2005).

砷在地球上的丰度排在第 20 位，且在生命体中普遍存在，因此砷中毒对世界上的很多人都构成了真正的威胁。在像孟加拉这样的国家，人们经常通过挖井来获取干净、新鲜的饮用水，从而避免从充斥着致病微生物的死水池塘中取水。不幸的是，因为许多地区的深层地质状况导致地下水常常被砷污染，所以砷中毒症状变得

越来越普遍。据估计，孟加拉约有 7000 万人已经接触了高剂量的砷。

砷在环境中可以发生很多种化学反应，这一特点使砷污染不易被治理。此外，砷污染并不总是源于自然——砷化合物曾被用作牲畜饲料添加剂和杀虫剂——这为该元素提供了其他的进入生物系统的途径。简单的文献调查表明，人们对于砷的关注集中在被动摄入砷对健康的影响，而并非关注有机砷化学之美。

2011 年初，能够在高砷含量环境中生存的细菌的发现引起了很大的轰动。对美国加利福尼亚州莫诺湖细菌的初步研究表明，砷可能可以取代细菌 DNA 中的磷，从而使这些细菌对砷具有耐受性[4]。这一结果引起了广泛的争议，许多科学家认为砷酯太不稳定，不能产生稳定的 DNA 类似物。

[4] Wolfe-Simon, F. et al. Science 332, 1163–1166 (2011).

21 世纪的这一发现，也许可以为解释 19 世纪时人们食用砒霜之谜提供一些线索。在奥地利东南部的施第里尔，当时的人们通过服用砷化物来达到肤色白净的目的。据记载，这里的人服用了大剂量（300 mg，典型致死量为 65 mg）的三氧化二砷而未死亡。这一现象使

[5] Alberts, B. Science
332, 1149 (2011).

得生物体可能可以逐渐习惯耐受这一毒药的理论出现，然而后来的研究驳斥了这一理论。无论最终关于莫诺湖细菌 [5] 的共识是什么，砷仍然会是最令人着迷的元素之一，它既是可能的救主也是致命的杀手。

硒的故事

原文作者：

拉塞尔·博伊德（Russell Boyd），加拿大戴尔豪斯大学化学系。

博伊德在本文中探究了为什么尽管与同为氧族元素的邻居硫和碲有紧密的相似之处，但硒却不断地展现出其独有的化学特性和生物活性。

　　1817 年，瑞典化学之父贝采利乌斯发现了第 34 号元素。在制备硫酸时，他注意到一种残留物。一开始他以为这是碲，但当他认识到这是一种新元素时，他决定根据希腊语中的月亮一词 ——selènè，为其命名，就像 20 年前马丁·海因里希·克拉普罗特（Martin Heinrich Klaproth）用拉丁语 "tellus"（地球）命名碲那样。

　　自然界中一般很难发现硒单质，硒也只存在于少数矿物中，比如硫化矿中的黄铁矿就有硒部分取代硫。硒存在六种天然同位素，质量数分别为 74、76、77、78、80 和 82。硒 –80 和硒 –78 最为常见，丰度分别约为 50% 和 24%。硒是一个属于氧族（第 15 族）的半金属元素，位于元素周期表中同列的硫和碲之间，硒与两者在某些方面都有些相似之处。特别是硒和硫具有结构类似的同素异形体和化合物，例如红硒的 Se_8 大环结构与硫的同素异形体 S_8 相似。

　　尽管在标准的无机化学书籍中，通常认为硒相关的化学性质没有被研究得像硫的化学性质那么透彻，但是硒当然也呈现了一些有趣的化学反应。与硫酸类似，硒酸的第一个质子在水中也是完全电离的，但它作为氧化剂时氧化性比硫酸还要强。例如，它可以与浓盐酸反应释放出氯气，还可以溶解金形成硒酸金。

大部分的硒是从电解精炼铜时所产生的阳极泥中分离得到的。硒曾经是复印技术的必需材料，现在已被有机光电半导体大量替代。从 20 世纪 90 年代以来，为了达到无铅环保标准，与铋配合的硒被用于替代水管铜连接件中的铅。现在硒在很多电子设备中有广阔的应用前景，如硒最稳定的同素异形体——灰硒是一种在光照条件下导电性会增强的半导体，所以已被应用在光伏电池中。灰硒还可以将交流电转换为直流电，这使它成为整流器的元件之一。但实际上，硒使用量最大的行业是玻璃制造业，其中硒作为掺杂剂用于产生鲜艳的红色和粉色。

在硒被发现 140 年后，人们才认识到它对大部分哺乳动物的细胞功能是必不可少的。通过氨基酸中的硒半胱氨酸和硒代蛋氨酸（半胱氨酸和蛋氨酸的硫原子被硒取代），硒成了蛋白质的一部分。硒蛋白又构成了多种酶，这些酶是数个代谢途径中的必要部分，包括甲状腺激素代谢、抗氧化防御系统以及免疫功能。有证据[1]表明，硒蛋白通过阻止氧代谢副产物——自由基造成的细胞损伤减少了癌症风险；硒蛋白还可能通过增强免疫细胞的活性来阻止或延缓肿瘤的生长。

在许多国家，人们可以从肉、海产品、大米、面条和面包中获取膳食硒，但不管是摄入太多还是太少，都会导致严重后果。"只要一个脱水巴西坚果，人体就可以获取每日推荐膳食摄入量的硒。"[2]（美国国家科学

[1] Combs, G. F. Jr BioFactors 14, 153–159 (2001).

[2] Mayer, M. A. Appl. Phys. Lett. 97, 022104 (2010).

院医学研究所推荐成人每天摄入 55 μg）。硒缺乏会导致心脏疾病或削弱免疫系统功能；然而摄入过多又会导致硒中毒，症状有皮肤变色、呼吸带有蒜臭和精神疲惫，每天摄入超过 5 mg 会致死。医学研究所制定的成人可耐受最大摄入量为每天 400 μg，因此人们需要注意很多保健品的每日剂量中含有 50~200 μg 硒。

单质硒通常被认为是无害的，但它的一些化合物，如硒化氢，带有剧毒。虽然现代科学已经认识到硒是必需的微量营养素，但这些剧毒硒化合物使得人们普遍认为硒本身有毒。最近的研究进展表明硒能够在多个方面提高人类的生活质量，这包括作为更高效的太阳能电池[2]的组成部分、人工合成抗氧化剂[3] 以及在整形外科应用中用作纳米团簇涂层[4]。

[3] Heverly-Coulson, G. S. J. Phys. Chem. 114, 10706–10711 (2010).

[4] Tran, P. A. Int. J. Nanomed. 5, 351–358 (2010).

35 Br
溴
bromine
79.904
[79.901, 79.907]

善变的溴

原文作者：

马特·莱特利（Matt Rattley），英国牛津大学化学系本科生。

很多化学元素会因为身处不同的化合物中而表现出不同的性质，莱特利在本文中展现给我们的则是，溴的这种特性尤其突出。

每种元素都有点各自不同的"精神分裂"。碳的多重人格在其著名的同素异形体——钻石和石墨——上表现得淋漓尽致；过渡金属则可以从乏味的灰色砖块变成缤纷多彩的盐；而即便众所周知的惰性气体，例如氙，只要"哄"好了，也能和元素周期表的其他成员结合，反应出包括氟化物和氧化物在内的各种奇特产物。溴也不例外。它端坐在 p 区元素的中央，既是最为致命的元素之一，同时也具有精妙而有用的特性。

溴不太使人愉快的特性之一是其比氯气更具刺激性的酸败般的气味，这也正是其名字衍生于希腊文"βρώμος"（brómos）的缘由，意为"恶臭"[1]。溴单质在室温下虽然是液态，但其活泼的性质使得其上方总会笼罩着厚重的溴蒸气层。

溴蒸气唯一能够弥补上述性质的特征，是其独特的橙色——这使得你能够及早地避开它。你也确实得避开它。溴具有强烈的毒性，尤其是在日光照射下，对其进

[1] Emsley, J. Nature's Building Blocks (Oxford Univ. Press, 2003).

行紫外照射产生的溴自由基会破坏它们所遇到的一切事物，包括肺部组织。在一些海绵和珊瑚所分泌的毒性猛烈的天然产物中也含有溴原子，就致死剂量而言，这些化合物的毒性要比砒霜溶液强 1000 倍以上。

虽然按理来说应该没多少人愿意接触这种臭名昭著的元素，但即便如此，含溴分子仍然吸引了不少注意力。受到广泛应用的杀虫剂溴虫腈[2] 就是一个例子：这一不寻常的化合物中含有三种不同的卤素（氟、氯和溴）。

可能没有比溴化钾更能象征溴的两面派特性的了，这种化合物是食盐的近亲，很容易被误认。19~20 世纪的大部分时间里，这种结构简单的化合物被作为抗惊厥剂和镇静剂使用。它具有蓄积毒性，滥用将导致溴中毒，症状包括痉挛、呕吐、躁动不安、皮肤损伤以及精神错乱——但在恰当地监管下，它能够有效地抑制中枢神经系统的活动以产生疗效。虽然在人用药物中，它现在已经被像普瑞巴林（Pregabalin）[3] 等效果更迅速而副作用更少的同类药物所取代，但在兽医上，时至今日，它仍被作为镇静剂使用。

其他试图制备并应用溴化物的努力就没有那么成功了。这不是最近才有的潮流——或许古埃及的女性会更希望了解这一点：她们经常会向口红中加入少量的溴代甘露醇（这是一种存在于植物中的甘露醇的取代物），以使她们的嘴唇能显出一种浓郁的红棕色泽。不幸的是，即使少量残留的溴也足以在不经意间杀死涂抹它的女性——以及亲吻她的男性。

出于安全需求的溴应用，同样体现出了它的两面性。包括四溴双酚 A 在内的一大类化合物被应用于布料及其他纺织品，使之在明火附近不燃或燃烧速度减缓。然而，这些化合物可能对穿戴者的健康产生程度不明的

[2] Raghavendra, K. et al. Malaria J. 10, 16–22 (2011).

[3] Mackey, C. Nature Rev. Drug Discov. 9, 265–266 (2010).

有害效果，而且一些多溴联苯醚类的阻燃剂也在最近被多国禁止使用；尚在使用中的同类化合物是否无害，仍是个有争议的问题 [4]。

[4] Cressey, D. http://www.nature.com/news/2011/110520/full/news.2011.311.html

虽然溴是一种比较活泼且难以预测的元素，它在分子生物学的进步中却扮演了重要的角色：伊红（Eosin，也作曙红），一种多溴染料，正是因为含有这种重原子才保证了对光的有效吸收。虽然能取代它的染料并非不存在，但在有另一种小分子化合物苏木精协同时，伊红几乎能将细胞质和其他多种蛋白质组成的结构进行全方位的染色（虽然要注意的是，细胞核更倾向于被苏木精染色）。染色后的细胞图像相当醒目，其中饱满的紫色正是来自曙红。

溴可以作为较大的阴离子平衡电荷，参与交叉偶联反应，或是构造一个良好的 S_N2 反应底物，但溴多样的反应能力远不止此。我们仍将发现更多的方法来更好地利用溴化物，无论其经常伴随的毒副作用是有助抑或有损于我们的目的。

36　　　　　　　　　　Kr

氪

krypton

83.798(2)

重访氪的世界

原文作者：

马蒂克·洛津斯克（Matic Lozinšek）和盖里·J. 施罗比尔根（Gary J. Schrobilgen），加拿大麦克马斯特大学化学系。

洛津斯克和施罗比尔根在文中主要探讨了与超人母星同名的氪的超氧化物，以及它们可以诱使其他元素进入最高氧化态的能力。

第 36 号元素的名字源自希腊语"kryptos"，意为"隐藏"。与第 18 族（惰性气体）的其他元素一样，它无色无味，在地球大气中含量稀少（干燥空气中含量为 1.14 ppm）。在 1894 年与瑞利勋爵共同发现氩气之后，拉姆齐提出元素周期表上应新增一族。到了 1898 年，拉姆齐和莫里斯·特拉弗斯（Morris Travers）再接再厉，在液态空气几乎所有成分都蒸发后的残余中发现了氪，两周之后又发现了氖和氙。

氪气的商业化生产是通过分馏法从液态空气中制得的。它剩下的另一个来源是核反应堆里的铀裂变，这会产生氪 -85（裂变产率约 0.3%）——一种放射性同位素，半衰期为 10.8 年，它会进一步衰变为非放射性的铷 -85。氪 -85 已被用于侦察秘密的军事核活动。

曾经有一段时间（1960—1983 年），长度米被定义为氪 -86 放射出的橘红色谱线波长（605 nm）的

1 650 763.73 倍。第 36 号元素被用于高性能白炽灯泡内，以延缓钨丝的挥发，提高灯泡效率，并增加灯泡亮度和寿命，不过白炽灯正被 LED 技术所取代。氟化氪激光是一种激发准分子或称为激发络合物的激光器，被广泛用于光刻技术中，使得半导体元件的进一步微缩化得以实现，大大增加了它们在硅芯片上的密度。除了氪气外，氪也会作为双层或三层玻璃窗的高效隔热材料，出现在居家环境中。粒子物理研究中使用的液氪电磁热量计装有约 30 t 的氪，是这种稀有气体已知的最大集结。

氪是最轻的能形成可分离至宏观量化合物的惰性气体。1962 年（发现这些惰性气体之后的第 65 年）[1,2]，第一种氙化合物被合成；紧随其后，1963 年，第一种氪化合物——KrF_2 被合成并分离得到。不过很不幸的是，当时它被错误地报道成 KrF_4。二氟化氪是目前为止唯一能分离出来的氪的二元化合物。氙能形成 +½，+2，+4，+6 和 +8 的氧化态，而氪只具有 +2 价的氧化态，其所有已知的化合物都是从 KrF_2 衍生出来的 [3]。

因其热力学不稳定性，KrF_2 是比单质氟 F_2 更好的 $F^\bullet$ 自由基的来源，也是更强的氧化剂。大规模合成 KrF_2（以克计）是非常具有挑战性的，只有一些基于生成 $F^\bullet$ 自由基的低温合成方法 [3] 可供使用，诸如热线、辉光放电和紫外光解。KrF_2 作为氟离子供体的能力经常被用来制备其衍生产物，它们可以与 SbF_5（五氟化锑）或 AsF_5（五氟化砷）这样的强路易斯酸发生反应，生成 KrF^+ 和 $Kr_2F_3^+$ 阳离子的盐类 [4]。而与弱氟化物受体，KrF_2 可生成由氟连接的加合物，在该结构中，KrF_2 配体通过氟与金属或非金属中心配位，比如 MOF_4 (M = Cr, Mo, W) 和 $BrOF_2^+$。KrF^+ 阳离子的路易斯酸

[1] Grosse, A. V., Kirshenbaum, A. D., Streng, A. G. & Streng, L. V. Science 139, 1047–1048 (1963).

[2] Schreiner, F., Malm, J. G. & Hindman J. C. J. Am. Chem. Soc. 87, 25–28 (1965).

[3] Lehmann, J. F., Mercier, H. P. A. & Schrobilgen, G. J. Coord. Chem. Rev. 233–234, 1–39 (2002).

[4] Lehmann, J. F., Dixon, D. A. & Schrobilgen, G. J. Inorg. Chem. 40, 3002–3017 (2001).

度已被用于合成 [HCNKrF]$^+$[AsF$_6$]$^-$ 分子，该分子是首例含氪 - 氮键的例子[5]。然而，氪在选择其成键对象时是相当挑剔的，只有在合适的条件下才会与电负性最强的原子（氟、氧和氮）结合。氪 - 氧键迄今只在 Kr(OTeF$_5$)$_2$ 这一例分子中被发现。

[5] Schrobilgen, G. J. J. Chem. Soc. Chem. Commun. 863–865 (1988).

KrF$_2$ 和 KrF$^+$ 所具有的超强氧化能力已被用来合成其他一般条件下难以获得的银（Ⅲ）、镍（Ⅳ）、金（Ⅴ）的高价化合物，以及其他诸如 Tc^{VII}OF$_5$（含 +7 价锝）、Os^{VIII}O$_2$F$_4$（含 + 8 价锇）、Cl^{VII}F$_6^+$（含 + 7 价氯）和 Br^{VII}F$_6^+$（含 +7 价溴）这样异乎寻常的化学物种。这些应用充分展示了作为本源的氪化合物 KrF$_2$ 并非仅仅是科学志里的化学奇想，它也是化学家工具箱中的一员干将。

1938 年，在氪元素大名的启发下，超人的母星被命名为氪星，这个星球上的一种强大的物质被称为氪石。"超级氧化物" KrF$_2$、KrF$^+$ 和 Kr$_2$F$_3^+$ 可以夺取其他强氧化物的电子，而氪石可以夺取超人的能量，它们之间的类比当然纯粹是个巧合吧。

37	Rb

铷

rubidium

85.468

钟表里的铷

原文作者：

尤利娅·乔治斯古（Iulia Georgescu），《自然综述：物理》主编。

乔治斯古解释了原子物理学家们为什么如此钟爱铷。

1861 年，以电路研究著称的物理学家古斯塔夫·基尔霍夫（Gustav Kirchhoff）与化学家本生在海德堡共同发现了铷（Rb）。他们在使用自己新发明的光谱仪研究各种样品的成分时，发现了几种新元素：首先是矿泉水中的铯（Cs），然后是锂云母矿中的铷。他们以元素的发射光颜色为其命名，分别是天蓝色（caesius）和红色（rubidius）。

毋庸置疑，第 37 号元素属于元素周期表中的第 1 主族，它拥有与其他碱金属相似的特性。铷是一种低熔点（39.3 ℃）软金属，可与水发生剧烈反应，甚至比钠水反应（典型的高中教学演示实验）和钾水反应（过于危险以至于不能在课堂上演示）还要剧烈——这与同族元素原子序数增加时，价电子能量也随之增加这一原则一致。铷与水反应产生的氢气在空气中会燃烧，事实上，铷本身在空气中也可以自燃。

铷被证明非常适合低温实验。20 世纪 90 年代，广泛应用于 CD 播放器的廉价商用激光二极管唾手可得，这些激光的工作波长很接近激光冷却铷原子所需的波长（780 nm）。另外，低温实验所需的铷蒸汽只要在略高于人体温度的情况下即可得到。由于这些因素，再加上铷拥有对激光冷却实验十分友好的原子能级结构，使得铷成为很多原子物理实验的首选。

1995 年的初夏，埃里克·康奈尔（Eric Cornell）和卡尔·威曼（Carl Wieman）首先成功地将铷 -87 蒸气冷却到了 170 nK，并观察到了萨特延德拉·纳特·玻色（Satyendra Nath Bose）和阿尔伯特·爱因斯坦（Albert Einstein）在 70 年前预测到的物质在接近绝对零度时会出现的奇异状态。任意数量的玻色子——遵循玻色 - 爱因斯坦统计的粒子——可以占据相同的量子能量状态。当将其冷却到绝对零度附近时，玻色子原子集体聚集到最低能量状态，形成玻色 - 爱因斯坦凝聚体，这是在近宏观尺度上可以观测到的单个量子力学实体。几个月以后，沃尔夫冈·克特勒（Wolfgang Ketterle）制得第一个钠玻色 - 爱因斯坦凝聚体。因上述成果，康奈尔、威曼与克特勒共同获得了 2001 年的诺贝尔物理学奖。

过去几十年中，铷的玻色 - 爱因斯坦凝聚体使我们对量子多体现象的理解，以及模拟奇异物理现象（如黑洞辐射）的能力取得了惊人的进步。超低温原子气体也是原子钟或基于量子力学效应的高灵敏传感器（引力、旋转、磁性）等技术的关键。

通过光谱法同时发现的铯和铷，目前均成为我们的时间标准。国际单位制将 1 s 定义为铯 -133 的两个能阶之间转换周期的 9 192 631 770 倍。自第一座原子钟制成之后的 60 年来，铯一直是主要的时间和频率标准，铷原子钟因其在微波区域的超细跃迁被作为第二标准。但是，更低的成本、更小的尺寸和更好的稳定性使铷原子钟成为包括全球定位系统（GPS）在内的许多商业应用的理想选择。如今，铷原子钟的尺寸已经可以缩小到火柴盒大小，其误差仅为 10^{-12}。这个误差是什么概念呢？目前误差最小的纪录由锶 -87(^{87}Sr) 光学晶格钟所有，其误差为 10^{-18}，这意味着在 150 亿年内也只会有一秒不到的误差。

这在人类时间尺度上也许很长，但对铷却不是。铷只有两种天然同位素，铷 -85 和铷 -87，后者具有放射性，半衰期为 488 亿年。铷 -87 的衰变产物为稳定的锶 -87，这一衰变非常有用，给了我们一个可以通过铷锶进行年代测定的地质铷时钟。

因为地壳中的铷相当可观，所以我们可以通过比较铷 -87 和其衰变产物锶 -87 与天然锶 -86 之间的比例来确定岩石的年龄。20 世纪 40 年代初，奥托·哈恩（Otto Hahn）首次使用了这一铷锶年代测定法，在非常大的时间尺度下（比如地球的年龄——45 亿年），这种方法是非常可靠的。

希望你现在也同意说，铷真是了不起！

锶的绯红闪光

原文作者:

弗朗索瓦 - 泽维尔·库代尔（François-Xavier Coudert），法国国家科学研究中心。

从甜菜到电视屏幕，库代尔探讨了苏格兰元素——锶的历史、应用及危害。

元素锶的名字来自苏格兰村庄斯特朗廷（Sròn an t-Sithein），使之成为唯——个根据英国地名命名的元素。1790 年，阿代尔·克劳福德（Adair Crawford）认识到这种从斯特朗廷铅矿中开采出来作为"充气重晶石"售卖的矿石拥有着不同于钡矿石的化学性质。化学家弗里德里希·加布里埃尔·苏尔寿（Friedrich Gabriel Sulzer）和托马斯·查尔斯·霍普（Thomas Charles Hope）分别于 1791 年和 1793 年证实了这一点，他们分别将该矿石命名为"strontianite"和"strontites"。

1808 年，戴维爵士完成金属锶的分离。在同年早些时候，贝采利乌斯和庞丁利用汞电极对氧化钙进行电解得到了钙汞合金。受这一结果启发，戴维将该项新技术应用于 4 种不同的碱土金属，之后再通过蒸馏除去其中的汞，进而分离得到了少量的 4 种不同的元素，后来被他分别命名为钡、锶、钙以及 magnium（现称为镁）。

锶是一种软质的银白或微黄的金属，具有与其他第 2 主族碱土金属相似的性质。尽管其在地壳中含量与钡相近（约 340 ppm，丰度排行第 15），但相对来说，锶矿却鲜为人知。最常见的锶矿要数天青石（硫酸锶，$SrSO_4$，因其精致的蓝色得名）和菱锶矿（碳酸锶，$SrCO_3$）。前者存在于大型沉积矿床中，每年从中开采的天青石近 30 万 t，其中大部分产于中国。

锶的第一个工业应用是在 19 世纪时从糖用甜菜中提取糖。利用糖用甜菜生产糖时，会产生一种含有 50% 糖的副产物——甜菜糖浆。这些糖分可通过脱糖法提取，这种工艺被称作锶工艺：氢氧化锶 $Sr(OH)_2$ 与近沸腾的糖浆中的糖反应，生成难溶的锶糖酸盐化合物；过滤后，经过冷却及碳酸化作用将其还原为糖；氢氧化锶则通过在蒸气中煅烧再生。现在，脱糖法已被基于石灰的类似工艺取代，或者通过离子排斥色谱法来实现。

锶的第二大应用是彩色电视阴极射线管。20 世纪后期，该应用消耗的锶达到了美国锶总消耗量的 75%。碳酸锶被加入到玻璃熔体中，进而转化为氧化锶。这种含锶玻璃制成的显示器面板，能在不影响显像管透明度的情况下阻挡 X 射线辐射。随着平板显示器取代阴极射线管，锶化合物的最主要应用变成了铁氧体陶瓷磁铁的生产。锶铁氧体 $SrFe_{12}O_{19}$ 是最常见的铁氧体永磁铁，被用于各种设备，如冰箱磁铁、扬声器和小型电机。在我们的日常生活中，锶的其他用途更多与一些冷门应用有关，包括仿钻（钛酸锶）、夜光玩具（掺杂铕的铝酸锶）和脱敏牙膏（氯化锶）。

当然，第 38 号元素还有一种久经考验的应用，那便是它的红色火焰。根据描述者的不同喜好，这种火焰可能被描述为绯红、猩红或者紫红。1918 年的《化工新闻》报道，锶在英国的唯一用途是生产信号灯、照明弹以及烟火。如今，仍有 30% 的锶化合物（如氯化物、硫酸盐、碳酸盐、硝酸盐或草酸盐）被用于制造各种烟火。如果你看到紫色烟火，它们也很可能含有锶盐，这是锶盐与发蓝光的铜盐结合后的效果。

在人体中，锶的吸收方式与其同族邻近元素钙相似，主要沉积在骨骼内。这使得锶相对无害，它甚至还被研究用于预防和治疗骨骼疾病，如骨质疏松症。不过，这也使由核反应堆和核试验产生的、寿命最长的放射性同位素锶 -90 变得危险，因为被吸收的锶 -90 可能会引发骨癌。但是通过控制摄入量，锶 -89 和锶 -90 也被用于已经扩散到骨头的癌症的放射治疗。

除了人工应用，第 38 号元素也涉及一个生物学谜题。原生动物等辐骨虫纲的骨骼由天青石组成，这种特殊的组成材料选择背后有何演化优势，让科学家们困惑不已。

来自伊特比的钇

原文作者:

彼得·迪纳(Peter Dinér),瑞典皇家理工学院化学系。

迪纳描述了元素钇从在偏远矿井中被发现到被用于制作高温超导体和发光二极管的历程。

如果你在斯德哥尔摩可以腾出些时间去了解一些科学史,不妨做个短途旅行,去附近的罗萨(Resarö)岛上一个叫伊特比(Ytterby)的村庄走一遭。那里有一座废弃的矿井,虽然已被重填,却仍值得参观,因为这里是 4 种稀土元素(钇、铒、铽、镱)的诞生地,它们的名字全部源自于伊特比这个村庄的名字。

这个村子的科学故事可追溯至 1789 年,在一个盛产炼铁厂所需的石英石以及瓷器厂所需的长石的采石场里,年轻的瑞典陆军中尉卡尔·阿克塞尔·阿伦尼乌斯(Carl Axel Arrhenius)在煤矸石剩料堆里发现了一块黑色石头。中尉曾在皇家铸币厂的实验室里工作过,由此培养出了对矿物矿石的浓厚兴趣。他起初以为自己发现的是钨矿石,并将这块奇特的黑色矿石送至其在芬兰的好友——时任皇家图尔库学院(拉丁语为"Regia academia aboensis",即现在的赫尔辛基大学前身)化学教授的加多林处。

加多林发现这块被称为"ytterbite"的矿石

（后来为纪念加多林先生的贡献，将其重新命名为 "gadolinite"，中文名为"硅铍钇矿"）含有一种未知稀土元素的氧化物 [1]。随后，瑞典化学家安德斯·古斯塔夫·埃克贝格（Anders Gustaf Ekeberg）证实了这个发现，并将这种氧化物命名为 "yttria"，即氧化钇 [2]。1828 年，非纯态的单质钇是由维勒通过向硅铍钇矿石通氯气形成无水氯化钇（YCl_3），然后再利用金属钾将其还原成钇单质而分离获得的 [3]。1843 年，莫桑德发现先前认为的氧化钇事实上是几种金属氧化物的混合物，他分离出了三种氧化物：yttria（含氧化钇，Y_2O_3）、erbia（氧化铒）、terbia（氧化铽）[4]。到最后，阿伦尼乌斯发现的这块黑色矿石被证实为含有 8 种稀土元素（铒、铽、镱、钪、铥、钬、镝和镥）的氧化物。等到了 20 世纪 20 年代，第 39 号元素在元素周期表上的符号从早期的 Yt 改成了现今的 Y。

和元素周期表第 3 族上面的邻居钪一样，钇的化学性质和镧系元素相似，由此它们被统称为稀土元素。这意味着，如同生产镧系元素一样，钇也可以从独居石和氟碳铈矿等矿石所含的混合氧化物中分离得到。随后可以通过将其制备成氟化钇，再经钙金属还原的方法来进行单质钇的提纯。

钇具有银色金属光泽，在空气中较稳定。类似于镧系金属，钇通常呈三价离子态 Y^{3+}，大量以氧化钇形式存在。钇有很多同位素，质量数从 79 一直到 103 不等，但在自然存在的只有 Y-89 一种稳定同位素。

有机化学家一定非常熟悉三价钇的配位化合物，它们被当作路易斯酸催化剂应用于多种反应当中。例如，最近一个对于氮丙环的具有高度对映选择性的开环反应就是由钇的双金属配合物催化进行的 [5]。

[1] Gadolin, J. Kungl. Svenska Veten-skapsak. Handl. 15, 137–155 (1794).

[2] Ekeberg, A. G. Kungl. Svenska Veten-skapsak. Handl. 18, 156–164 (1797).

[3] Wöhler, F. Annal. Phys. Chem. 13, 577–582 (1828).

[4] Mosander, C. G. Annal. Phys. Chem. 60, 297–315 (1843).

[5] Wu, B., Gallucci, J. C., Parquette, J. R. & RajanBabu, T. V. Chem. Sci. 5, 1102–1117 (2014).

第 39 号元素也以钇铝石榴石（YAGs）晶体的形式，应用于各种光学仪器中。在这种材料里，这些材料中的一小部分的钇原子被镧系元素替代时，由此引入了能改变材料光学性质的晶格应变。例如，掺杂铈的钇铝晶体 (Ce:YAGs) 被作为荧光体与蓝色发光二极管 (LEDs) 结合使用。从 LED 中发出的蓝光"流"过 Ce:YAG 荧光体后降频转换为黄光，其又依次与 LED 的蓝光叠加产生类日光的白光。其他设备包括被称为 Nd:YAG（掺杂钕的钇铝石榴石晶体）的激光，常被用于医学和工业应用中。

然而钇最重要的影响也许还是其在高温超导体（零电阻）发现过程中所扮演的角色。1986 年，贝德诺尔茨和米勒发现一种镧基铜酸钙钛矿 (La_2CuO_3) 在绝对温度 35 K 下显示出超导特性，为此他们第二年就被授予了诺贝尔物理学奖 [6]。另外在 1987 年，美国的物理学家发现 $Y_{1.2}Ba_{0.8}CuO_4$（常被简称为 YBCO）在 93 K 时就可以发生超导现象，该超导临界温度的提升具有重要现实意义，因为这在液氮沸点 (77 K) 以上，是一个实际可行的制冷温度 [7]。该发现激发了更多的研究力量投入到寻找更高临界温度的超导体的工作中——理想是实现室温以上的超导，虽然至今仍未可得。

第 39 号元素，一种近似于镧系元素的过渡金属，已经从一座如今已被废弃的矿里走了出来，进入到了各色高科技设备中。

[6] Bednorz, J. G. & Müller, K. A. Z. Physik B 64, 189–193 (1986).

[7] Wu, M. K. et al. Phys. Rev. Lett. 58, 908–910 (1987).

锆元素简介

原文作者：

约翰·埃姆斯利（John Emsley），科普作家，著有《大自然的积木》等书。

40		Zr
	锆	
	zirconium	
	91.224(2)	

从仿钻到核电站防护壳，埃姆斯利细数了锆的诸多用途。

锆石——对化学家来说即硅酸锆（$ZrSiO_4$）——是一种自古以来就为人所知的半宝石。由于其具有高折射率，切割和抛光后的锆石晶体能闪耀出奇光异彩。透明的锆石酷似钻石。锆石中的金属成分最早是克拉普罗特于 1789 年在柏林分析该物质的晶体时确定的。同年他还发现了铀，如今这两种金属元素对于核能发电都至关重要。

锆合金，即锆锡合金，被用作氧化铀燃料部件的包壳。该材料在高温下耐腐蚀，且不会吸收中子，因此不会产生放射性。核工业几乎消耗了所有的锆金属产能，一些核电站配备的锆合金管足有数公里长。虽说如此，它在水冷反应堆中仍有可能发生腐蚀[1]，有时这会引发事故。尽管该金属接触温度低于 900℃ 的水是稳定的，但在此温度以上，它们会反应生成氧化物和氢气。正是这个过程导致了 1979 年发生在美国三里岛的爆炸，以及 2011 年地震和海啸后发生在福岛的爆炸。

锆的主要来源是锆石，该矿物每年开采量超过

[1] Cox, B. J. Nucl. Mater. 336, 331–368 (2005).

150 万 t，主要产地为澳大利亚和南非。一直以来，锆砂都是一种耐火材料——它在高温下仍能保持足够强度，因此可用作耐热内衬以保护熔炉、转移熔融金属的巨型钢包和铸造模具。锆的其他化合物，例如它的氧化物——二氧化锆也可应用于高温环境。二氧化锆更常用的英文名字是"zirconia"，它的熔点高达 2500℃，可用于制造耐火坩埚——烧至红热的二氧化锆坩埚即便被投入冷水中也不会开裂。

全球纯二氧化锆的年产量接近 25 000 t，被用于化妆品、止汗剂、食品包装，甚至被制成仿钻。二氧化锆最出人意料的应用是超强陶瓷。这一领域的研究主要由军方推动，目标是用非金属制造坦克发动机，以避免使用润滑油和冷却系统。最终，新一代坚韧而耐热的陶瓷材料被开发出来，它比硬化钢更坚固锋利，成为制造业中优质的高速切削工具。一些日常用品中也有二氧化锆的身影，比如刀、剪刀和高尔夫球杆。同时，因为它的耐用性和生物相容性，它也被用来制造牙贴面。

二氧化锆可以形成三种不同的晶体结构：单斜晶、四方晶以及最受欢迎的立方二氧化锆（通常简称为 CZ），后者的晶体结构与金刚石相同，甚至更加光彩夺目。用二氧化锆制成的仿钻可以通过掺杂其他金属氧化物着色：微量的铬能让其变身绿宝石，铈能赋予其红色，掺杂钕则是紫色。二氧化锆的一个更严肃的用途是形成坚韧并能抵御化学腐蚀的涂层。二氧化锆陶瓷层能够保护喷气发动机的桨叶以及燃气涡轮机，同时该陶瓷层还兼具隔热作用。

在有关生命与死亡的话题中，锆也发挥了一定的影响。2000 年，在澳大利亚岩石中发现的锆石表明，生命起源的时间可能比我们想象的要早得多。根据这些

44 亿年前的样品中氧 -16/ 氧 -18 同位素的比值，只有
在地球表面有液态水时，它们才有可能形成，这比以前
预计的时间早了近 5 亿年 [2]。锆也有黑暗的一面，一些
集束炸弹会利用超细锆粉产生燃烧粒子对靶区进行地毯
式覆盖。

　　锆的金属单体也被用于某些合金中——比如增加钢
的强度并提升其可加工性。由于其生物相容性——在生
命体中无已知的功能或毒性，它也被用于外科植入物和
假体中。金属锆在高温下仍能保持稳定，因此可用来保
护重返地球大气层时被加热的太空飞行器。锆的储量是
铜和锌的两倍，更是铅的十倍多。由于锆被认为是完全
无毒和对环境无害的，它的应用或许还将持续增长。例
如，它可以被添加到颜料中用以取代其中仍然需要的少
量铅化合物。

[2] Rasmussen, B.
Contrib. Mineral. Petr.
150, 146–155 (2005).

41	Nb
铌	
niobium	
92.906	

微妙的铌

原文作者：

迈克尔·A.塔塞利（Michael A. Tarselli），美国诺华生物医学研究所。

塔塞利讲述了一个被相当低估的元素——铌的有趣之处及其"失踪"和存在的形式。

可怜的铌在过去两个世纪的大部分时间里都遭遇着身份危机。1801年，铌的发现者查理斯·哈契特（Charles Hatchett）最初称之为"钶"（columbium）。由于它与同属于第5族的邻居钽具有非常相似的化学性质，导致它们极难区分。经历了近50年令人困惑的历史后，1844年海因里希·罗斯（Heinrich Rose）从钽铁矿中"重新"发现了铌，他以女神尼俄伯（Niobe）的名字为其命名；尼俄伯的父亲是希腊神话中的国王坦塔罗斯（Tantulus），元素钽正是因其得名。然而直到20世纪50年代，钶这个名字还纠缠着铌。从钽铁矿分离出来的其他一些元素后来被证明是铌或铌钽混合物。事实上，哈契特发现的钶也可能是一种铌钽混合物。

经与陨石进行成分比较后发现，据信地球上应该存在的很多铌实际上却"失踪"了，地质学家认为[1]它们可能储藏在地球核心的深层硅酸盐中。其余的铌在地壳中分布也不均衡——主要分布在巴西和加拿大，这促

[1] Wade, J. & Wood, B. J. Nature 409, 75–78 (2001).

使人们积极地寻找新的矿藏。最近在一些地缘政治敏感
地区（如阿富汗南部地区 [2] 和刚果民主共和国）发现
了大量矿藏。

[2] Stone, R. Science 345, 725–727 (2014).

　　尽管人们对铌有浓厚的兴趣，但是它在各种应用中
的角色常常不那么引人注意。比如说，作为钢材的强化
剂，又或是在冶金业中作为精炼剂或矿物酸，铌总是屈
居于其他过渡金属之后。但是第 41 号元素能赋予许多
材料出色的特性。铌锆合金 [3] 作为无毒并且不触发人
体免疫系统的牙科用合金和骨植入物已得到应用。苄醇
改性铌纳米颗粒在可见光照射下可以引发可逆加成——
断裂链转移（RAFT）聚合反应，并得到链长可控的多
功能的聚甲基丙烯酸甲酯聚合物。被称为"铌酸盐"的
掺杂铌氧化物可以作为太阳能电池的薄膜电容器，还可
以用在锌基底上促进生物燃料的精炼过程。与锡或锶形
成的铌合金具有类超导体的特性，有望被用于储能材
料。我们的手机也很可能含有氮化铌——一种用于某些
微小压电器件的超导体。

[3] Mantripagada, V. P., Lecka-Czernik, B., Ebraheim, N. A. & Jayasuriya, A. C. J. Biomed. Mater. Res. A 11, 3349–3364 (2013).

　　因为拥有含 5 个电子的外层价电子层，所以铌拥有
丰富的氧化还原化学特性，其氧化态可从 −1 到 +5。当
铌的价电子层被完全去除后就会露出高度亲氧的氖核
心，并可被用作卤化物转化剂、氧化剂，甚至用于激活
碳氢键。在最近的一项催化研究中，三价铌配合物被发
现可激活氟芳烃中的碳氟键 [4]；这可能是因为两个铌配
合物与苯环形成"倒三明治"结构，使苯环从 η6 配位
构象扭转成近乎类环己烷的构象，从而消除其芳香性并
促进碳–氟键裂解。

[4] Gianetti, T. L., Bergman, R. G. & Arnold, J. Chem. Sci. 5, 2517–2524 (2014).

　　如果你询问有机化学家有什么铌能促进的反应，大
多数时候你只会看到茫然的目光。铌的有机化学性质目
前尚未得到广泛的探索，但是铌仍然在令人意想不到的

地方找到了其合成用途。例如，与锰、钛和镍一样，五价铌还原到三价的反应可以促进炔烃与各种亲电试剂的还原偶联[5]。在多相催化中，铌纳米颗粒和黏土可以作为氧化转化反应的固体载体。在均相催化中，五氯化铌可使甲基醚去保护、参与傅 - 克环化反应及多组分反应。最近还有一项研究[6]利用五价铌的强氧化性来净化毒剂：与过氧化氢结合，铌皂石黏土可以轻易地将芥子气转变为无毒的产物。

铌还启发了美丽的化学艺术。帕梅拉·祖瑞尔（Pamela Zurer）满怀憧憬地描述[7]如何在金属铌表面上通过电镀铌氧化物薄膜得到折射的、闪闪发光的表面——不同的薄膜厚度还可以产生不同的颜色。该技术已应用于艺术和商业领域，如奥地利铸造的绿色、粉红色和紫色的收藏用欧元硬币。

这个被低估的金属的未来会怎样？毫无疑问，铌在能量存储和有机合成中的应用会增加。但也许最令人兴奋的是用其构建新型的无机框架，作为分子筛、半晶及核壳颗粒用于生物质转化和太阳能收集。经过了两个世纪后，铌或许终于能获得一些迟来的认可。

[5] Lacerda V. Jr, Araujo dos Santos, D., da Silva-Filho, L. C., Greco, S. J. & dos Santos, R. B. Aldrichim. Acta 45, 19–27 (2012).

[6] Carniato, F., Bisio, C., Psaro, R., Marchese, L. & Guidotti, M. Angew. Chem. Int. Ed. 53, 10095–10098 (2014).

[7] Zurer, P. S. Chem. Eng. News 81, 106 (2003).

造物于钼

原文作者：

安德斯·伦纳特松（Anders Lennartson），瑞典查尔姆斯理工
大学化学与生物工程系。

伦纳特松在本文中探究了钼元素的发现、应用以
及它在微生物尺度到工业规模的催化反应中至关重要
的角色。

历史上被称作方铅矿、辉钼矿和石墨的三种矿物有
几个共同特点——它们都是柔软、黑色的、具有金属光
泽的材料。在现代化学方法出现之前，这三种物质经常
被混淆。当时人们已经知道方铅矿——硫化铅（+2 价）
是有开发价值的铅矿石，所以辉钼矿和石墨也普遍被认
为含有铅。然而，辉钼矿（英文旧称"molybdena"，
意为氧化钼）实际上是硫化钼（四价）。石墨的英文名
称也由"plumbago"（源自拉丁语"plumbum"，铅）
演变为"graphite"。历史上的这个误解也是为什么直
到今天铅笔中的石墨、黏土混合物被称为"铅"的原因。

毋庸置疑，从辉钼矿或石墨中获取铅的早期尝试必
然都失败了，于是人们的关注点转向了进一步研究这些
矿物的成分。1776 年，有人向瑞典小城市雪平的药剂
师舍勒呈献了一小块辉钼矿。当时舍勒虽然年仅 33 岁，
但是他不仅发现了氢氟酸、氯、酒石酸、砷酸和尿酸，

而且还表征了第一种锰钡化合物。如果有谁能解开前述相似矿石带来的困惑，那么非他莫属。

　　舍勒拿到的辉钼矿样品在外观上和他药房里的石墨确实十分相似，但不同之处也足够明显，值得进一步分析。他向朋友们征集更多这种物质，直到样品量足以做一次彻底的化学分析。舍勒没能在辉钼矿中找到铅，但却有了意外发现：他分离[1]出了一种未知物质——钼酸（$MoO_3 \cdot H_2O$）。除了对辉钼矿的正确认识，他也指出石墨是碳的一种形态，但这就是另一个故事了。

[1] Scheele, C. W. Kongl. Vetenskaps Academiens Handlingar 39, 247–255 (1778).

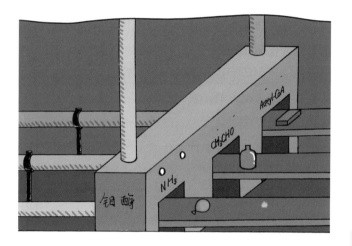

　　从钼酸中还原钼所需要的设备远比小型药房所能配备的复杂得多。舍勒求助于在斯德哥尔摩的彼得·雅各布·海基尔姆（Peter Jacob Hjelm），后者将钼酸、木炭和亚麻籽油混合，然后用烈火加热。密封的坩埚被打开时，他看到了呈小颗粒状的、最早的金属钼样品。以这种方式得到的金属钼因含碳量过高而变脆，几乎没什么用，这导致它直至19世纪结束都只出现在化学实验室的样品架上。20世纪初期，大批量获取纯钼的方法得到发展，钼钢由此也越来越被人们看重。这类材料被应用到汽车框架和工具中；在两次世界大战期间，也被大量用于防弹钢板。近来，金属钼也被用作 X 光管靶材，用于医学诊疗和科研项目中；Mo-Kα 辐射则被晶体学家广泛使用。

钼的用途并不限于材料科学，它在催化反应中也有重要地位。现代汽油和柴油燃料之所以对环境的影响远小于几十年前，正是由于使用了硫化钼催化剂对石油进行脱硫。工业领域的化学家使用基于氧化钼的催化剂来选择性地将醇氧化成醛，否则该氧化反应会进一步形成羧酸。2005 年，理查德·施罗克（Richard Schrock）因研制烯烃复分解反应催化剂（包括钼的卡宾络合物）而获得诺贝尔化学奖。

然而，利用钼化合物进行催化不是人类首创。早在人类在地球繁衍之前，含钼酶就已经在催化推进几个关键反应了——而且至今仍在继续。其中一个反应是将人气中的氮气转化为氨。在工业上实现该转换需要反应温度高于 30℃ 并且压力大于 200 bar（1 bar=100 kPa）。与之形成鲜明对比的是，与某些植物共生的固氮细菌利用固氮酶在生理条件下就能实现这个过程。大多数固氮酶在其活性位点具有一个钼原子，该活性位点是由 7 个铁原子、9 个硫原子、1 个被高柠檬酸配体封端的钼原子和组氨酸残基组成的团簇。

钼酶不仅可以将氮气还原成铵离子，某些厌氧微生物——被称为产乙酸菌——使用其他含钼酶可以将二氧化碳和氢转化为甲酸根离子，并最终转化为乙酰辅酶 A。据估计，这些生物每年从二氧化碳中转化出约 10^{11} t 乙酸盐[2]。换句话说，没有钼，我们的世界将截然不同！

[2] Drake, H. L., Daniel, S. L., Matthies, C. & Küsel, K in Acetogenesis (ed. Drake, H. L.) 3–60 (Chapman and Hall, 1994).

[1] van Assche, P. H. M. Nucl. Phys. A 480, 205–214 (1988).

[2] Armstrong, J. T. http://pubs.acs.org/ cen/80th/technetium. html (2003)

[3] Habashi, F. J. Chem. Educ. 83, 213 (2006).

[4] Zingales, R. J. Chem. Educ. 83, 213 (2006).

[5] Kuroda, P. K. Nucl. Phys. A503, 178–182 (1989).

43	Tc

锝

technetium

锝的传说

原文作者：

埃里克·赛瑞（Eric Scerri），美国加州大学洛杉矶分校化学教授，*The Periodic Table, Its Story and Its Significance* 一书作者。

在元素周期表最初囊括的 92 种元素中，锝是最后一个被发现的，赛瑞在这里讲述了锝的发现过程，并提醒我们锝比想象中离我们更近。

元素周期表中的第 7 族略显怪异。当门捷列夫构想出第一版元素周期表时，它是唯一一个仅含有一个已知元素（锰）的元素族。20 世纪早期，元素周期表中锰正下方的元素多次被声称已发现。但这些所谓的被命名为 davyum、illenium、lucium 或者 nipponium 的元素，结果被证明均是伪造的。

之后，在 1925 年，奥托·伯格（Otto Berg）、瓦尔特·诺达克（Walter Noddack）和伊达·塔克（Ida Tacke，即后来的伊达·诺达克），声称发现了两个第 7 族元素，他们分别将其命名为钨和铼。尽管铼的发现很快得到认可，但对于锰正下方的元素的发现却一直存在激烈的争议[1-5]。千禧年伊始，比利时物理学家皮耶特·万艾思（Pieter van Assche）与几位美国光谱学家又重新分析了原始 X 射线图像。他们争辩说："诺达克夫妇事实上分离得到的是铼和另一种元素。"但是这一结论同样受到其他一些研究人员的质疑。

第 43 号元素的正式发现要归功于埃米利奥·塞格雷（Emilio Segrè）和他的团队。他们称之为"锝"，锝是第 1~92 号元素中最后被发现的，且事实上它首先是被合成而不是在自然界中分离得到的。它也是唯一一个在意大利——更确切地说，是在西西里的巴勒莫"发现的"元素。塞格雷曾造访加州伯克利的回旋加速器设施，后来一些已被氘束辐照了几个月的钼片被送到了他那里。他所在的这个意大利团队对其进行的多项化学分析表明得到了一种新元素，该元素可以通过与含有少量过氧化氢的氢氧化钠一起煮沸萃取得到。

一种普遍的观点是，地球形成时可能就已存在的锝已逐渐衰变，因为即使是其寿命最长的同位素的半衰期相比于地球的寿命来说也太短了。但是到 1956 年，日本放射化学家黑田和夫（Paul Kuroda）预测也许地球深处曾经有过自然核反应器的存在。五年后，他报道了非洲一种沥青铀矿样品中，每千克中含有 2×10^{-10} g 的锝 -99。1962 年，一支法国科学家团队在研究来自非洲加蓬共和国的岩石样品时，证实了黑田和夫的早期关于自然核反应器的预测，并进一步分析表明这些矿物中也含有微量锝，因此，反驳了教科书中"地球上没有天然锝"这一常规表述 。

再看天空，早在 1952 年，在一些所谓的红巨星内就检测到了锝的存在，但是我们自己的太阳里却没有，这一事实在证明太阳比较年轻这一说法中是非常重要的证据。另外，由于锝同位素的半衰期与红巨星寿命相比较短，因此表明元素是在星球内形成的，从而支持星球核合成中等质量元素这一理论。

尽管锝是个外来客，但它现在作为一种诊断工具已广泛应用在医学当中。放射性的钼 -99 会衰变形成锝 -99 的核激发态锝 -99 m。这一亚稳定同位素失掉一个 γ 粒子后会回到基态，这个过程中可以应用于肿瘤检测中的放射性诊断，而不受其他物体的干扰。锝 -99 的这一有益应用依赖于它的几个特性。其激发态的半衰期为 6 个小时，足够长可以在其衰变前被注射到患者体内，又足够短，这样它的放射强度可以在低浓度下就被检测到。此外，短的半衰期意味着患者不用太长时间暴露在辐照下。锝的水溶液化学也是很重要的。高锝酸根离子：TcO_4^-，其中锝是同位素形式，与高锰酸根离子（MnO_4^-）有所不同，它在人们感兴趣的生理范围内是可溶并且稳定的。

最后，防止钢铁在与水接触时被锈蚀的最好方法之一是使用 $KTcO_4$ 涂层，即使在高温高压下也很有效。不幸的是，锝是放射性的，否则这一方法也可以用在除了密封钢制容器以外的情况。

44	Ru
钌	
ruthenium	
101.07(2)	

了解钌元素

原文作者：

西蒙·希金斯（Simon Higgins），英国利物浦大学化学系。

钌起于西伯利亚微末之间，现在已经发展成为了一个极其有趣且有用的元素。在本文中，希金斯探寻了这种元素在过去的——或许还有未来的——诺贝尔奖发现中所扮演的角色。

钌位于元素周期表的 d 区，理所当然，这种元素显现出过渡金属所具有的各种特征——比如能以广泛的形式氧化态（化合价从 –2 到 +8）形成配合物。卡尔·克劳斯(Karl Klaus)在 1844 年用王水溶解西伯利亚粗铂，然后从不溶的残渣中提取出了这种元素：这是对钌的第一次记述。依照俄罗斯的拉丁文名字"Ruthenia"，克劳斯将这种元素命名为"Ruthenium"——这个名字一方面是向他的祖国致敬，一方面也是对戈特弗里德·欧赛恩（Gottfried Osann）的成果的认可：后者曾经提出在这种残渣中存在着多种新元素，并曾将其中之一命名为"Ruthenium"。

钌是一种稀有的元素（在地壳中仅占约十亿分之一）。钌往往与其他五种"铂系"金属（锇、铑、铱、钯和铂）共同出现，但因为铑和铂的需求远高于其他几种，2010 年底的钌的价格（5.60 美元 / 克）已经相当便宜。工业上，钌被和铂与钯一起用于提高合金硬度，以供配电开关器件使用。另外，在掺入少量（<1%）的钌之后，钛的抗腐蚀性能也会得到极大的提升。

钌是一种奇特的、有时甚至令人着迷的元素，它的化学性质在研究者的眼中有着几乎独一无二的魅力。比如，1984 年出版的一本权威著作——E.A. 塞登（E.A. Seddon）和 K.R. 塞登（K.R. Seddon）的《钌化学》（ _The Chemistry of Ruthenium_ ），这本书对到 1978 年为止的全部相关文献做了批判性评论。至今若想要做一次类似的全面更新，是难以想象的！

和锇还有氙一样，钌也能在 RuO_4 中达到已知最高的形式氧化态——+8 价。这种活泼而有毒的化合物有一种类似臭氧的气味——如果有人真的莽撞到用自己的鼻子去闻的话。此外，它可以溶解在 CCl_4 中，而且是一种强氧化剂。但是钌化学的起始原料则通常是"水合三氯化钌"，这是一种几乎呈黑色的、反光的固体，工业上会用 HCl 溶液溶解 RuO_4 然后蒸干以制取该化合物。它能溶于种类多样的溶剂中，反应活性较强；不同于名字所暗示的结构，实际上它主要是由氧桥连的二钌 (IV) 为中心的氯配合物。

1965 年，A.D. 艾伦（A.D. Allen）和 C.V. 斯诺夫（C.V. Senoff）报告了配位化学的一大里程碑：第一组 N_2 配位化合物 $[Ru(NH_3)_5(N_2)]X_2$（X = 阴离子）的合成。这类化合物最初是通过利用肼处理"水合三氯化钌"制得的；产物的红外光谱中可以观测到在 2100 cm^{-1} 处有弱的、来自氮–氮的伸缩振动的谱带。他们的发现激发了合成固氮催化这一新领域的诞生；这一领域带来了不少新的化学反应和认识，但遗憾的是，至今尚未有能够廉价到与哈柏法匹敌的对手出现。

今天, 钌已经站在了多个重要科学领域的前沿。举例来说, 烯烃复分解反应使用的耐空气和潮气的钌基均相催化剂对全合成和材料化学产生了重大影响, 领军人物罗伯特·格拉布 (Robert Grubbs) 因此共享了 2005 年的诺贝尔化学奖。钌配合物在有机合成反应中也被广泛应用于不对称氢化 (野依良治 (Ryoji Noyori) 的工作是其典型, 他也因此成为 2001 年诺贝尔化学奖的得主之一), 现在化疗应用上也正在考察使用这类配合物的可能性。

近来被研究得最多的钌配合物恐怕要数 $[Ru(2,2'-bipyridine)_3]^{2+}$ 及其衍生物了。在可见光照射下, 这类化合物会形成长寿命的光激发三重态, 实际上成为 $[RuIII(2,2'-bipyridine)_2 - (2,2'-bipyridine \cdot -)]^{2+}$。Ru(III) 是强氧化剂, 而 2,2'- 联吡啶自由基阴离子则是强还原剂。20 世纪 70 年代中期就有人指出, 理论上这种光激发态既可以氧化也可以还原水, 分别产生 O_2 和 H_2, 并引发了大量的研究。事实上, 这一反应系统仅能在存在牺牲还原剂和淬灭剂时生效, 例如有甲基紫的情况下, 而且只产生氢气。

最近, 有不少将有关配合物作为染料敏化太阳能电池 (例如 Grätzel 电池) 中的染料使用的研究。这种电池以宽带隙半导体纳米颗粒 (通常是 TiO_2) 作为阳极, 染料被以共价键连接到阳极上, 并在受光激发之后将电子传给阳极。这一过程产生的 Ru(III) 在液态电解质中被碘阴离子还原, 所产生的碘则在阴极被再次还原为离子。这种电池被看作硅基太阳能电池未来的价格战对手。

钌已经被发现了 150 多年, 但它的化学性质仍在不断提供着新的发现和有潜力的技术。毋庸置疑, 它还会继续吸引更多的研究者进一步对其进行研究。

<table>
<tr><td>45</td><td>Rh</td></tr>
<tr><td colspan="2">铑
rhodium</td></tr>
<tr><td colspan="2">102.91</td></tr>
</table>

铑之角色

原文作者：

拉尔斯·奥斯特罗姆（Lars Öhrström），瑞典哥德堡查尔姆斯理工大学化学及化工系教授，《巴黎最后的炼金术士和其他化学奇闻》的作者。

奥斯特罗姆讲述了铑在我们日常生活中所扮演的各种角色，从车辆部件到医疗药物，皆有铑的身影。

一旦那层薄薄的能令新珠宝首饰格外闪闪发亮的电镀铑镀层被磨去之后，我们大都可能会想起铑在汽车催化转化器中的重要角色。在这种设备中，第 45 号元素的金属颗粒被嵌入至催化剂的多孔陶瓷结构中，它的特定作用是帮助使氮氧化物分解成无害的氧气和氮气。

1988 年，即催化转化器在瑞典成为新车必备件的前一年，我邂逅了这种银白色贵金属的一种非同寻常的形态——50 g 紫色粉末——市值是当时一个研究生半年的工资。这个价格同时反映了第 45 号元素一贯是最贵的铂族金属（PGMs），以及极难被氧化成分子化合物的事实。铑的价格随着外部因素而波动，例如会随着汽车销量增长或者环境立法变严格而增高。另外，因其生产仅由少数国家主导，尤其是南非，所以旷工、罢工或者当地政治局势都可能严重影响到国际市场。

那种紫色粉末是三氯化铑，就是这种化合物阴差阳错地赋予了该元素现在这个英文名——rhodium，它源

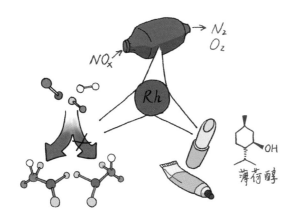

自希腊语"rhodon"，意为"玫瑰"。在接下来的五年里，我用它制作了多种配位化合物，包括催化剂，铑这种金属在实验室里主要就是做此用途的——每年都有新的由铑配合物所催化的有机反应被报道。

铑催化剂在工业上也有应用，尤其是用来制造薄荷醇（可见于许多消费品，如唇膏、咳嗽药、牙膏和须后水）和 L- 苯丙氨酸（L-3,4-dihydroxyphenylalanine，用于治疗帕金森病）。值得一提的是铑催化剂的对映选择性，这对于实际应用至关重要，也正是威廉·S. 诺尔斯（William S. Knowles）和野依良治共享了 2001 年诺贝尔化学奖一半奖金的原因。

含铑的配合物有一个显著的特点，就是在 +3 价氧化态下会缓慢释放和重获配体。例如，当三氯化铑溶于水时，可能会形成十种不同的化学物种，在绕着中心原子铑的八面体配位构型环境中，它们之间的交互变换是非常缓慢的，如在顺式和反式二氯四水合铑（Ⅲ）离子（cis-[RhCl$_2$(H$_2$O)$_4$]$^+$ 和 $trans$-[RhCl$_2$(H$_2$O)$_4$]$^+$）之间的转换。事实上，该反应是如此之慢，以至于要花至少一年时间才能达到化学平衡。这和其他相似的诸如三价铁基配位离子（*cis*-[FeCl$_2$(H$_2$O)$_4$]$^+$）形成鲜明对比，铁基络合物的顺反异构化进程只需几毫秒。

有一种特别的方法可以观测这一转变[1]，即利用铑核磁共振波谱法。铑是为数不多的只拥有一种同位素的元素，即铑-103。这种同位素具有和质子相同的原子核自旋 (1/2)，因此是非常优质的核磁共振研究对象。但它可怜的灵敏度意味着通常需要不切实际的样品量和时间才能获得一个信号，这阻碍了其广泛应用，然而这并不能阻止该技术的支持者，因为铑和其他原子核耦合可以使许多宝贵信息通过二维核磁共振波谱法被提取出来。

铑也有几种确知的人工放射性同位素，包括几种亚稳态的核同质异能素。其中之一的铑-103 m 由钌-103衰变得来，已经被作为癌症治疗剂来研究了[2]。然而鉴于它短暂的半衰期（59 min），以及三价铑配合物缓慢的配体交换速率，合成并使用铑-103 m 化合物需谨慎加以规划。

多种基于 Rh$_2$$^{4+}$ 核心的配合物有望成为抗癌化合物。最近有一个令人兴奋的进展，一种拥有一个被标示了有机荧光团的配体的二铑（Ⅱ）化合物，已被证明能被癌细胞以一种不同于吸收自由配体的方式所吸收[3]。该发现表明了这种铑–铑键化合物新的应用可能性，或能鼓励大型制药企业从它们的有机舒适区中走出来，就像40 年前开发基于元素铂（元素周期表上和铑在对角线上的邻居）的顺铂类药物那样，大力开发铑基新药。

虽然在化学应用上，铑并不如它的铂族表亲钯和铂那样有名，但是铑正在拓宽应用疆域，并且这种趋势并没有放缓的迹象。

[1] Carr, C., Glaser, J. & Sandström, M. Inorg. Chim. Acta 131, 153–156 (1987).

[2] Nilsson, J., Bernhardt, P., Skarnemark, G., Maecke, H. & Forssell-Aronsson, E. Eur. J. Nucl. Med. Mol. Imaging 33, S149 (2006).

[3] Pena, B., Barhoumi, R., Burghardt, R. C., Turro, C. & Dunbar, K. R. J. Am. Chem. Soc. 136, 7861–7864 (2014).

钯致反应

原文作者：

马修·哈廷斯（Matthew Hartings），美国美利坚大学文理学院副教授。

把碳当作有机合成中最重要的元素是情有可原的。但哈廷斯在此证明，近半个世纪以来，钯才是种种最著名的有机化学反应里最重要的元素。

2010 年，钯化学在工业界和化学界以外也成为舆论热点。这一年的诺贝尔奖颁发给了赫克、根岸英一和铃木章，以表彰他们在开发利用钯催化制备碳-碳键化合物方面的贡献。他们研究的化学反应，以及受他们的启发而发展起来的许多类似的化学反应，已经对化学家制备有机化合物的方法产生了深远的影响。这些化合物已被应用到从工业材料到药品等各式各样的产品中。此外，钯在过去数十年一直被用作瓦克法的催化剂，该工艺被认为是最早获得工业应用的有机金属化合物反应。

我们自然而然会问：为什么是钯？是什么原因让这种金属成为上述反应的最佳催化剂？化学家们从什么时候开始认识到这一点？

在过渡金属中，具有空配位位置的非饱和金属原子会是良好的催化剂。而二价钯就是核外电子排布为 d^8

的几种金属离子之一，这样的金属离子倾向于形成刚好有两个空的轴向配位位置的正方形平面结构。

更为重要的是，要进行瓦克法和 Heck/Sonogashira 类偶联反应，金属催化剂必须能够与碳-碳双键结合。事实证明，镍、钯和铂都具有适当的轨道能量来做到这一点。然而，铂并不是一个良好的催化剂，部分原因是烯烃-铂键形成慢[1]。有几种镍络合物也确实在烯烃反应[1]中显示了催化活性，但唯有钯一路过关斩将成为许多成功的烯烃催化剂的金属核心。

钯当然具有一些独特的性质。它的基态电子结构是 $4d^{10}5s^0$，使其成为唯一同时拥有全满 d 轨道和全空 s 轨道前沿的过渡金属。此外，钯的 d-p 轨道跃迁的最低能量明显大于其他类似金属[2]的对应跃迁能量。这两个事实似乎表明，钯的催化活性主要是由其（与 $5s$ 和 $5p$ 轨道低比例杂化的）$4d$ 轨道电子实现的，这也在某种程度上导致了钯能够"刚好适合"催化烯烃反应。

到赫克有关碳-碳偶联反应的首篇论文发表时，人们已经认识到了钯作为烯烃反应催化剂的价值[3]。这些认识部分归功于施密特（Smidt）等人在发展瓦克法上所做的工作。该方法先是采用铂催化，三年后转为使用钯[4]。然而，基于钯的烯烃氧化反应可追溯至更早的时期。有关瓦克法的初始文献引用了 1894 年[5]弗朗西斯·C. 菲利普斯（Francis C. Phillips）发表的一篇文章，那是有关钯在烯烃氧化反应中的催化作用的首次记载。

菲利普斯是 19 世纪后期西部宾州大学（匹兹堡大学前身）的天然气反应方面的专家。他受资助来研究鉴定在西宾夕法尼亚州开采的天然气成分。为此，他需要先理解天然气混合物中可能存在的各种气体的物理和化学特性。

[1] Collman, J. P., Hegedus, L. S., Norton, J. R. & Rinke, R. G. Principles and Applications of Organotransition Metal Chemistry Ch. 14 (University Science Books, 1987).

[2] Moore, C. E. Atomic Energy Levels, Vol. III (Molybdenum through Lanthanum and Hafnium through Actinium) (Circular of the National Bureau of Standards 467, US Government Printing Office, 1958).

[3] Heck, R. F. J. Am. Chem. Soc. 90, 5518–5526 (1968).

[4] Smidt, J. et al. Angew. Chem. Int. Ed. 1, 80–88 (1962).

[5] Phillips, F. C. Am. Chem. J. 16, 255–276 (1894).

菲利普斯研究了存在各种金属及其氯化物 [5,6] 时，不同气体被空气氧化的情况。研究分为两大部分，其中所付诸的努力或者仅仅是试验的规模都令人印象深刻。在第一阶段，他试图量化气体通过散布于石棉纤维 [6] 中的不同金属时被氧化的程度。第二阶段，通过将这些气体导入含有金属盐 [5] 的溶液，他希望能定性描述这些氧化反应。为此，他测试了 20 种不同的气体和 19 种不同的催化剂。

正是在第二阶段的研究中，菲利普斯描述了烯烃借助氯化钯产生的反应。对于乙烯的试验，他写道，"金属被快速还原，并呈现为黑色粉末。没有二氧化碳产生 [5]。"由此他认识到天然气通过钯被氧化，而且氧化产物不是 CO_2。如果他能够分离和表征乙醛，他几乎已经触及瓦克法背后的化学本质。

我认为这里需要特别指出的是，菲利普斯的出发点并不是要通过实验寻找对于工业应用有重要意义的化学反应，他只是试图更好地理解化学。在文末最不起眼的一行，在结束这篇为瓦克法和 Heck/Sonogashira 偶联反应建立初始框架的报告时，他写道："未完待续。"

[6] Phillips, F. C. Am. Chem. J. 16, 163–187 (1894).

浮光跃银

原文作者：

卡塔琳娜·M. 弗罗姆（Katharina M. Fromm），瑞士弗里堡大学化学系及纳米材料中心。

弗罗姆通过本文说明了银除了催化和首饰方面的用途之外，还在医学领域有着无数的用途，其中一些甚至产生了某些浪漫的传统，譬如将硬币投入许愿池中。

银是元素周期表中第 47 号元素，其英文名字来自于盎格鲁 - 撒克逊语或者德语的"seolfor, silabar"，而它的符号 Ag 则来源于拉丁文和希腊文的"argentum"及"argyros"（意思是白色的，闪闪发光的）。银柔软而具有很好的延展性，其结构为面心立方，氧化态化合价在 0 到 +3 之间。有很多地方都以银命名，例如阿根廷（Argentina）以及南美的拉普拉塔河（Rio de la Plata），虽然现在的主要产银国已经变成了秘鲁、墨西哥和中国。

银的开采、精炼和使用已有数千年的历史。银被制作成饰品和器具用于交易，也被用作货币体系的基础（在法语中，银和钱是同一个词"argent"）。古埃及人早在公元前 2500 年就曾将银板植入头骨，古希腊人和罗马人则会用银制容器防止液体腐败。因此，将银币投入许愿井和许愿池的传统之所以产生是为了给水除菌，进而保持人们身体健康。公元 659 年，在中国就出现了最早的使用银膏来修复牙齿的记录。如今的补牙银汞中依然有 20%~35% 的银（其余主要是汞，还含有一些锡、铜和锌）。

据估计，目前地壳中的银储量约为 550 000 t；银的世界总产量在 2009 年超过了 2700 t。每年大约有 700 t 银被用于异相催化（例如环氧乙烷和甲醛的生产，以及尾气净化），这比用于制作首饰的更多。

虽然传统上我们会认为银是"第二好"的金属，仅次于金，比如奖牌的用料便是如此。但银持有三项世界之最：最好的导电性（被应用于音频线、电源开关以及断路器）、标准情况下最亮的元素（制作镜子和一些光学用途）以及是具有最好导热性的金属。银对氧是稳定的，但在水和硫化氢的存在下（比如有羊毛、乳胶、鸡蛋或洋葱的时候），会生成硫化银而失去光泽，这一现象是银器和首饰的常识。纯银太软，不能用来制造物品，通常会与其他金属制成合金；例如"925 银"含有 92.5% 的银，通常情况下会掺入铜、锗、锌或铂，以在保留其延展性的同时增强其强度，同时还可以降低铸件孔隙率及增强抗腐蚀性。

在银的历史中，有相当重要的一段属于由涅普斯（Niépce）和达盖尔（Daguerre）于 19 世纪 30 年代发明的黑白摄影。黑白照片最初是在硝酸银和白垩的混合物基础上制成的，如今也仍然依赖于用明胶基质稳定的光敏卤化银制成的胶片。银除了常用于艺术和医用放射成像之外，还可以用于质量控制。碘化银的一个奇特应用是由伯纳德·冯内古特（Bernard Vonnegut）所发现的人工降雨，因为他发现了冰和碘化银晶体晶格常数匹配较好（这种冰的晶体学应用后来在他弟弟库尔

[1] Vonnegut, B. & Chessin, H. Science 174, 945–946 (1971).

[2] http://go.nature.com/GBFn5k

[3] Silver, S. FEMS Microbiol. Rev. 27, 341–353 (2003).

[4] Brosnahan, J., Jull, A. & Tracy, C. Cochrane Database Syst. Rev. 1, CD004013 (2004).

[5] Vig Slenters, T. et al. Materials 3, 3407–3429 (2010).

特·冯内古特（Kurt Vonnegut）的小说《翻花绳》（*Cat's Cradle*，又作《猫的摇篮》）中也出场了[1]。

纳米级的银颗粒几个世纪以来一直被用作红、黄以及橙色的玻璃着色剂。现在这种纳米颗粒主要在生物技术和生物工程、纺织工程、水处理以及一些消费品（比如洗衣机和冰箱）中用作抗菌剂。这种颗粒被释放到环境中将会产生什么样的长期影响，目前仍在研究中[2]。

银离子在低浓度下（如约 1 ng/L）就对细菌有剧毒，但真核细胞可以承受高出 10~100 倍的浓度[3]——接触浓度过高的银会导致不可逆的皮肤变灰（银质沉着病），但不会造成严重损伤。硝酸银常用于新生儿眼药水，而磺胺嘧啶银也经常在灼伤中用作外用药膏来预防感染和促进皮肤再生；其他的含银物质也用于如外科手术用织物材料、化妆品以及抗生素软膏等一系列产品。长期导管容易被细菌侵入，因而极易生成细菌生物膜；使用银合金或者承载银纳米颗粒的聚合物制成的长期导管可以减少此类感染[4]。表面敷有一层溶解度、结构和稳定性均可调节的 Ag^0 或者 Ag^+ 络合物涂层的植入材料已经成功植入人体，可以在为细胞生长提供生物相容性的同时，有效预防细菌感染[5]。

因此，尽管银离子这些行为背后的机理还有待研究，但确实是"每天用银匙，医生不来找"……

镉的肖像

48   Cd

镉

cadmium

112.41

原文作者：

娜杰日达·V.塔拉基纳（Nadezda V. Tarakina），英国伦敦玛丽女王大学工程与材料科学院；巴特·费尔贝克（Bart Verberck），《自然-物理》高级编辑。

塔拉基纳和费尔贝克探讨了第 48 号元素丰富多彩的历史和价值。

在 19 世纪早期的普鲁士，药品质量由政府任命的医生负责监管。1817 年，有一名负责此事的医生约翰·罗洛夫（Johann Roloff）对卡尔·赫曼（Karl Hermann）工厂生产的一批氧化锌产生了怀疑。罗洛夫的初步试验结果表明这批样品中含砷。担心商业信誉因此毁于一旦的赫曼对这些样品进行了深入的调查研究。他和其他研究者很快发现产品里根本没有什么砷，而是一种未知的金属。

同时，邻近的汉诺威王国药剂师监察长、哥廷根大学教授弗里德里希·施特罗迈尔（Friedrich Stromeyer）正在研究一些令人费解的碳酸锌样品，这些样品在加热后会留下一些黄色固体残留物。他设法分离出产生这种黄颜色的源头，从而得到一种新的金属氧化物。

罗洛夫、赫曼和施特罗迈尔对他们的发现都做了相应的记录，三人间纠缠不清的角色使得人们很难将新元素的发现归功于其中某一个人 [1]。此外，还有其

[1] Fontani, M., Costa, M. & Orna, M. V. The Lost Elements: The Periodic Table's Shadow Side (Oxford Univ. Press, 2014).

他人也发表了关于这一新元素发现的报告。当时，对这一新元素的命名有很多不同建议，包括将其命名为"klaprothium"，以纪念发现了多个元素的化学家克拉普罗特；或命名为"melinum"，源自于拉丁语的"melinus"，意指一种温柏的颜色。然而，最终被采用的是由施特罗迈尔提议的"cadmium"，源自于拉丁语的"cadmia"，意指菱锌矿——各种锌基矿物的总称。

镉极易与硫结合生成黄色的固体硫化镉，所以之前有人建议将其命名为"melinum"。硫化镉一直以来以"镉黄"之名，在画家和图形艺术家的调色板中占据着举足轻重的地位。镉与硒形成的固溶体（硫硒化镉）可以用作从橙色到红色的颜料，而将硫化镉与硫化锌混合则会产生黄绿色调。因此，从19世纪开始，艺术家们就开始使用镉颜料了。同时，镉颜料具有出色的遮盖力、耐光性和稳定性，这些特点使它们成为了优良的工业涂料。另外，由于镉颜料可以承受高达3000℃的高温，所以可以被用作热管或玻璃涂料，比如红色交通信号灯或者莫斯科克里姆林宫闪耀的红星。

镉颜料之所以具有那些丰富的颜色，是因为这些二到六价的镉化合物是半导体，并且其带隙在可见光

范围。硫化镉的带隙是 2.42 eV (512 nm)，因此可以吸收蓝色、靛蓝以及紫色，使得人眼感知到其光谱互补色——黄色。

硫化镉和硒化镉的纳米颗粒是热门的量子点。根据量子约束效应，在纳米尺度上，半导体的吸收阈值受尺寸影响：量子点的尺寸越小，吸收能量阈值越高（越蓝）。人们可以根据自己的需求，通过控制颗粒尺寸来调节其光学性能。这种性能使其适用于显示屏中，从某种意义上说，它们是现代颜料。

在高等生物中，镉并没有已知的生理功能。事实上，它有剧毒，对它的使用限制也越来越严格。在商业涂料中，镉盐也逐渐被亚氮化合物取代。

镉有捕获中子的能力，因此它在第一个核反应堆的建设中起到了重要的作用，镀镉棒被用来控制核反应[2]。

1907 年至 1960 年，镉还被兼作计量标准。那时，物理学家阿尔伯特·迈克尔逊（Albert Michelson）提议[3]将镉辨识度非常高的一个红色谱线波长定为6438.4696 Å，并以此定义埃这个长度单位。1960 年，埃和米的相对比例被确定，而米又是用氪-86 的特定光谱波长来重新定义的。

但是镉最人尽皆知的应用可能是在电池技术方面。可充电镍镉电池的发明可以追溯到 1899 年，并且在 20世纪的电子技术中扮演了重要的角色。一个基于镉和氢氧化镍酰电极的电池可以提供 1.2 V 的电势，且镍镉电池性能优良，可靠、稳定且使用寿命长。然而，由于镉的毒性，镍镉电池近些年逐步被禁用。例如，《欧盟电池指令》[4]便鼓励人们使用更安全的替代品，如镍金属氢化物和锂离子电池。

根据希腊神话，腓尼基王子卡德摩斯（Cadmus）

[2] December 2, 1942: first self-sustained nuclear chain reaction. APS NEWS (December 2011); http://go.nature.com/2gxDxYt

[3] Jackson, C. V. Proc. R. Soc. Lond. A 155, 407–419 (1936).

[4] Directive 2006/66/EC of the European Parliament and of the Council (European Union, 2006); http://ec.europa.eu/environment/waste/batteries/

将腓尼基字母表传入了希腊。在过去的 200 年间，镉
也给我们带来了很多东西。但其毒性在某种程度上已经
遮蔽了它五彩缤纷的过去，我们可以看到镉在各种领域
都开始被替代。不过，只要我们谨慎小心，这个元素在
化学"字母表"中的独特长处仍可以得到发挥。

轻触金属铟

原文作者：

凯瑟琳·雷努夫 (Catherine Renouf)，英国圣安德鲁斯大学化学院博士生。

雷努夫讲述了铟如何从一个相当不起眼的元素，发展到如今高科技设备及产品对它的巨大需求量有可能耗尽其全部储量的程度。

1863 年，在某次原子光谱分析中出现的一道神秘蓝线首次揭示了锌矿石中存在新的未知元素。这个新元素也因其靛蓝色的光谱而被命名为：铟（indium，来自于英语的靛蓝色"indigo"一词）。今天它的主要来源仍然是锌矿石。

观察到这一蓝色谱线并分离出这个新元素的是斐迪南·莱奇（Ferdinand Reich）和希罗尼穆斯·里赫特（Hieronymus Richter），他们本想在 1867 年的世博会上展示铟锭，但因为担心被偷窃，他们用铅锭取而代之。观众多半轻易被蒙在鼓里，因为这两种很软的金属有着相似的外观。那时的人们所不得而知的是，铟有一种与其元素周期表中的近邻——锡所共享的独特性质，即这两种金属在被弯折时会发出哭泣般的声音。

此次世博会举办 50 年后，铟仍只是存放在化学家橱柜里的奇珍异宝。提纯铟的工艺极为复杂，而人们并没有想到铟有什么配得上如此繁复提纯工艺的实际用途。因此，当时全球的铟供应量仅仅数以克计。

直到第二次世界大战期间，铟才有了首次大规模应用。因为其良好的延展性，铟被加工成飞机发动机轴承的润滑薄膜层。直到 20 世纪 50 年代末，润滑以及大约同时期出现的第二种铟应用——焊接，就是铟仅有的两种用途。

铟的全球需求量自 20 世纪 70 年代开始增加。作为一种高效的中子吸收剂，铟被用于制造核反应堆的控制棒。其合金的低熔点（某些种类可低至 50℃）对焊接很有用，也让其成为用于热调节器和消防喷淋头[1]中的高性能保险丝。但让铟引起人们广泛兴趣的是在铟锡氧化物（ITO）性能上突破性的发现。如今，由于ITO 在人们生活中所扮演的极其广泛和常见的角色，美国能源部[2] 正在对第 49 号元素日趋枯竭的供应提出严正预警。

铟昂贵而又稀有，ITO 则脆而易碎、不可弯折，但在克服这些问题后人们能利用 ITO 制造出高价值的产品，比如触屏设备、智能手机和液晶屏电视。ITO 是一种独特的材料，它既导电又透光[3]，而其透光性是上述所有应用所需求的关键性能。此外，它是大多数太阳能电池的重要组成部分，无论它们的主成分是何种材料，其外侧吸光层的电路通常都是用透明 ITO 实现的[4]。

这种对可见光频谱范围的透光性源自它 3.3~4.3 eV的宽带隙。当被制成薄膜时，ITO 对可见光的透光率以及导电率都足够高，从而能够被应用到触摸屏中。最早的此类设备含两个单独的 ITO 层，它们之前的互联需要通过手写笔触发。但为了更友好、更吸引眼球的用户体验，现代设备已经发展为利用使用者手指的导电性来

[1] Downs, A. J. Chemistry of Aluminium, Gallium, Indium and Thallium (Blackie Academic and Professional, 1993).

[2] US Department of Energy. Critical Materials Strategy Summary (US Government Printing Office, 2010).

[3] Tahar, R. B. H., Ban, T., Ohya, Y. & Takahashi, Y. J. Appl. Phys. 83, 2631–2645 (1998).

[4] Krebs, F. C., Spanggard, H., Kjær, T., Biancardo, M. & Alstrup, J. Mater. Sci. Eng. B 138, 106–111 (2007).

工作。使用者接触屏幕上的 ITO 层会改变该特定位置的电容，设备由此得到一个位置相关信号。

目前的触摸屏市场正在迅速增长，虽然我们仍不大清楚全球的铟储量有多少——因为它仍然只是开采其他金属（主要是锌和锡）的副产品，但据估计，铟的供应量只够满足我们不断增长的需求至 2020 年。因此，随着它越来越稀有，其价格越来越贵亦在预料之中。

可弯曲显示屏常被捧为数码界的下一个突破性方向，而 ITO 的前述简单特性并不能很好地适应这个新趋势。虽然 ITO 的脆性对于智能手机预期数年的使用寿命不是一个问题，对诸如更耐用的平板电脑和电子书这样稍长的使用时间来说，ITO 的脆性也可以接受，但它并不能很好地匹配可灵活卷曲产品的需求。新需求正在驱动对无铟半导体的研发探索，比如碳纳米管和石墨烯[5]。如果我们想保护铟这种稀缺金属的储量，并保证它能以合理价格满足生产光伏电池——清洁电力的来源之一——的需求，那么去寻求铟的替代物无疑是一件好事。

化学家在开发 ITO 及其所有的应用中都发挥了巨大的作用，如今我们应当再次领航去寻找它的替代品。

[5] Yen, M-Y. et al. Carbon 49, 3597–3606 (2011).

50	Sn
锡	
tin	
118.71	

锡罐

原文作者：

迈克尔·A.塔塞利（Michael A. Tarselli），美国诺华生物医学研究所。

从青铜时代的工具到锂离子电池组件，锡在人类的历史中无处不在，但塔塞利依然提醒人们不可低估锡。锡容易在人体组织内滞留，这种危险性促使研究人员转向研究更绿色的化学方法。

锡在我们的文化中随处可见却又不引人注意，从绿野仙踪中的锡人到树屋中常见的锡罐收音机等，锡在经典老电影中经常出镜。第 50 号元素锡的符号是 Sn，源自拉丁语"stannum"。锡在全世界范围内已经被开采了好几个世纪。它易与其他金属形成合金，比如与铜或锑结合，制得青铜时代的武器和白镴餐具。如今，锡化合物存在于防污涂料、聚氯乙烯管，甚至你的骨骼中——骨骼是锡化合物易在人体内聚集的部位。在即将到来的电池科学和电子产品的浪潮中，这种富有光泽的银白色金属也将起到一定的作用——或好或坏。

金属锡主要以两种物质相存在。低温下坚硬的 β 结晶相会转变成易碎的 α 物质相，这种现象被称为"锡瘟"。有传闻说 [1]，在 1812 年寒冷的冬天，锡纽扣的消失是拿破仑在对俄战役中惨败的原因。在高温高压下，

[1] Le Couteur, P. & Burreson, J. Napoleon's Buttons: 17 Molecules That Changed History 1–3 (Penguin Books, Jeremy P. Tarcher, 2003).

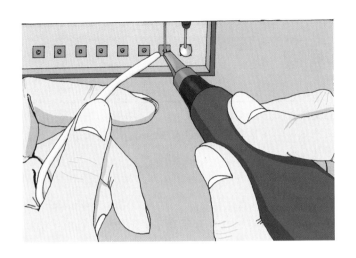

锡还存在另外两种同素异形体。看过印刷电路板的人都见过焊锡。焊锡是一种锡铅合金，它极易熔化，并被用于连接复杂电路中的节点。从 19 世纪晚期开始被大规模生产的锡罐，被用于储存盛放从食品到石油再到鞋油的各种各样的产品。然而如今它们大部分已经被成本更低、可塑性更强的铝所取代。

锡的单质形式对人体并没有什么危害，但另一方面，在流行病学中，有机锡的毒性被认为与实验动物中健康与生长过程的受损相关。这些研究中的典型分子是三丁基氯化锡（TBTC），它曾被用作船只的防污涂料和 PVC 添加剂。如今，TBTC 已经被证明具有多种内分泌干扰作用，其中主要包括：触发细胞凋亡，中断新陈代谢，以及与"肥胖因子"的互作性——这导致 TBTC 能够影响实验动物的脂肪储存，并增加日后体重上升的可能性[2]。

既然锡化合物易于生物累积，并影响多种酶的催化途径，那么我们是否还值得冒险去使用它们呢？对于过去百年中的有机金属以及有机合成化学家来讲，答案无

[2] Heindel, J. J., Newbold, R. & Schug, T. T. Nat. Rev. Endocrinol. 11, 653–661 (2015).

疑是肯定的。长久以来，有机锡一直被用来激发自由基加成反应形成聚合物，同时还被用作交叉耦合反应中钯催化剂的助催化剂。后一技术已经扩展到了使用三甲基锡芳基物种，与镍形成 Ni–F–Sn 配合物[3] 实现催化苯胺衍生物季铵盐。这一耦合反应在硅醚、腈、酯和酮等官能团存在的情况下，仍然具有很高的产率，而使用类似的钯催化剂过程却很可能被这些官能团干扰。

然而，许多合成从业者现在也认为锡化合物具有潜在的缺陷：杂质难以去除，副产品有潜在毒性。目前人们正在努力开发一种温和的、不含锡的、利用黄嘌呤和有机过氧化物产生自由基前体[4] 的方法。在绿色化学运动中，相较于硼或铜之类的有机金属前体，第 50 号元素的热度也在衰退。为了减少锡副产物的生成量，其 ppm 含量必须得到精确控制，合成流程的后期控制尤其重要。为此，研究者们提出了各种聚合物或固相负载非转移的试剂[5]。这些可重复利用的前体可以作为有机锡化物或自由基前体的催化发生器。

但是锡依然没有过时。它独特的导电性、电子结构和易于形成合金的倾向，使它在太阳能和下一代电子设备中扮演了一个新的角色。传统的合金（如镍钛合金）已经被吸光范围更广且导电性能更好的镍锡锶和锡氧化物所取代。以锡为基础的纳米粒子有望成为锂离子电池的下一代阳极材料，这也激发了人们对其形成过程和特性进行深入研究的兴趣。比如，最近通过结合多种光谱技术[6]，人们对 $Sn/SnO/SnO_2$ 三层核壳型纳米粒子进行了研究。

最后，锡在合成以及太阳能方面的作用，是否会被毒性、干扰内分泌等因素所羁绊，时间会带给我们答案。当下，政府和环保机构正在研究如何将其限制在生产过

[3] Wang, D-Y. et al. Nat. Commun. 7, 12937 (2016).

[4] Debien, L., Quicklet-Sire, B. & Zard, S. Acc. Chem. Res. 48, 1237–1253 (2015).

[5] Le Grognec, E., Chretien, J.-M., Zammattio, F. & Quintard, J.-P. Chem. Rev. 115, 10207 (2015).

[6] Protesescu, L. et al. ACS Nano 8, 2639–2648 (2014).

程中，并监控饮用水中的有机锡化物（http://go.nature.com/2meRuOq），以使"锡人"只存在于人们的幻想国度之中。

51	Sb
锑	
antimony	
121.76	

锑的各种用途

原文作者:

克莱尔·汉塞尔(Claire Hansell),《自然》编辑。

汉塞尔介绍了锑的用途、历史和现状,以及一个不寻常的"循环利用"法。

哪怕找遍整个元素周期表,也只有很少的元素化学符号不是从它们的完整英文名称中派生出来的。这些元素大部分是自古以来就为人所知的少数金属。我们可能会立即想到铁、金或银,但锑也是这个令人尊重的元素"旧世界"的一部分。锑的符号Sb源于拉丁语"stibnum",得名于其最常见的矿物——辉锑矿(stibnite,Sb_2S_3,因为颜色浓黑,被古埃及人用作眼部化妆品)。

使用古希腊语和拉丁语的作家提到锑时,用的词是"stibium"及其变种,那么从中世纪出现并一直沿用到现在的"antimony"一词是怎么来的呢?一种广为流传但极可能是虚构的说法是其词源来自法语"antimoine",意为反修道士。许多早期的炼金术士都是修道士,他们相信锑可以转变为金。但不幸的是他们不知道它的毒性,进行炼金术实验的时候也没有实验服和护目镜。更有可能的说法是这个名字来自于希腊语"ἀντίμόνος"(antimonos),意为反单体,反映了第51号元素在自然界中极少以金属形态存在的这一事实。

锑是一种类金属，而不是真正的金属，它有四种同素异形体：最稳定的是金属性的灰锑，还有非金属性的黄锑、黑锑和白色的爆炸性锑。不同寻常的是，金属锑在遇冷时体积会稍微膨胀，仅有四种元素表现出这种"冷胀"性质。锑通常以三价或五价态形成化合物。例如超强的路易斯酸 SbF_5，它与氟化氢可形成已知最强的超强酸氟锑酸（pH 约为 −31.3）；氟锑酸甚至能够给碳氢化合物加质子，从而形成碳正离子和氢分子。

吸入、食入锑都是有毒的，同时人们发现它还会致癌[1]，不过目前仍不清楚其毒性的确切机制。然而，这并没有妨碍第 51 号元素在历史上曾成为药物中的一员。古希腊人不仅将辉锑矿作为眼部彩妆，还把它用作皮肤药。在中世纪，锑丸被广泛使用，可整个吞服用于诱导呕吐，还可作为泻药，这与当时的医疗观念是一致的——"坏的体液"需要被排出人体。锑是一种昂贵的金属，因此，锑丸通常被回收再利用，甚至代代相传。虽然锑丸显然不是最好的药物，但这毫无疑问是一种创新的回收方法！当锑丸在 17 世纪被宣布为非法后，一种普遍被使用的改良的替代方法是喝在锑杯中过夜盛放的酒。

当然，锑疗法完全不是一种有效的治疗方法，有人指出[2]过度使用锑可能是莫扎特在年仅 35 岁时就过世的原因。现在，人们发现适当使用一些五价锑化合物可以治疗利什曼病[3]，这是一种常见于发展中国家的由寄生虫引起的疾病。

目前第 51 号元素的主要用途之一是以三氧化二锑的形式在塑料和其他材料中作为阻燃剂[4]。长期以来，锑与其他金属形成合金也被用作提高硬度和抗拉强度的一种手段。古腾堡（Gutenberg）在 15 世纪发明西方

[1] Beyersmann, D. & Hartwig, A. Arch. Toxicol. 82, 493–512 (2008).

[2] Guillery, E. N., J. Am. Soc. Nephrol. 2, 1671–1676 (1992).

[3] Murray, H. W., Berman, J. D., Davies, C. R. & Saravia, N. G. Lancet 366, 1561–1577 (2005).

[4] Grund, S. C., Hanusch, K., Breunig, H. J. & Wolf, H. U. Antimony and Antimony Compounds (Ullmann's Encyclopedia of Industrial Chemistry, Wiley, 2006).

活字印刷时使用的金属活字就由铅锡锑合金制成，如今类似的合金被用作铅酸电池的电极板。由于金属锑能够与锂化合为具有高理论锂容量的 Li_3Sb，因此锑还被认为是可以被用于高能量密度锂离子电池的很有前景的阳极材料。

为了进一步小型化集成电路中的晶体管，人们对更高效的半导体材料的兴趣不断加深。在这个研究方向上，锑作为非金属材料中的掺杂元素发挥了作用。掺杂锑的氧化锌材料已被证明是一种 p 型（空穴导电）半导体，并且在一定的氧化条件下可以制得具有可变电阻特性的陶瓷。在硅中掺杂锑以提高其电子导电性能（作为 n 型半导体）也是目前的一个研究主题[5]。

从古至今，从使用块体金属锑和辉锑矿，到在合金和陶瓷中细致地使用微量锑，锑产生了各种各样的应用。未来它在电子产业中的发展，很可能取决于锑原子的确切定位和环境，锑原子的排列需要我们像古埃及女王用辉锑矿上妆那样小心细致。

[5] Voyles, P. M., Muller, D. A., Grazul, J. L., Citrin, P. H. & Gossmann, H.-J. L. Nature 416, 826–829 (2002).

扭动的碲

原文作者:

詹姆斯·伊伯斯（Jim Ibers），美国西北大学化学系教授。

伊伯斯讲述了碲和含碲化合物有趣的结构和键合，同时研究了他们从冶金到电子工业等不同领域中的应用。

元素周期表中第 16 族元素由上至下物理性能变化急剧。氧，毫无疑问是气体，钋是金属，但是之间的元素，硫、硒以及碲都是固体，其金属性依次增强。事实上，我认为碲（Te）是这一族中最有趣的元素，其性质与多数金属极其相似。

碲可谓是稀有类金属。在地壳中含量大约是 1 ppb（十亿分之一），比金、铂或者其他所谓的"稀土"元素更稀少。那么我们为什么要关心这个如此默默无闻的元素呢？借用乔治·马洛里（George Mallory）用来解释他为何攀登珠穆朗玛峰时所说的话，原因之一就是"因为它就在那儿"（"Because it is there"）。然而，如今取悦资金提供者才是明智之举，所以其他原因还包括为了满足当前重要的工业应用以及开发出更多应用潜能。为了实现这些应用，碲除了必须满足实验室内的基础研究还要满足工业生产。这使我们必须来谈一谈碲的来源。

由于碲太稀有且比较分散，因此单纯的开采碲矿无利可图。然而，碲在自然界中经常与金、银、铜以及其他有价金属一起被发现。事实上，金的碲化物是最常见的含金矿物。顺便一提，碲是由奥地利矿物学家弗朗茨-约瑟夫·米勒·冯·赖兴施泰因（Franz Josef Müller von Reichenstein）于 1782 年在匈牙利的金矿中发现的。因此，碲是精炼上述金属时的副产物，其主要来源是电解精炼铜时的阳极泥。这些矿泥中的碲质量百分数约为 2%。碲的世界总产量近年来增长显著，2007 年达到了 500 t。另外，碲的价格和需求一样一直处于增长的状态。

含碲化合物的合成、结构以及性能研究近年来备受关注。我们可以以结构已表征的含碲化合物作为参考，其表征手法多是 X 射线衍射技术。在过去的几十年里，无机含碲化合物的数量增长了大约 40%；而有机和金属有机含碲化合物数量增长了近 70%。这个数字着实令人吃惊，因为碲并非生命体必需元素。此外，有机碲化学中很多合成产物闻起来比硫同系物闻起来还要可怕许多！

在我个人看来，25 年前在我们开始研究三元固态碲化物时，我们并不知道这些化合物是否与三元硒化物相似。事实上是有些相似有些却不同。其不同甚至延伸至二元化物。比如，NaTe 存在而 NaSe 却不可知。如果你让一个大学一年级化学系的学生来描述 NaTe 的结构和氧化态，答案无疑是众所周知的硫、硒和碲的形成链状或者环状结构的倾向，这种情况碲尤甚，而与氧则大大不同。

NaTe 事实上是 $Na_6Te(Te_5)$，它包含 Na^+ 阳离子和 Te^{2-} 以及 Z 字形的 Te_5^{4-} 阴离子。这个 Z 字形阴离子中具有 2.82 Å 和 3.08 Å 两种碲-碲键长，这是碲与硫的不同所在。黄铁矿（也有人因为其具有黄金光泽而称之为"愚人金"）FeS_2 结构中的硫原子间距均为 2.08 Å，属于硫–硫单键长度。铁的形式氧化态是 +2 价而不是人们通过其化学式可能会误以为的 +4 价。

事实上，所有包含硫–硫键的固态化合物硫原子间均以单键链接。相反，包含碲–碲的固态化合物除了包含常规的碲–碲单键（键长 2.74 Å）以外，还可能包含键长为 3.6 Å 甚至更长但仍小于范德华键长（4.1 Å）的键合。这就使得形式氧化态的辨识不可能实现。碲的唯一同素异形体在室温下是稳定的，它呈现为无限螺旋结构。在这个螺旋结构中，碲–碲间距大约为 2.83 Å，但也有短的间距为 3.49 Å 邻近原子间作用。含碲固态化合物的键合引发了很多理论研究，这远比其同族更轻同系物要有趣得多。

碲在工业中最主要的应用是在冶金业，它是一种很重要的合金添加剂。添加过碲的钢和铜都更易加工，还可以用来铸铁使热冲击降至最低，从而减少疲劳。碲的另外一个重要的工业应用是在橡胶工业中用作催化剂和硫化剂。这些应用不需要高纯碲。然而，电子工业在一些新演变中的应用中对高纯碲的需求正在增长。例如，碲在新开发的相转变记忆芯片中的应用，以及可复写CD、DVD 以及蓝光光碟中的应用。

碲化铋被广泛用于热电冷却设备中。这些设备在电子及消费性产品中应用广泛，最近越来越多地被用在了便携式食品冷却器，而且，信不信由你，它还被用到了汽车座椅的冷却系统里。碲对我们生活造成的最大影响可能来自碲化镉太阳能电池板，虽然还处于发展初期，但它们确实是最有效的发电设备之一。也许，碲还能够拯救全人类！

53	I
碘	
iodine	
126.90	

追碘

原文作者：

皮耶兰格洛·梅特兰戈洛（Pierangelo Metrangolo）和朱塞佩·雷斯纳蒂（Giuseppe Resnati），意大利米兰理工大学。

在本文中，梅特兰戈洛和雷斯纳蒂庆祝了发现碘200 周年。是时候给"卤键定义与分类"这个跨国项目结题了。

200 年前，法国化学家贝尔纳·库尔图瓦（Bernard Courtois）在研究被腐蚀的铜器皿时，偶然地发现了碘。不久之后，戴维和盖 - 吕萨克各自独立确认了这是一个新元素；1813 年，盖 - 吕萨克用希腊词"ιώδης"（紫色）为其命名。一年以后，同样是在盖 - 吕萨克实验室，通过碘与氨气反应制备了碘的第一个非共价键加成产物，但其结构直到 1863 年才被确认为 $I_2 \cdots NH_3$。[1]

一系列通过类似的与电子供体相互作用而产生的加合物在碘的历史上留下了一座座里程碑。举例而言，对 $I_2 \cdots \cdots$ 芳基化合物的研究为供体 - 受体加成物[2] 的理解做出了重要贡献。而在最近，染料敏化太阳能电池技术所得到的发展，同样一直依赖于 I^-/I_3^- 这个供体 - 受体对：在这一技术发明之时，这对氧化还原介质就是最好的氧化还原介质，而在同类器件中，这种电池至今仍是最稳定和高效的[3]。

[1] Guthrie, F. J. Chem. Soc. 16, 239–244 (1863).

[2] Benesi, H. A. & Hildebrand, J. H. J. Am. Chem. Soc. 71, 2703–2707 (1949).

[3] Boschloo, G. & Hagfeldt, A. Acc. Chem. Res. 42, 1819–1826 (2009).

一个共价键键合的卤素原子（包括 I_2）的亲电区域与其他原子 / 原子团（如 NH_3、芳香化合物或 I^- 离子）的亲核区域形成的这种非共价相互作用如今被称为卤键。碘及其衍生物最易形成卤键。也许是命运的巧合，正是在碘被发现 200 周年之时，国际纯粹与应用化学联合会（IUPAC）的制订卤键一般定义的项目即将结题[4,5]。

含碘化合物结构的多样性是非常值得关注的，这种多样性使其从材料科学到生物医药等广大领域均能得到应用。例如碘代芳香化合物在 X 射线成像中作为造影剂使用；常用消毒剂碘酒是含 2%~7% 碘及碘盐的溶液，其中碘化物形成卤键离子 I_3^-，在乙醇 - 水溶液中其溶解性远高于纯碘。

碘是生物体必需的微量元素。一般人体内含有 10~20 mg 的碘，其中 90% 以上储存在甲状腺中，用于合成甲状腺激素三碘甲状腺原氨酸（T3）及甲状腺素四碘甲状腺原氨酸（T4）。这两个碘代有机生物分子均依赖于卤键[6] 来实现其功能。人体在一套复杂的酶系统中通过一系列加碘 / 去碘反应来保障甲状腺激素处于健康水平：O…I 卤键使得上述反应具有极高的官能团选择性。为了让由 T3 和 T4 控制的新陈代谢正常进行，碘的摄入极其重要：如果不能从食物中获取足够的碘，将导致精神疾病及甲状腺肿。

甲状腺激素远不是唯一一类碘化生物分子。目前已经从微生物、藻类、海洋无脊椎动物和高等动物等生物体中分离出约 120 种碘化生物分子。根据美国国立医学图书馆的统计，在过去 60 年里，讨论这些碘化生物分子的来源和潜在的生物活性及其重要性的原创文章已经发表了 8 万多篇。

[4] www.iupac.org/web/ins/2009-032-1-100.

[5] www.halogenbonding.eu

[6] Sandler, B. et al. J. Biol. Chem. 279, 55801–55808 (2004).

碘及其衍生物的反应活性也影响了合成和结构化学。过去 10 多年里，关于多价碘化合物的研究数量急剧上升。这股热潮主要是由于它们同时具有良好的氧化特性，对环境温和，而且廉价。例如，手性的超价碘化合物近来被证明能在不对称催化中的不对称氧化偶联里提供极高的效率[7]。在过去 10 多年里，剑桥结构数据库中包含碘–碳键的晶体结构增长了 3 倍多，其中包括不少广泛使用的化合物，如多种抗菌药以及抗真菌药卤丙炔氧苯。

尽管已有 200 多年历史，碘在不同的化学领域的近期发展中仍有重要地位，且毫无疑问在未来 10 年里仍将吸引众多关注。在这个周年纪念日中，让我们祝愿碘的未来更加辉煌。

[7] Sakakura, A., Ukai, A. & Ishihara, K. Nature 445, 900–903 (2007).

大显身手的氙

原文作者：

伊万·德莫乔夫斯基（Ivan Dmochowski），美国宾夕法尼亚大学化学系教授。

54	Xe
氙	
xenon	
131.29	

氙，如所有其他惰性气体一样，无色、无味、不可燃。但与同族其他更轻元素相比，它的活性更高且更稀有。德莫乔夫斯基阐述了氙是如何从开始的无人问津到赢得元素周期表一席，而如今已经处于科技发展前沿的过程。

由于它们的惰性，18 族元素一直默默无闻。1869 年，门捷列夫的第一版元素周期表并没有将它们列入其中，因为直到 1894 年瑞利勋爵（约翰·斯特拉特，即 Lord Rayleigh）和拉姆齐分离得到了氩，满壳层元素才为人所知。值得注意的是，拉姆齐继续分离得到了氦（1895 年）和氖（1908 年），还与特拉弗斯一起发现了氪、氖和氙（1898 年）。

"惰性的"单原子气体由于缺少"化学特性"，所以是否该将其归入元素周期表饱受争议。这些元素就像参加聚会迟到了，且没有未配对电子来共享，也许就不能在周期表中获得一席之位。但是拉姆齐最终还是找到了它们在元素周期表的位置：卤素与碱金属元素之间。拉姆齐因为这些至关重要的贡献获得了 1904 年的诺贝尔化学奖。

最初被认为是化学惰性的氙，现在正开始慢慢大显身手。

氙的发现结束了惰性气体研究的紧张期。它远比氩和氪重，其发现也不曾得到明确预测，并且它极其稀有以致很难被检测到。氙的发现纯属偶然。特拉弗斯花了数月之久分馏液态空气残留物，但一直得到轻惰性气体，以往情况下他都会无视任何额外挥发组分。然而有一次，他采集了仪器内残留的气体。这一残留物（仅仅0.3 mL）被导入到一只光谱管内，发出了氙所特有的亮蓝色。氙在空气中的稀有性（0.09 mL/m^3）加上其高密度（5.8 g/L）违反了常规经验，也正因为如此，氙被以古希腊词"ξένον"命名，意思是"外来的"。

由于被 5 个填充电子层所遮蔽（电子构型为 [Kr] $5s^2\,4d^{10}\,5p^6$），氙一直难以被真实了解。氙在地球大气层中含量非常稀少，尽管相比之下，其他更轻惰性气体逃离速度更低，但氙仅是它们含量的十万分之一到十分之一，这长久以来一直是一个谜。近期 X 射线衍射研究表明，氙在高温高压下可以取代石英中的硅，这表明地球上一直"失踪的氙"可能会以与氧键合的形式存在于大陆地壳中。

科塞尔（Kossel）和鲍林（Pauling）分别于 1916年和 1932 年预测了电离电势为 12.1 eV 的氙应该可以被强氧化剂氧化。这最终由巴特利特于 1962 年通过实验证实，他观察到了氙与六氟化铂蒸气反应形成了一种橙黄色固体化合物，这一发现被普遍认为是无机化学 20 世纪最重要的进展之一。紧随其后，氙的氟化物、氧化物以及高氙酸盐（XeO_6^{4-} 盐）陆续被合成。此外，氙还可以与碳和氮形成共价键，近期合成的含金化合物

（AuXe$_4$$^{2+}$）还表明氙有与金属离子配位的能力。

氙如今已被应用于从激光到白炽灯再到等离子体显示面板，硅刻蚀以及半导体制造和药物等多个领域。2008 年，1200 万 L 的氙被从空气中提取，为了满足科技需要，其产量仍在持续增长。

氙的可极化性（为 4，而氦是 0.2）是其对蛋白质内憎水空腔的亲和力来源，这对其在蛋白质晶体学以及麻醉中的应用均有重要意义。在看到仿佛"喝醉"一般的深海潜水员后，贝恩克（Behnke）于 1939 年推论氙是一种麻醉剂。1951 年，氙首次被应用于外科手术。由于氙无毒，且对环境影响小（相比于卤代烃），以及一种氙基麻醉剂（LENOXe）2007 年的市场化，氙重新备受关注。

氙有 50 多种同位素，其中包含 9 种稳定同位素（仅次于拥有 10 种稳定同位素的锡）。^{129}Xe 的核自旋量子数为 1/2，其明显的核磁信号为肺的成像研究奠定了基础。另外，^{129}Xe 的核磁共振化学位移对 ^{129}Xe 原子电子立体构象非常敏感，目前基于这一原理的氙生物探针正在研究当中。

氙最激动人心的新应用之一当属在太空旅行中氙离子喷气式发动机中的应用。美国宇航局于 2007 年发射了"黎明号"探测器，用于研究远距离小行星灶神星和

谷神星。在"黎明号"上，氙阳离子以大约 10^6 km/h 的排气速度加速向充负电的网格运动。氙所产生的推动力仅为 0.1 N，大概仅为一张纸重量，但在几个月的时间里，可以逐渐使宇宙飞船的速度增加每小时 1.5 万 km 之多。这减少了对更重的化学燃料的需求，从而降低了发射成本，同时增加了旅行距离。无论是通过氧化、配位或者离子化，氙所显现的特性已经有了极其多样化的应用，而这一领域才刚刚起步。

55	Cs
铯	
caesium	
132.91	

量子态的铯

原文作者:

埃里克·安索波洛（Eric Ansoborlo）和理查德·韦恩·莱格特（Richard Wayne Leggett），法国原子能和替代能源委员会。

安索波洛和莱格特在这里讨论了元素铯的化学和放射学性质，这些性质使它既是一种迷人的元素，也是一种麻烦的污染物。

元素周期表中的第 55 号元素是铯，它属于碱金属，与其邻居铷、钾的物理和化学性质极其相似。铯是一种柔软又具有延展性的金属，熔点仅为 28.4℃，是少数在室温附近就是液态的金属元素之一。当与水接触时，铯会剧烈反应，开始自燃并且爆炸。毫无疑问，这样的元素极其危险。由于原子半径大，铯很容易失去它唯一的价电子并成为 +1 氧化态。它还倾向于形成共价键，并表现出高配位数（6~8）。在核废料处理中，利用这种高配位性可使铯与其他阳离子（如钾离子）化学分离。

1860 年，本生和基尔霍夫在使用他们新发明的分光镜分析矿泉水样品时发现了第 55 号元素。他们将新元素以拉丁语"caesius"命名，意为"天蓝色"，因为铯的发射光谱是一道明亮的蓝线。

在质量数从 112 到 151 分布的 40 种铯同位素中，只有铯 -133 是稳定的。最常见的放射性铯同位素是铀和钚的裂变产物铯 -137，它的半衰期为 30 年。铯 -137

会通过 β 衰变成为寿命很短（半衰期仅为 2.6 min）的钡 -137，这种放射性核会发出高能 γ 辐射。这使得铯 -137 成为长使用寿命的高能 γ 辐射源，并在工业中得到应用，比如用在地质测井仪和水准仪上。此外，铯 -137 还可以应用于癌症治疗中。不幸的是，同样因为强放射性，铯 -137 也是一种令人讨厌的环境污染物，更麻烦的是它还具有高流动性。

铯在沉积到地面前，可以在空气中长距离迁移。它主要集中在表层土壤（约占 95%），虽然大部分通过叶片被植物吸收固定在内部。它在淡水中的流动性取决于水从土壤中吸附某些颗粒和胶体的能力[1]。通过受污染的水、植物、蘑菇、肉类、鱼和牛奶，铯进入了动物和人类的食物链。

[1] Cremers, A., Elsen, A., De Preter, P. & Maes, A. Nature 335, 247–249 (1988).

多年来，相当数量的铯 -137 被释放到环境中：从 1950 年到 1963 年，约 10^{18} Bq（贝克勒尔）辐射量的铯以核试验尘的形式飘散出来；1986 年切尔诺贝利事故释放了约 10^{17} Bq 的铯；2011 年福岛事故则释放了大约 10^{16} Bq。尽管绝对数量较少，但是铯导致了有史以来最惨烈的放射事故之一。1987 年，巴西戈亚尼亚市的拾荒者在一个废弃的诊所发现并打开了一个密封的铯 -137 源。一无所知的他们将这迷人的蓝色荧光粉卖给了一个垃圾场的主人，垃圾场主人又将其分给了许多家人和熟人。结果，接触过这些样品的人突然患病，患病根源被确认后，调查发现大约有 250 人受到了可轻易测量出的放射性污染，其中约 20 人受到的辐射达到危险剂量水平。4 人在接触放射源后不久就去世了，包括一名 4 岁儿童。

动物和人体中的铯生物学行为与钾相似，不过通常情况下，铯穿越细胞膜时要比更轻的类似物慢[2]。食入或吸入的可溶性铯几乎能完全被血液吸收，然后分布在整个软组织中。在 1~2 天内，体内大部分的铯会积累在骨骼肌中。铯从成人体内排出需数月，从儿童体内排出需数周。促排放射性铯的推荐治疗方法是口服普鲁士蓝（亚铁氰化铁），它能与肠道分泌出的铯原子结合，并阻止这些铯再被吸收回血液。

另一方面，基于稳定铯同位素的量子力学性质——固有的计时能力，人们开发出了新应用。1967年，国际单位制（SI）中定义的秒为铯 -133 原子基态的两个超精细能级之间跃迁时所辐射电磁波周期的 9 192 631 770 倍。此后，铯被广泛应用于原子钟[3]。

另外一个有趣的转折值得一提。最近几十年核放射尘产生的人造同位素铯 -137 无处不在，并且产生了一种令人始料未及的用途。通过测量铯-137 的特征 γ 辐射，可以无损检验据称历史悠久的红酒是否真的产于核爆炸事件发生之前。

总之，铯让人喜忧参半。它既是一个具有潜在危险的环境污染物，也是一个有益于工业和医疗的工具。它不仅能作为钟表计时，还能检测酒的年代。

[2] Leggett, R. W., Williams, L. R., Melo, D. R. & Lipsztein, J. L. Sci. Tot. Env. 317, 235–255 (2003).

[3] Takamoto, M., Hong, F., Higashi, R. & Katori, H. Nature 435, 321–324 (2005).

56 Ba

钡

barium

137.33

亮且重的钡

原文作者：

卡塔琳娜·M. 弗罗姆（Katharina M. Fromm），瑞士弗里堡大学化学系及纳米材料中心。

弗罗姆讲述了钡和钡矿石是如何从一个吸引巫师和炼金术士的神奇发光物种，变成现代生活中具有关键作用的各种各样化合物的组分。

1602 年，鞋匠、炼金术士温琴佐·卡西亚罗洛（Vincenzo Casciarolo）对一种被称为博洛尼亚石（又名"太阳石"）的矿物非常着迷。这种矿石中有细小的发光晶体，当其暴露于日光下后会持续自行发光，这正是它令那些巫师和炼金术士着迷的原因。乌利塞·阿尔德罗万迪（Ulisse Aldrovandi）公布了这一现象，但这太不寻常，以至于当伽利略拿着一块博洛尼亚石向科学家朱利奥·切萨雷·拉加拉（Giulio Cesare Lagalla）展示时，他仍然不相信这是真的。通过进一步研究，拉加拉发现持续发光的现象主要发生在经过煅烧后的博洛尼亚石上，并将之记录在他发表于 1612 年的 *De Phenomenis in Orbe Lunae* 一书中。博洛尼亚石的发光曾被认为来源于其主要成分重晶石（$BaSO_4$），但最近发现其实是来自于其中的被一价和二价铜离子所掺杂的硫化钡[1]。

[1] Lastusaari, M. et al. Eur. J. Mineral. 24, 885–890 (2012).

1774 年，瑞典化学家舍勒在石膏中发现了氧化钡，随后在 1808 年，戴维爵士分离出了一些不纯的金属钡。到了 1855 年，本生最终通过电解熔融氯化钡（$BaCl_2$）得到了纯净的金属钡。此后，第 56 号元素在其他科学发现中继续发挥着重要作用。大约 50 多年后，玛丽·居里（Marie Curie）在镭钡的混合物中发现了其中更重的原子——镭。1938 年，当哈恩和弗里茨·施特拉斯曼（Fritz Strassmann）在用慢中子轰击铀的产物中发现钡的时候，他们与莉泽·迈特纳（Lise Meitner）一起得出了正确的结论：铀的原子核裂变了。

金属钡极易与空气和水反应，因此在真空管道中用于去除不想要的气体，从而抑制高压和防止井喷。曾经神秘的重晶石——钡及其化合物的主要来源，如今已实现大规模生产（2010 年产量超过 500 万 t）。这一矿物在石油工业中作为增重剂用于增加油气勘探中钻井液的密度。事实上，钡正是因其高密度而得名。钡（barium）这一名称来源于希腊语中的"βαρύς (barys)"，意为"沉重的"。

我们在很多不同的材料中都可以找到重晶石，如相纸中的白色颜料，油漆、塑料和汽车涂料中用于增加平滑度和耐腐蚀性的填充剂。在高密度混凝土和防辐射水泥中也有重晶石的身影，它甚至可以用于医疗。虽然会引起相当的不适，但硫酸钡确实可以被从消化系统的上下两端引入人体，以作为 X 射线扫描的造影剂用于检测肠胃疾病。尽管钡离子是有毒的——会严重干扰钙和钾的代谢反应，诱发心律失常和颤抖并导致瘫痪——但硫酸钡的不溶性能确保它可以被安全地摄入与排出。与硫酸钡形成对比的是，碳酸钡因其可以溶于胃酸而被用于鼠药。尽管钡具有毒性，但在一些植物中可以观察

[2] Wilcock, J. R., Perry, C. C., Williams, R. J. P. & Brook, A. J. Proc. R. Soc. Lond. B 238, 203–221 (1989).

[3] Goncalves, A. M., Fernandes, K. G., Ramos, L. A., Cavalheiro, E. T. G., Nobrega, J. A. J. Braz. Chem. Soc. 20, 760– 769 (2009).

[4] Durham, L. J., McLeod, D. J. & Cason, J. Org. Synth. 38, 55 (1958).

[5] Giorgi, R., Ambrosi, M., Toccafondi, N. & Baglioni, P. Chem. Eur. J. 16, 9374–9382 (2010).

[6] Gschwind, F., Sereda, O. & Fromm, K. M. Inorg. Chem. 48, 10535–10547 (2009).

到钡的吸收和积累。绿藻甚至需要钡才能长得好，但钡在绿藻生长中的具体作用仍不明确[2]。巴西坚果可含有多至 1% 的钡，此外它还含一些硒（摄入过量也会中毒），因此食用巴西坚果需要注意适度[3]。

另一个值得注意的钡化合物是氢氧化钡。它能用于一个引人注目的演示实验：将氢氧化钡和铵盐（如氯化铵）混合后，它们会发生强烈的吸热反应，并得到液体（$BaCl_2$ 和水）和氨气；与此同时，放在反应容器下面的水会结冰。氢氧化钡作为一种强碱（pKB 值为 –2），可用于在有机合成中水解酯类和腈类[4]；而其纳米颗粒可以通过与石膏（硫酸钙）反应生成硫酸钡[5]来修复旧壁画。这一方法发明于 1966 年佛罗伦萨的一场洪灾之后。它被成功地应用于 14~18 世纪的壁画的修复，例如威尼斯及意大利南蒂罗尔的修道院的壁画。

毒重石（$BaCO_3$）也是常用的钡化合物。由硫化钡和二氧化碳制备而成的这种化合物可以作为釉料成分，当与其他氧化物结合时它还可以展现出独特的色彩。其他含钡的氧化物也表现出引人注目的特性，例如钛酸钡（$BaTiO_3$）是同时拥有光折变性、铁电性和压电性的陶瓷；$YBa_2Cu_3O_7$ 是一种高温超导体。卤化钡被用于制备这些氧化物材料的低温前体[6]。

在钡的丰富多彩的应用中，其中有一种用途仍然与钡最初的引人注目的发光特性息息相关，那就是钡在焰火中的应用。焰火中鲜明的绿色就是由其中的硝酸钡和氯化钡赋予的。

藏匿的镧和它的捕手

原文作者：

布雷特·F. 桑顿（Brett F. Thornton），瑞典斯德哥尔摩大学地质科学系和柏林气候研究中心；肖恩·C. 伯德特（Shawn C. Burdette），美国马萨诸塞州伍斯特理工学院化学与生物化学系。

镧是第一个，也可能是最后一个镧系元素，又或者它根本不属于镧系。不管怎样，桑顿和伯德特很肯定地指出，它既可以属于也可以不属于元素周期表中的第 3 族元素。

在 19 世纪瑞典化学家的万神殿中，莫桑德的地位仅次于他的传奇导师贝采利乌斯。莫桑德在斯德哥尔摩卡罗林斯卡学院完成学业后，继续留在贝采利乌斯手下担任化学讲师。1826 年，他开始坚信贝采利乌斯的铈土（氧化物）是几种金属氧化物的混合物。很可惜，他的实验耗尽了贝采利乌斯的氧化铈储备，这让他不得不把研究分析搁置逾 12 年。

再次开始研究已经是 1838 年。莫桑德在整理瑞典自然历史博物馆的矿物藏品时，让学生从分拣来的铈硅石残片中制备出几千克的 $KCeSO_4$。和之前一样，莫桑德试图从铈化合物中分离出一种未知金属。直到他察觉这个未知金属氧化物可能更偏碱性时，他才开始设法以氯化物和硝酸盐的形式将它提取出来。而所得的这一种新的氧化物兼具了抗氧化性和抗还原性。

到 1838 年底，莫桑德已确信自己已经在贝采利乌斯的氧化铈样品中发现了一种新元素，但为了避免导师因没能提纯氧化铈而感到难堪[1]，他当时并不太想告诉贝采利乌斯这一发现。贝采利乌斯得知后，起初也对这种新氧化物将信将疑，但最终还是为它提出了"lanthan"这个名字，源自希腊语中的"藏匿"，因为镧似乎总是躲藏在铈的矿石中。不久，莫桑德用钾从氯化镧中还原出镧金属，并测得其相对原子质量小于铈。

尽管贝采利乌斯已首肯，但莫桑德对公布他的发现仍有所犹豫，因为他又开始怀疑自己的镧也是混合物，就像贝采利乌斯的铈一样。最令人不安的是在他的实验中时不时伴随镧出现的红紫色。到 1840 年，他已设法从贝采利乌斯最初的氧化铈样品中分离出了黄色的氧化铈、白色的氧化镧以及粉红色的第三种物质——"didymium oxide"，即我们现在所说的钕[2]（注：didymium 后来又被证实含有另一种新元素：镨）。莫桑德的这些工作就此启动了解构稀土元素的征程——这将是 19 世纪下半叶化学家们面临的重大挑战。

至 2019 年 2 月，距莫桑德首次使用镧这个名称已180 年整，但该元素在元素周期表中的位置仍悬而未决。第 57 号元素为镧系元素赋名，但它真的和其他 14 种元素一起属于这个系列吗？语言纯粹主义者认为"镧系元素"意味着类镧，从逻辑上说不包括镧。与其他镧系元素以及较轻的第 3 族元素钪和钇一起，第 57 号元素被明确地划分到稀土元素中。但是，它真的是第 3 族元素的一员吗[3]？

镧的电子构型为 [Xe]$6s^25d^1$，它可以被认为是第 6 周期元素中第一个 d 区元素，在钇之下、钡和铈之间。

[1] Tansjö, L. in Episodes from the History of Rare Earth Elements Vol. 15 (ed. Evans, C. H.) Ch. 3 (Springer Netherlands, 1996).

[2] Thornton, B. F. & Burdette, S. C. Nat. Chem. 9, 194 (2017).

[3] Scerri, E. R. & Parsons, W. in Mendeleev to Oganesson (eds Scerri, E. & Restrepo, G.) Ch. 7 (Oxford Univ. Press, 2018).

但镥也有类似的电子构型：$[Xe]6s^2 4f^{14}5d^1$，以一个 d 轨道电子占据钇下方位置似乎也很合理。电子构型为周期表的这一区域提供的解释模棱两可，究竟如何放置镧才正确仍存在争议[4,5]。

　　如果镧属于镧系元素，它就是地球上仅次于铈和钕的第三多的镧系元素。除了相对丰度方面的区别以外，其他稀土元素都具有磁性和荧光特性，也因此在需要无磁性镧系元素的应用场合，第 57 号元素通常是首选。例如，用镧替代钠或钙的改性膨润土已经成为地球工程学家控制湖泊富营养化的常用材料。该材料以 $LaPO_4$ 的水合物形式捕获磷酸盐，从而减少蓝绿藻类的过度繁殖[6]。

　　人们一直认为稀土不扮演任何生物性角色。然而，最近发现某些嗜甲烷菌通过使用甲醇脱氢酶，将甲烷转化为甲醇，再转化为甲醛来获得能量。这种甲醇脱氢酶利用了化学性质几乎相同的几个轻镧系元素（第 57~60 号元素）中的一种。甚至有人认为，在极端情况下[7]，海洋中微量的镧（35 pmol）和轻镧系元素便可以控制海洋里的甲烷释放到大气中的速率。目前看来，似乎这种酶并不限于利用镧——它只不过是利用任何唾手可得的镧系元素，这一点倒是很像镧系的许多人类使用者。

[4] Scerri, E. R. Chem. Int. 41, 16–20 (2019).

[5] Ball, P. The group 3 dilemma. Chemistry World http://go.nature.com/2DDblBV (2017)

[6] Spears, B. M. et al. Water Res. 97, 111–121 (2016).

[7] Shiller, A. M., Chan, E. W., Joung, D. J., Redmond, M. C. & Kessler, J. D. Sci. Rep. 7, 10389 (2017).

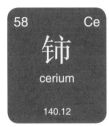

58 Ce
铈
cerium
140.12

镜头下的铈

原文作者：

埃里克·J. 赛尔特（Eric J. Schelter），美国宾夕法尼亚大学化学系。

赛尔特在本文中探究了铈令人困惑的氧化还原活性，以及利用这一特性而衍生出的各种应用。

铈是 17 个稀土金属元素（包括钪、钇以及镧系的镧到镥）之一。虽然名叫稀土金属元素，但是铈的丰度相当高，在地壳中含量仅比铜少一点。第 58 号元素在现代生活中比表面上看起来更常见。含有铈土（二氧化铈）的水浆液被用于对微电子设备晶片、电子显示器、眼镜片和其他光学材料表面进行化学机械抛光。通过与材料表面碱性位点的化学反应，铈土可以提供比简单的机械方法更好的抛光率。

铈的很多应用是基于三价铈（含有 1 个 $4f$ 电子）与四价铈（含有 0 个 $4f$ 电子）氧化态之间的转换，在稀土金属中这也是相当独特的性质。铈（III/IV）的氧化还原化学使其氧化物可以存储和释放氧，因此铈氧化物可用于非均相催化。非化学计量比的氧化铈体系 CeO_{2-x} 具有异常高的离子迁移率，这部分归功于其晶格八面体中的氧空位 [1]。

铈氧化物还可以用于促进工业中重要的水气变换反

[1] Trovarelli, A. (ed.) Catalysis by Ceria and Related Materials Ch. 2, 16 (Catalytic Science Series Vol. 2, Imperial College Press, 2002).

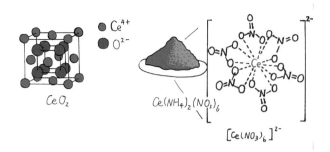

应，它也被应用于固态氧化物燃料电池中。碳氢化合物
燃料在其利用周期的开始和结束时都会遇到第 58 号元
素：浸渍了铈和镧的沸石（八面体沸石）可以作为精炼
过程中的石油裂解催化剂；有害的燃料废气在使用氧化
铈和贵金属的汽车三元触媒转换器中被转化为氮气、二
氧化碳和水。因为可以吸收活性氧物种，人们正在探
索如何在抗氧化剂疗法中利用氧化铈纳米颗粒的医学
应用。

对合成化学家来说，铈常见于作为强力氧化剂的硝
酸铈铵（CAN）中。这是氧化反应中的一个极端"核选
项"。与铈氧化物的效用及在有机和无机化学中均应用
广泛的单电子氧化剂硝酸铈铵相比，四价铈的配位化学
和有机金属化学没有什么特别的发展。

将三价铈的配位化合物氧化为四价铈产物，再将产
物高效分离出来的过程出乎意料的困难。这或许导致了
与四价铈配位化合物相关研究的缺乏。造成这一困难的
可能原因之一是这些氧化反应的速率很低，这又是由于
在制备含单个铈阳离子的离散配合物时，空间位阻不可
或缺。最近我们研究组通过异种双核金属配合物 [2] 来
尝试控制金属配位范围，从而解决了这个问题。锂阳离
子和芳香醚配体所组成的链锁式柔性结构围绕着铈原子
并保持它可以被接近，这也使铈原子能快速、容易地转

[2] Robinson, J. R.,
Carroll, P. J., Walsh,
P. J. & Schelter, E. J.
Angew. Chem. Int.
Ed. 51, 10159–10163
(2012).

换为四价铈。这一结果支持了铈氧化反应为动力学所控制这一观点。

第 58 号元素因其氧化还原活性产生的另一个有趣之处是，它的一些化合物具有非常规的、有争议的电子结构；比如双环辛四烯合铈，它是一个 8 次对称的重叠型三明治式配合物，其中铈离子的准确价态情况仍没有十分确定的答案 [3]。能量分解分析表明，铈中心与每个环辛四烯环之间存在强烈的离子相互作用；X 射线吸收光谱表明，双环辛四烯合铈的基态是很明显的多组态 [4]，以至于这一化合物目前被描述为"中间化合价的"。它的电子结构处于三价铈和四价铈之间，三价和四价的电子结构从量子力学意义上混合并组成了一个非常稳定的开壳层单重态基态 [4,5]。

这个看似简单的化合物代表了一个趣味盎然的案例，人为定义的形式氧化态概念在这个例子中未能捕获到一个分子的基本本质。双环辛四烯合铈的 4f 电子同时拥有的局域和非局域性让人联想到 f 区元素的超导行为 [6]，对铈化合物的研究将使我们了解局域行为是如何产生奇异的材料性能的。

除这些成果丰硕的学术研究之外，铈化学研究也有出色的实用意义。在自然界中，铈和其他一些轻稀土元素，比如钕，共同存在于氟碳铈矿和独居石矿中。钕由于能用于生产 $Nd_2Fe_{14}B$（具有多种用途的永磁体，如用于风力发电机）而具有相当高的价值。在典型的稀土金属分离过程中，质量含量有钕三倍多的铈，却被作为副产物移除和废弃。再考虑到稀土金属元素开采的稀少利润，现在正是探寻"废物"铈新应用、增加其价值的绝好时机。

[3] Edelstein, N. M. et al. J. Am. Chem. Soc. 118, 13115–13116 (1996).

[4] Booth, C. H., Walter, M. D., Lukens, W. W. & Andersen, R. A. Phys. Rev. Lett. 95, 267202 (2005).

[5] Kerridge, A. & Kaltsoyannis, N. C. R. Chim. 13, 853–859 (2010).

[6] Hegger, H. Phys. Rev. Lett. 84, 4986–4989 (2000).

独镨难现

原文作者：

阿德里安·丁格尔（Adrian Dingle），《元素：百科全书式的元素周期表之旅》（*The Elements: An Encyclopedic Tour of the Periodic Table*）的作者，同时任教于美国佐治亚州亚特兰大市威斯敏斯特学校。

59	Pr
镨	
praseodymium	
140.91	

丁格尔讲述了元素周期表上曾经的一个"元素"究竟是如何变成两个新元素的。

如果说在镧系元素的历史上有一条主线的话，那就是它们始终拒绝轻易分开彼此。4f 区元素化学性质上的相似性困惑了 19 世纪的化学家几十年，直到采用了一种新的分析技术才最终将镨从它的藏身之处梳理出来。

第 59 号元素的故事要从 1841 年说起，当时莫桑德认为他发现了铈硅石（cerite）中的一种新元素。因为该"元素"和镧非常相似，便将其命名为"didymium"[1]，希腊语中"孪生元素"的意思。后来事实证明，他选择的名字再好不过了，尽管原因和他的本意大相径庭。

到 1843 年，除了 didymium（后来证明并非真元素）外，现代 4f 系列元素群里所含的铈、镧、铒和铽都被发现了。但接下来，其余镧系元素的发现进程出现了停顿。因为当时的传统分析方法，即极其乏味的分步沉淀法和结晶法，已经遇到了作为一种独立鉴别方法的

[1] Mosander, C. G. Philos. Mag. 23, 241–254 (1843).

瓶颈，无法区分性质极其相似的未知元素，因为它们看起来相同，特性也相似。若要获得进一步的发现，势必得有一种来自实践和理论的新动力助推。

[2] Kirchhoff, G. & Bunsen, R. Ann. Phys. Chem. 110, 161–189 (1860).

19世纪60年代早期，本生和基尔霍夫的分光镜[2]问世并不断得到完善。与此同时，人们对元素性质的变化规律也有了更多的了解，1869年门捷列夫提出的首张元素周期表标志着人们对元素的认识达到了一个新的高度。当时，didymium作为一个很有把握的"元素"出现在门捷列夫的初始周期表上，并配以符号"Di"，后来didymium成了这个初始周期表中唯一一个被淘汰的成员。光谱学的进步使化学家们终于能靠镧系元素的特征指纹光谱图谱，来区分这些打死不分离的家伙们。结合分步沉淀结晶法和周期体系的发展，使得1878年至1886年间，稀土元素的发现出现了一个新的高潮，钬、镱、钐、铥、钆、镨、钕和镝均在这期间被发现。

卡尔·奥尔·冯·韦尔斯巴赫（Carl Auer von Welsbach）被认为是最早把didymium分成钕和镨的

[3] v. Welsbach, C. A. Mon. Chem. 6, 477 (1885).

人。然而，早在他成功地将双硝酸铵分步结晶之前[3]，一些化学家就认识到didymium并非是莫桑德所提出的单一物质。让-夏尔·加利萨·德马里尼亚克（Jean Charles Galissard de Marignac）、德布瓦博德兰和克利夫都是当时认为didymium不纯的著名人物。另外两个人——马克·德拉方丹（Marc Delafontaine）和博胡斯拉夫·布劳纳（Bohuslav Brauner）则更进一步，分别于1878年和1882年开始了光谱研究，他们和韦尔斯巴赫一样，都是本生在海德堡的学生。

[4] Weeks, M. E. Discovery of the Elements 7th edn, 689 (Journal of Chemical Education, 1968).

但是，尽管布劳纳曾给奥地利报纸《维也纳报》（Wiener Anzeiger）[4]写过一封信，但他似乎从未正式发表过自己的研究成果。1885年，韦尔斯巴赫向维也纳科学院宣布，他成功地将 didymium 分成两种"稀土"（当时氧化物的称谓）：氧化钕（neodymia）和氧化镨（praseodymia），并最终从里面分别分离出钕元素（neodymium，意为"新孪生元素"）和镨元素（praseodymium，意为"绿色孪生元素"）。

尽管 didymium 作为一种元素已经消亡，但这个名字仍然存在于焊工和吹玻璃工戴的护目镜片的特殊玻璃上。镨钕混合材料可以滤除黄光和红外波长的光，从而在不影响佩戴者的视线条件下，保护他们的眼睛免受潜在有害辐射的影响。

就像所有的镧系元素一样，镨的化学结构以 +3 价氧化态为主，但它的电子构型为 $[Xe]4f^36s^2$，这就使得它很容易形成包括 +5 价在内的更高价氧化态。2016 年，有报道[5]称在 PrO_2^+ 中存在一个 Pr(V) 中心。一年后，又发现了 NPr(V)O 和 NPr(IV)O$^-$，这两种结构中都同时具有一个镨–氮叁键和一个镨–氧双键[6]。

镨的另一种氧化物已作为隔层被应用在一种潜在的超导材料[7]中。化合物 $Pr_4Ni_3O_8$ 具有由两层氧化镨间隔开的三层氧化镍结构，它意味着高温超导体成为现实的一种可能，而镨在该结构中实实在在处在中心位置。

[5] Zhang, Q. et al. Angew. Chem. Int. Ed. 55, 6896–6900 (2016).

[6] Hu, S.-X. et al. Chem. Sci. 8, 4035–4043 (2017).

[7] Zhang, J. et al. Nat. Phys. 13, 864–869 (2017).

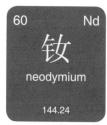

60 Nd
钕
neodymium
144.24

新的名字——钕

原文作者：
布雷特·F. 桑顿（Brett F. Thornton），瑞典斯德哥尔摩大学地质科学系和柏林气候研究中心；肖恩·C. 伯德特（Shawn C. Burdette），美国马萨诸塞州伍斯特理工学院化学与生物化学系。

从 19 世纪化学的重大挑战到不起眼的强力技术，桑顿和伯德特解释了为什么钕元素作为孪生元素被两位卡尔（Carl）发现了两次。

1838 年，瑞典化学家莫桑德分离出了一种新元素——镧，这是一种自 1803 年以来一直隐藏在贝采利乌斯发现的铈中的金属 [1]。两年后，莫桑德发现铈中还有另一种金属，正是这一组分使他的铈样品略带紫色 [2]。他将该元素命名为 "didymium"，源自希腊语中的 "孪生" 一词。Didymium 与镧有着很多相似的性质，看起来就像是来自同一个 "合子" 矿石的异卵双胞胎。1878 年以后，当人们发现来自不同地区的 didymium 的可见光谱不同时，便开始怀疑 didymium 中也许包含了不止一种元素 [3]，但 didymium 之名依然在元素周期表中继续存在了 40 多年。它是唯一一个在 1869 年门捷列夫版的元素周期表中存在，而现代版本的元素周期表中却不存在的元素。

19 世纪 80 年代早期，奥地利化学家韦尔斯巴赫通

[1] ansjö, L. in Episodes from the History of the Rare Earth Elements Vol. 15 (ed. Evans, C. H.) 37–54 (Springer, 1996).

[2] Scheerer, T. Pogg. Ann. 56, 479–505 (1842).

[3] Brauner, B. Monatsh. Chem. 3, 486–503 (1882).

过重复分级结晶来分离稀土元素。这一方法依赖于镧系双硝酸铵盐间微小的溶解度差别，操作既烦琐又费时。1885 年，韦尔斯巴赫的努力工作得到了回报，他发现了一个新元素。他宣布 didymium 其实是两种元素的混合体 [4]，他并没有按照惯例只命名较少的组分，而是得意地提出了两个新名字。他将产生绿色盐化合物的较少组分命名为"镨"（praseodymium），而主要组分则重命名为"钕"（neodymium）。

在此之前，没有任何其他已被普遍承认的元素，因在其中分离出另一种新元素而被重新命名。然而，也没有任何同时代的化学家质疑这一霸道行为。同时，莫桑德早在 1858 年就已经过世，所以并没有机会为 didymium 做任何抗争。但是，近年来有人提出 [1]，韦尔斯巴赫有些自命不凡，因为他只从 didymium 中分离出一种新元素，应该将其中一种元素命名为"didymium"[5]。在 19 世纪晚期的稀土元素探索热中，虽然韦尔斯巴赫并不是唯一一个用"neo-"作为前缀给元素命名的人，却只有他取的新名字最终存留了下来（其他很多元素的发现都是有误的）。

韦尔斯巴赫被认为是研究发现商业化的大师，但稀土元素的分离难度使他难以在这个领域施展拳脚。这些元素经常被一起发现，因为即使是大自然母亲也觉得它们很难分离。钕是地壳丰度仅次于铈的稀土元素，甚至比许多人们更为熟知的元素都要常见得多，譬如铅和锡。在独居石和氟碳铈矿中，钕的含量就有 12%~16% 之多。

钕在 19 世纪的主要应用是铈镧稀土合金，其中含有少量的钕和镨。铈镧稀土合金是铁铈齐的一种组分，常用作打火机的火石。仅次于此的另一个主要应用是玻

[4] Welsbach, C. A. Monatsh. Chem. 6, 477–491 (1885).

[5] Enghag, P. in Encyclopedia of the Elements 373–492 (Wiley-VCH, 2004).

璃着色。将氧化钕熔融到玻璃中，玻璃会根据环境光源的不同而产生从暖粉色到蓝色的各种色调。在激光领域，钕掺杂的玻璃激光介质在大功率应用中非常重要，比如激光核聚变研究。

已知最强大的永磁铁由钕铁硼（$Nd_2Fe_{14}B$）合金制成。自1982年工业界发明它以来，这些磁铁在扬声器、耳机、硬盘、高性能电机和发电机，甚至超强的冰箱磁铁上都已成为司空见惯的组件。它们的普遍性掩盖了它们的独特性，没有任何其他永磁铁的性能接近钕铁硼合金。

近年来，由于其在现代技术上的应用，钕的供应受到了越来越多的关注。由于缺乏工业上可行的回收方法以及单一产品中钕含量过少，因此人们通常不会回收消费品中的钕。另外，钕的某些应用（例如铁铈齐打火石、烟火和荧光粉）相当分散。在丢弃的电子垃圾中随手可得的小型强力钕铁硼磁铁，产生了一些创造性的循环利用方式，比如将其用于搭建学校里的化学教学设备[6]。

[6] Guidote, A. M., Pacot, G. M. M. & Cabacungan, P. M. J. Chem. Educ. 92, 102–105 (2015).

钷测之谜

原文作者：

斯图尔特·坎特利尔（Stuart Cantrill），《自然-化学》杂志主编。

61　Pm

钷

promethium

坎特利尔解释了为何问地无门、向天寻找的第 61 号元素可以扩展周期表。该元素的名字源于从众神处偷下火种的泰坦——普罗米修斯（Prometheus）。

基于对原子质量的研究，捷克化学家布劳纳在 1902 年预言了 [1] 第 61 号元素的存在——以及当时尚未发现的其他 6 种元素。10 多年后，亨利·莫塞莱（Henry Moseley）利用 X 射线光谱证实了在元素周期表上钕和钐之间有一个空位，所以接下来的问题就是找到这个缺失的元素。但这并不容易。

最初的工作集中在尝试从稀土矿物样品中提取第 61 号元素。20 世纪 20 年代，分别位于大西洋两岸的美国 [2] 和意大利 [3] 的研究人员都声称发现了该元素，并获得了 X 射线放射数据的支持。而且伴随着相互竞争的发现声明，出现了不同的名称建议：第 61 号元素是叫 illinium (Il) 还是 florentium (Fr) 呢？这场争论曾数次登上《自然》杂志，伊利诺伊大学化学系前系主任、美国化学学会（ACS）前任会长威廉·诺伊斯（William Noyes）也参与其中 [4]。

但是那时还没有人真正分离出第 61 号元素，因此

[1] Brauner, B. Nature 118, 84–85 (1926).

[2] Harris, J. A., Yntema, L. F. & Hopkins, B. S. J. Am. Chem. Soc. 48, 1594–1598 (1926).

[3] Rolla, L. & Fernandes, L. Z. Anorg. Chem 157, 371–381 (1926).

[4] Noyes, W. A. Nature 120, 14 (1927).

怀疑与日俱增。20 世纪 30 年代，理论研究表明这种元素不会有任何稳定的同位素，这进一步打击了人们的信心。1937 年，在劳伦斯伯克利国家实验室的回旋加速器中，一块钼箔被氘束轰击了几个月后，在其中鉴定出锝元素，这之后人们意识到元素周期表上的空白可以用一种新的方式来填补。如果在自然界中找不到某种元素，也许可以在实验室中制造出来。

随着 20 世纪 30 年代的结束，世界陷入了战争——一场原子能被利用的战争。"曼哈顿计划"的一个重要部分是分析铀的裂变产物，以更好地了解相关过程。最终，田纳西州橡树岭的一个研究团队利用离子交换色谱法分离出了第 61 号元素[5]。官方的声明被推迟到战争结束之后，于 1947 年在纽约市举行的美国化学学会的全国秋季会议上宣布。

[5] Marinsky, J. A., Glendenin, L. E. & Coryell, C. D. J. Am. Chem. Soc. 69, 2781–2785 (1947).

"prometheum" 这个名字是由橡树岭团队中某位科学家的妻子格蕾丝·玛丽·科里尔（Grace Mary Coryell）提出的。在希腊神话里面，普罗米修斯从众神处偷下火种，送给人类，为此他承受严惩，被绑在一块岩石上，一只老鹰每天都会来啄食他的肝脏（但在夜晚，肝脏会重新长出来）。这个名字反映了核能的威力和危险，在 1949 年被国际化学联盟（International Union of Chemistry）接受，但为了与其他金属元素保持一致，它的拼写被改为 "promethium"（钜）。

已知的 38 种钜同位素都具有放射性，寿命最长的是钜 -145，半衰期为 17.7 年。由于它的不稳定性，在任何给定的时间，估计地球上只有大约 500 g 的钜（来自铕和铀的天然衰变）[6]。将其与相邻的镧系元素进行比较，左边是钕，右边是钐，这两种元素分别约有 800 万 t 和 200 万 t 储量。

[6] Belli, P. et al. Nucl. Phys. A 780, 15–29 (2007).

　　意料之中的是，钷的化学性质并未被研究得很深，但已制备出它的卤化物和氧化物等简单盐类。钷 -147 已被用于夜光涂料中，因其 β 射线可致荧光粉发光；阿波罗登月舱内的一些电气开关就用上了它。虽然比镭安全，但这种同位素的半衰期相对较短（大约 2.5 年），因此放射性发光材料现在通常是基于氚了。20 世纪 70 年代，钷还被用于制造核电池（或称为"贝塔伏打电池"），为一些心脏起搏器提供动力。

　　在地球上制造出钷后不久，人们就在元素组成极不寻常的恒星的光谱中发现了它。考虑到即使是寿命最长的钷同位素，其半衰期也很短（尤其是在天文时间尺度上），它存在于这些恒星中令人费解。人们提出了各种各样的理论解释，其中包括这样一种观点，即这些恒星可能含有"稳定岛"中某些尚未被发现的超重元素，这些超重元素会衰变为钷和其他一些放射性元素 [7]。或者，这也有可能只是一项外星技术的标志 [8]。

[7] Dzuba, V. A., Flambaum, V. V. & Webb, J. K. Phys. Rev. A 95, 062515 (2017).

[8] Whitmire, D. P. & Wright, D. P. Icarus 42, 149–156 (1980).

62 Sm
钐
samarium
150.36(2)

向钐致敬

原文作者:

斯坦尼斯拉夫·斯特雷科皮托夫（Stanislav Strekopytov），英国伦敦自然历史博物馆影像分析中心。

斯特雷科皮托夫将稀土元素钐的历史串联成文，从其地质起源一直讲到其在地质年代学上的应用。

许多年前当我还在读矿物学时，有幸造访了俄罗斯的伊尔曼（Ilmen）山脉，那里盛产两种著名矿物，若干稀土元素都是从中发现的。一种是独居石（(Ce, La, Nd, Th)PO$_4$），另一种是德国矿物学家古斯塔夫·罗斯（Gustav Rose）在 1839 年首次描述的。古斯塔夫发现这种矿物含有铀和钽，因此提议将其命名为钽铀矿。几年之后，古斯塔夫的化学家兄弟海因里希·罗斯（Heinrich Rose）对该矿石独自进行分析，发现事实上这种矿物所含的主要是铌——这一元素最初被称为"columbium"（钶），但海因里希在 1844 年"重新发现"了它，并将其命名为"niobium"（铌）。

为避免名字和成分之间的歧义，海因里希将该矿物改名为"samarskite"（铌钇矿），以此纪念给他送来矿物样本的萨马斯基-拜克霍夫 (Samarsky-Bykhovets) 上校 [1]。尽管至少还有其他两个人提供过样品，但是萨马斯基的样品质量最好。不过，我还是不禁会想是不是

[1] Rose, H. Ber. Akad. Wiss. Berlin 1847, 131–132 (1847).

因为上校高贵的身份，才决定了名字的最终选择呢，毕竟他是俄国矿业工程兵团的参谋长。

1878 年在北美洲发现了大量的铌钇矿，它们成了用来分离新的稀土元素的首选原料。德布瓦博德兰(Lecoq de Boisbaudran) 在 1879 年分离出一种新的金属氧化物，并且提议取名为"钐"，其英文名"samarium"和矿物"samarskite"的词根一样[2]。一年后，另一种元素（后来被命名为"钆"）的氧化物由德马里尼亚克（Galissard de Marignac）分离得到。到了 1896 年，尤金 - 阿纳托利·德马塞（Eugène- Anatole Demarçay）发现德布瓦博德兰制得的氧化钐含有大量的"Σ 基"，即现在所说的铕。

1900 年，法国的制药公司 Chenal, Douilhet & Co. 在巴黎世界博览会上展示了一组独一无二的稀土元素化合物——由利昂·塞加尔（Leon Séquard）通过分步结晶法（德马塞根据双硝酸镁溶解度的不同所发展出来的方法）从独居石中制得[3]。当时只有铈和钇有商业用途，但是世界博览会上的亮相还是吸引了很多人的兴趣，并且代表了法国化工企业的伟大成就。这些盐——当时所能获得的最纯的稀土元素化合物——在许多化学研究中得到应用。然而，《化学论述》（*A Treatise on Chemistry*）的作者认为纯的钐化合物直到 1904 年才由乔治·于尔班（Georges Urbain）和拉库姆（Lacombe）制得[4]。我非常有幸获得了一瓶 Chenal, Douilhet & Co. 所制的氧化钐样品，为了亲自辨明上述两种论断孰是孰非，我使用电感耦合等离子质谱仪分析了该样品。结果证明其具有 97.6% 的纯度，杂质也主要是其他几种稀土元素的混合，分别是钆（1.9%）、铈（0.4%）和一点钕（0.08%）。

[2] Lecoq de Boisbau-dran, P.-E. Compt. Rend. 89, 212–214 (1879).

[3] Demarçay, E. Compt. Rend. 130, 1019–1022 (1900).

[4] Roscoe, H. E. & Schorlemmer, C. A Treatise on Chemistry Vol. 2, 782 (Macmillan, 1907).

稀土元素的一个重要用途是用于制备高强度磁铁。在 20 世纪 70 年代和 80 年代，第 62 号元素尤其重要，因为它被用在钐 - 钴永磁铁（$SmCo_5$ 和 Sm_2Co_{17}）中。当时，生产这种磁铁受限于从氟碳铈矿（$(Ce, La)CO_3F$）和独居石中获得的钐的产量。自 1985 年起，钐钴磁铁原材料的高价格导致它们被 $Nd_2Fe_{14}B$ 磁铁迅速取代。然而，前者更耐高温下的脱磁以及腐蚀，因此它们仍然在航空工业和军事应用中有重要作用。

钐也被用在核反应堆控制棒中（因为钐 -149 是中子的强吸收剂），以及有机合成中（二碘化钐常用作还原和耦合剂）。例如，SmI_2 被用在三种不同的方法中来合成紫杉醇（Taxol）——一种治疗多种癌症的药物 [5]。在另一种医疗场景下，放射性的乙二胺四亚甲基膦酸酯合钐 -153（Quadramet）可在癌细胞扩散至骨头时用于止痛 [6]。钐 -147 至钕 -143 的 α 衰变，半衰期为 1.06×10^{11} 年，可用于测定岩石的年龄和来源，即它们是地球上的还是来自外太空。由于都是稀土元素的同位素，钐 - 钕地质年代计受沉积和变质过程影响极小，可用来测定那些无法用铷 - 锶或其他方法测定的岩石的年龄 [7]。

上校一定想不到，以他名字命名的矿物会被用来命名一种用途如此广泛的元素。

[5] Nicolaou, K. C., Ellery, S. P. & Chen, J. S. Angew. Chem. Int. Ed. 48, 7140–7165 (2009).

[6] Finlay, I. G., Mason, M. D. & Shelley, M. Lancet Oncol. 6, 392–400 (2005).

[7] Faure, G. Principles of Isotope Geology 2nd edn, Ch. 12 (Wiley, 1986).

63　Eu

铕

europium

151.96

聚光灯下的铕

原文作者：

让-克劳德·班兹立（Jean-Claude Bünzli），瑞士洛桑联邦理
工学院及韩国高丽大学新一代光伏系统中心。

班兹立在本文中解释了为什么铕元素既没有丰富的
储量、又不参与生物代谢，却仍然吸引了大量化学家的
兴趣。

故事要从 19 世纪末说起：在那个年代，优秀的科
学家们开始通过解析原子光谱来系统地填补门捷列夫的
周期表里剩下的空位。在今天看来，这项工作并不困难，
一个本科生就可以完成。但在当时，科学家们手里只有
精密度很低的仪器，以及难以纯化的样品。因此，在整
个镧系元素的发现史上，各路"准"发现者们不停地做
出错误的宣称，彼此之间争论不休。

1885 年，克鲁克斯发现了第 63 号元素的第一个、
却不怎么清晰的信号：他在一份钐试样中观察到了一条
特异的红色谱线（609 nm）。在 1892—1893 年间，镓、
钐和镝的发现者德布瓦博德兰确认了这个谱带，并发现
了另一条绿色的谱带（535 nm）。

接下来是在 1896 年，德马塞通过耐心地分离氧
化钐，确认发现了一种位于钐和钆之间的新稀土元
素。他在 1901 年成功地将这种元素分离出来，为这段

[1] Demarçay, A. E. C. R. Acad. Sci. Paris 132, 1484–1486 (1901).

发现之旅画上了终止符："我希望将这种新元素命名为'铕'（europium），符号为'Eu'，相对原子质量约为151。"[1]

德马塞选择这个名字的原因仍然是一个谜。有趣的是，他并不从属于任何大学，在申请加入法国科学院失败后一直运营着一间独立实验室。作为科学家，他比较特立独行：他曾经研究过有机化学、有机金属化学和无机化学，最后成为一名卓越的光谱学家；他也曾经旅行多国，研究当地的地质学和文化[2]。可能正是因为这种对化学各领域和对世界各国的开放心态，使他在元素命名上选择了欧洲（Europe），而不是法国或巴黎——此时钫（Francium，以法国"France"命名）和镥（Lutetium，以巴黎古称"Lutetia"命名）尚未被发现。金属铕非常活泼，它最稳定的氧化态是 +3，但在固体和水溶液中也会以 +2 价存在。

[2] http://www.chem.unt.edu/Rediscovery/Demarcay.pdf

[3] Urbain, G. C. R. Acad. Sci. Paris 142, 205–207 (1906).

一名年轻的优秀化学家于尔班继承了德马塞的光谱学仪器，并在 1906 年发现一份掺杂了铕的氧化钇试样放射出非常明亮的红光[3]。这是铕漫长的磷光材料之路的开端——不仅用于发红光，还能发出蓝光，因为 Eu^{2+} 的发射光谱正好在这个范围。以红色的 Eu^{3+}、绿色的 Tb^{3+} 和蓝色的 Eu^{2+} 发射器或其组合构成的磷光体，能将紫外线转化为可见光。这些材料在世界各地的各种仪器中扮演着重要的角色：X 射线增感屏、阴极射线管或等离子体屏幕，以及最近的节能荧光灯和发光二极管中，都会用到它们。

三价铕的荧光效应还可以被有机芳香分子敏化，这样的配合物可以应用在各种需要高灵敏度的场合，例如防伪油墨和条形码。举例而言，欧盟在 2002 年发行统一货币时，在印刷欧元钞票所使用的防伪墨水中，就使用了至少一种铕磷光体作为原料（很可能是一种三 β-双酮配合物），使其能够在紫外线光下放出橙红色光。而这种纸钞放出的蓝绿色光，则同样可能是来自二价铕——当然了，这些只是推测。

从 20 世纪 80 年代开始，在使用时间分辨冷荧光法的高灵敏度生物医药分析中，铕一直扮演着主角。在大多数医院和医学实验室中，这样的分析已经成为日常。在包括生物成像在内的生命科学的研究里，以铕和其他镧系元素制作的荧光生物探针无处不在。幸运的是，1 kg 铕就足以支撑大约 10 亿次分析——因稀土元素存储短缺而恐慌的工业化国家也不用担心本类应用会受到威胁。

在人口飞速膨胀的当今世界，最近发现的一种铕的应用可能对农业有着深远的影响。科学家发现，掺入了二价铕和一价铜的塑料，能够高效地将阳光中的紫外线部分转化为可见光。这一过程相当"绿色"（正是红色的互补色）。使用这种塑料建造温室，能使植物吸收更多的可见光，使得作物收成提高 10% 左右。

在不增加农业用地的前提下，这一增幅应当足以满足数十年内的食物增长需求——这意味着铕将会带来一个美好的明天。

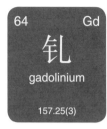

[1] Geijer, B. R. Crells Ann. 229–230 (1788).

[2] Gadolin, J. Kungl. Svenska Vetenskapsak. Handl. 15, 137–155 (1794).

[3] Gadolin, J. Crells Ann. 313–329 (1796).

[4] Pyykkö, P. & Orama, O. in Episodes from the History of the Rare Earth Elements (ed. Evans, C. H.) 1–12 (Kluwer, 1996).

[5] Ekeberg, A. G. Kungl. Svenska Vetenskapsak. Handl. 18, 156–164 (1797).

[6] de Marignac J.-C. G. Arch. Sci. (Genève) 3, 413–418 (1880).

[7] Lecoq de Boisbaudran, P.-E. C. R. Acad. Sci. 102, 902 (1886).

神奇的磁性钆

原文作者：

佩卡·皮克（Pekka Pyykkö），芬兰赫尔辛基大学化学系。

皮克讲述了钆的历史及其特性。

元素周期表中从镧到镥的镧系元素，与化学性质相似的钇和钪，一起组成了稀土元素大家庭。1788年，莱因霍尔德·耶伊尔（Reinhold Geijer）描述了阿伦尼乌斯在瑞典斯德哥尔摩附近的伊特比发现的一种新矿物[1]。1794年，加多林从这种矿物中分离出了含稀土元素氧化物的未知混合物[2-4]。加多林谨慎地表示，该氧化物可能含有一个新的元素。他说这将是一个遗憾[1-3]，因为元素已经"太多了"。一个有趣的转折是，其中一个元素后来以他的名字命名。1797年，加多林的分析被埃克贝格[5]证实了，一开始的那种矿物很快被命名为硅铍钇矿（gadolinite）。

德马里尼亚克[6]通过多次重结晶得到了氧化钆（化学符号Gd），并测定了它的原子质量，但元素名是德布瓦博德兰在1880年[7]提出的（德马里尼亚克也赞同）。尽管不知道命名时，德布瓦博德兰是想到了矿物、人物或是同时想到了两者，钆最终成为了唯一一个名称来源于希伯来语的元素。它的词根"gadol"表示"伟大的"意思。这是加多林的祖父所选的姓，源自他居住的芬兰农场 Maunula 的译名。

大多数镧系元素的化学行为是非常相似的，这也是为什么花了一个多世纪才将它们的元素单质一个个分出来。尽管化学性质相似，但它们的光学和磁学性质不同。钆拥有的磁性质尤其独特，并因此产生了许多相关的应用。第 64 号元素位于镧系元素的中间，三价的钆离子可以使其 7 个 4f 电子分布在 7 个不同轨道，得到所有电子自旋平行的半满壳层，这是钆所能得到的最大的不成对电子数。这使 Gd(III) 拥有最大的可能总自旋值 $S = 7/2$，并因此具有相应的非常大的自旋磁矩。这种特性可以用来改善永磁体。镧系元素 4f 壳层的电子结合能处于价态电子的范围之内，因此可以用化学手段来改变 4f 轨道的占据情况，但最外层的核电子通常具有紧凑的 4f 壳层径向尺寸，这阻止了大多数的 4f 电子直接参与成键。

尽管它们被叫做稀土元素，但并非特别稀有，每 10 g 金属钆（纯度 99.9%）现价为 111 欧元。但在冶金业中，通常使用的是便宜得多的混合稀土金属。目前钆最重要的用途是在医疗领域，用作磁共振成像（MRI）的造影剂。MRI 信号来自某些原子核的自旋，比如无处不在的质子。然而，核自旋系统在磁共振的射频场中会被加热，这通常会削弱 MRI 信号。Gd(III) 的大电子磁矩有助于将核自旋系统耦合到晶格并使其保持冷却，这被称为核自旋 - 晶格弛豫。因为 Gd^{3+} 具有一定的毒性，为了避免其危害健康，医学上用螯合配体包围钆离子以防止其进入组织。目前，新的配体正在开发中，以进一步提高安全性。

钆以及它的一部分合金或盐类在磁制冷中起着突出的作用。在制冷过程中，由于磁偶极子的取向，磁性材

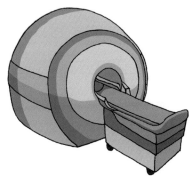

料在一定的外部磁场下会变热。相反，当磁场移除并绝热时，材料温度降低。通过改变磁场和材料的热绝缘，可以调整其电子自旋系统和其他自由度之间的熵。

其他一些镧系元素由于发光时颜色出众，在荧光灯、旧式显像管和现在的平板显示器中都有应用。第64号元素的化合物本身是无色的，但它们可以吸收紫外辐射，并将能量传递给其他镧系元素。这能实现在需要的波长范围内的发光。此外，钆-155 和钆-157 核拥有异常大的中子吸收截面，这能在核反应堆的控制棒中得到应用。

加多林可能希望只有更少的元素存在，但两个世纪以来，钆带来了丰富的历史、有趣的性质以及各种实际应用。

65	Tb
铽	
terbium	
158.93	

发绿光的铽

原文作者：

邓耿（Geng Deng），中国清华大学化学系，《物理有机化学：结构与原理》作者之一。

邓耿为我们解释了铽这种普普通通的镧系元素如何因其绿色的磷光而走进我们的日常生活。

铽也许是地壳中非常稀少的稀土元素之一，事实上它在我们身边却很常见。尽管名叫稀土元素（包括镧系元素及钪和钇），但实际上它们并非都很稀少，例如第65号元素就比汞还丰富，而且现代生活里的很多灯和显示器都使用了绿色的铽基荧光体，由此可见，它已经渗入了我们的家庭和工作场所。

铽的发现始于一个物产丰富的瑞典小村庄伊特比（Ytterby），有不少于4种稀土元素以其名命名——钇、铽、铒和镱，从它们的稀土（氧化物在当时的称呼）中又分离出另外一些元素（如钪、铥、钬、钆和镥）。人们足足花了几十年的时间才搞清了阿伦尼乌斯于1787年在伊特比发现的一块黑色矿石的成分，该矿物起初被称为"ytterbite"。后来为了纪念加多林意识到该矿物含有一种未知稀土，而改名为"gadolinite"。这种稀土，也就是一种新元素的氧化物，被加多林称为"yttria"。

1843年，瑞典化学家莫桑德从一份yttria样品中

分离出三个组分：yttria（大部分为氧化钇）、erbia 以
及 terbia，他相信每一组分都含有一种新元素。他的判
断是正确的——但是在进行光谱分析的时候，莫桑德
的样品弄乱了，这就使得铽（terbium）元素实际上是
从他的 erbia（莫桑德认为的氧化铒）里分离出来，而
铒（erbium）在他的 terbia（莫桑德认为的氧化铽）中。
由于这样搞得太混乱了，后来这些矿物的名字被调换过
来，以匹配与之对应的主要成分。

与其他镧系元素一样，铽最常见的氧化态是正三
价。它的三价盐，比如 $Tb_2(SO_4)_3$，因在紫外光下会发
绿色（或者淡酸橙色）磷光而早已闻名遐迩——其荧光
之强烈，肉眼可见。磷光是由几个激发态至基态的电子
能级跃迁引起[1]，其中一个跃迁能发出峰值在 545 nm
的可见光。许多稀土元素也能发出不同颜色的明亮光线。
例如，三价铕能发出红光，而二价铕则发出蓝光。尽管
磷光现象早已为人所知，但直到 20 世纪后半叶人们方
才将其应用于照明。

托马斯·阿尔瓦·爱迪生（Thomas Alva Edison）
1879 年发明的白炽灯已被广泛应用逾一个世纪，但是
其本质上是低能效的。使用电流将灯丝加热至发亮发
光，意味着大部分能量都以热的形式消散掉了，仅仅一
小部分被转化成了光。20 世纪 60 年代，稀土盐因其发
光过程中能量损耗较少而受到关注[2,3]。而且，发绿光
的铽化合物可以和发红光、发蓝光的铕化合物组合起来
做成发白光的荧光灯。第一盏商业化的高能效稀土灯
在 1974 年面世，很快，这种灯便在全世界范围内流行
开来。

同时期，使用阴极射线管的传统彩色电视和显示器
也发展起来。在阴极射线管里，通过将电子束发射至屏

[1] Andres, J. & Chauvin
A.-S. in The Rare
Earth Elements (ed.
Atwood,D. A.) 135–
152 (John Wiley &
Sons, 2012).

[2] Ropp, R. C. J.
Electrochem. Soc.
111, 311–317 (1964).

[3] Wanmaker, W. L. &
Bril, A. Philips Res.
Repts. 19, 479–497
(1964).

幕上激发荧光而产生画面。这里也用到了铽和铕的化合物的组合，形成了红 – 绿 – 蓝（RGB）相加性颜色模型，以产生各种颜色。在 20 世纪 50 年代至 90 年代间，这种显示器将铽化合物带至全球千家万户。尽管 21 世纪初平板技术的到来，已经限制了阴极射线管显示器的应用，但含铽化合物却另辟蹊径在生物医疗领域做起了探针，比如它们被应用于免疫荧光分析法 [4] 和超分子发光传感器 [5] 中。

也许，第 65 号元素另一个更奇异的应用是被用在一种被称为 terfenol-D 的合金中，它包含铽、铁和镝，是一种磁致伸缩材料，可在磁场下收缩和扩张。因其能承受高张力，terfenol-D 已被用于驱动器和水下传感器中。它还被用在了便携式系统"SoundBug"中，这种装置可以粘贴在任何共振平面（比如木头、玻璃或者金属）上而变成扬声器，原理是通过改变施加的磁场，装置中的磁致伸缩材料将电信号转换成震动，随后被共振平面放大。

在元素周期表上，镧系元素相对而言属于开发比较少的一部分，铽位于镧系一族的中间位置，因其出众的绿色磷光效应而获得了高光表现，并有了令人兴奋的应用。

[4] Moore, E. G. Samuel, A. P. S. & Raymond K. N. Acc. Chem. Res.42, 542–552 (2009).

[5] dos Santos, C. M. G. Harte, A. J. Quinn, S. J. & Gunnlaugsson T. Coord. Chem. Rev. 252, 2512–2527 (2008).

66   Dy

镝

dysprosium

162.50

各向异性的镝

原文作者：

但丁·加泰斯基（Dante Gatteschi），意大利佛罗伦萨大学化学系。

加泰斯基从镝拥有的典型而难以捉摸的稀土元素本质特性开始，解释了为什么镝以及其他镧系金属垄断了分子磁学。

我们为什么要对镝感兴趣呢？作为稀土元素的一员，镝就如朱塞佩·威尔第（Giuseppe Verdi）和弗朗西斯科·玛利亚·皮亚韦（Francesco Maria Piave）在歌剧《茶花女》中将爱情描述为十字架加享乐的比喻一样：镝既是一种诅咒，也是一种祝福。稀土元素化合物的化学相似性使得它们的元素分离非常困难，需要大量的矿石来完成。在 20 世纪二三十年代，佛罗伦萨大学的路易吉罗拉实验室就是专注于稀土元素分离的实验室之一。曾经有人声称分离得到了第 61 号元素，并将其暂命名为"florentium"，但确认其元素单质形式的尝试最终失败了。2011 年已经是镝被发现的第 125 年。由于分离镝是如此困难，以至于镝的名字就衍生于希腊语的"dys"和"prositos"，意思分别是"困难"和"获取"。

稀土元素的磁性质就像它们的化学性质一样，取决于其 $4f$ 轨道的性质，这一轨道与外界的相互作用较弱。

电子的磁性质来自于电子自旋磁矩以及轨道磁矩。自旋是各向同性的，而轨道磁矩则反映了轨道系统的对称性并且可以是各向异性的。对于 f 轨道上的电子来说，轨道磁矩大部分是未淬灭的，因此对应的磁性质是各向异性的。

如果要说明各向异性相互作用如何导致有趣的性质并得以应用，那么镝是一个很好的例子。镝与铁和铽的合金具有材料中最高的室温磁致伸缩系数——磁致伸缩就是材料在磁场影响下产生尺寸变化的性质。镝的磁性质也被应用在磁共振成像中，与螯合配体共同使用时，它可以作为造影剂。

近来，人们对分子磁学越来越关注，对三价镝离子磁性质的兴趣也随之增加了。在 20 世纪 90 年代，我们以及其他一些课题组的工作都涉及分子基磁体的设计——不基于自然存在的金属和氧化物磁体，而是基于分子的块体磁体。

为了纪念 60 年前佛罗伦萨在稀土元素研究上的传统，我们决定尝试利用镧系元素的磁性质。首先考虑的是钆和镝，钆的轨道磁矩已经完全淬灭，而镝则是一个各向异性离子的例子。为什么是镝而不是其他有各向异性离子的元素，比如铒？这其实并没有多少理性设计的考虑，只是总得选其中某一个开始研究而已。令人惊讶的是，我们发现镝基材料能够在特定温度下整序为块状磁体，而这一温度与锰基材料产生此性能的温度非常接近[1]。一般认为锰基材料的磁结构单元之间应该具有比镝基材料更强的相互作用，因此这些结果说明了镝的各向异性在分子磁体磁性质中扮演着重要角色。

一部分磁各向异性的类型倾向于沿着易磁化轴磁化。在符合这一特性的磁各向异性类型中，伊辛磁各向

[1] C. Benelli, A. Caneschi, D. Gatteschi and R. Sessoli *Adv. Mater.* 4, 504–505; 1992.

异性在单分子磁体（SMMs）里表现得尤为相关。当特定分子体系由于强各向异性阻碍了磁化弛豫时，每个分子将会被转变成一个微小的磁体，这就是"单分子磁体"。曾有一场寻找单分子磁体的"淘金热潮"，镧系元素最受关注。这是因为当时发现，将镝离子夹在两个酞菁环间形成的三明治结构就表现出单分子磁体的性质[2]。其他一些最多包含了三个镝离子的体系表现出一些独特性质，这与其各向异性大于交换相互作用的特性有关。这使得在没有净磁矩的情况下，我们可能可以在自旋排列的手性中存储信息。

这些结果体现了镝在分子磁学中的潜力，并且强调了这样一个事实：尽管涉及镧系元素的相互作用很弱，但它们的磁各向异性却可以产生崭新特性。这些特性如今在分子自旋电子学的框架里得到了积极的研究——为了探索利用这些分子开发新电子产品的可能性。然而，想要实现使用这些分子的新的自旋电子应用，就必须通过详细的量子力学研究来理解并解释稀土元素的电子和磁性结构。

回到最初的那个问题，"为什么我们要对镝感兴趣？"已经变成了"为什么我们要对磁各向异性感兴趣？"我一贯认为，化学家必须解决关于结构性质关联的所有问题。比如，合理解释在发现分子磁性现象时出现的金属离子室温下的非常规的磁矩。我们需要有针对更复杂现象的阐释以及更好的化学理论，以将磁各向异性这样的概念转化为实际应用。

[2] N. Ishikawa *Polyhedron* 26, 2147–2153; 2007.

平凡的钬

原文作者：

布雷特·F. 桑顿（Brett F. Thornton），瑞典斯德哥尔摩大学地质科学系和柏林气候研究中心；肖恩·C. 伯德特（Shawn C. Burdette），美国马萨诸塞州伍斯特理工学院化学与生物化学系。

桑顿和伯德特讨论了围绕钬的发现的争议以及之后该元素的默默无闻。

1878 年，德拉方丹在研究铌钇矿提取物溶液时，观察到了以前未知的发射光谱线。不过，单凭这个现象还不足以宣称第 67 号元素被发现。虽然新谱线往往预示着一个新元素的识别，但是不同的新谱线导致多次"发现"同一个元素的情况也不少见。这种虚假的元素发现在 19 世纪末屡见不鲜。

不过，德拉方丹的观察结果被在瑞士研究硅铍钇矿提取物溶液的雅克 - 路易斯·索雷（Jacques-Louis Soret）证实了。德拉方丹建议将这个新元素命名为"philippium"（来源于瑞士化学家、医生菲利普·普兰特穆尔（Philippe Plantamour），但是围绕着新元素身份的不确定性依然未解。德拉方丹和索雷都卷入了一场与美国化学家 J. 劳伦斯·史密斯（J. Lawrence Smith）之间的发现优先权之争。史密斯声称发现了相同的元素，并以三个镧系元素的发现者莫桑德之名，将其命名为"mosandrum"。他们以法语学术期刊为阵地，展开

[1] Soret, J-L. Arch.
Sci. Phys. Nat. 13,
89–112 (1878).

[2] Soret, J-L. C. R.
Hebd. Acad. Sci. 86,
1062–1064 (1878).

[3] Cleve, P. T. C. R.
Hebd. Acad. Sci. 89,
478–480 (1879).

了激烈的论战 [1,2]。

　　与此同时，瑞典的克利夫分析了尼尔森从铒矿中分离出钪后余留下的含氧化铒残留物。在物理学家托拜厄斯·罗伯特·塔伦（Tobias Robert Thalén）给氧化铒做完光谱分析后，克利夫提出在氧化铒中还有额外的未发现的元素，于是他继续从样品中分离出两种新的氧化物，并将其中一种棕色的命名为氧化铥（相应的元素因此而得名铥），而将另一种绿色的命名为氧化钬（holmia）——以他的家乡斯德哥尔摩的中世纪拉丁名命名 [3]。因为克利夫有更为全面、更有说服力的数据，所以他获得了发现优先权，新的元素最终被命名为"钬"。

　　斯德哥尔摩拥有传奇般的化学传承。贝采利乌斯曾在此工作，并协助发现了至少四个元素（他的学生们，其中就包括莫桑德，又发现了五个元素）。前斯德哥尔摩药剂师舍勒在普利斯特里之前发现了氧，不过后者抢先一步发表了自己的结果。还有许多其他著名的化学家也来自这座城市，包括溶液化学家斯万特·阿伦尼乌斯（Svante Arrhenius，师从塔伦和克利夫），当然还有大名鼎鼎的诺贝尔。此外，位于斯德哥尔摩的伊特比（Ytterby）是一个在元素周期表中被反复提及的地方（Y、Yb、Er 和 Tb 均因其得名），同时它也是若干元素的原始来源，包括钬。

　　德拉方丹后来尝试获取更纯的"philippium"样品，但是钬的地位已获得公认。现代教科书通常会承认德拉方丹、索雷和克利夫对钬的发现所做的贡献，但塔伦也应该共享这一荣誉，因为德拉方丹和索雷也是通过光谱鉴定出了这个元素。

　　过去，钬与其相邻元素相似的化学性质使其难以被鉴别发现，而现在，这种相似性往往导致我们缺乏足够的理由去选择用钬来达成某个特定目的。因为选择其他类似的，且通常更便宜的镧系元素一般也可以达到相同的效果。钬的高磁化率意味着它偶尔会被用于高强磁体，特别是用作磁通集中器。然而，钬的磁性仅在低温下才会表现出来。

钬现在常用于外科激光器，其中作为激光材料的是钬掺杂的铝石榴石（Ho:YAG），它能够发射波长约为 2100 nm 的红外线。这种波长对外科手术特别有用，因为含水的组织只在半毫米以内吸收激光能量，利用这种特性可以做到精准切割。钬激光切割的伤口通常是自烧灼的，这能减少出血。在泌尿外科，钬激光可用于去除泌尿结石 [4] 和治疗前列腺肥大 [5]。

在被发现 137 年后，钬变成了元素周期表中利用程度最低的元素之一，渐渐"没落"。虽然自 20 世纪 80 年代后期以来，提到钬激光的医学用途的科学文献增加了一个数量级，但钬仍然是被讨论得最少的元素之一。或许某些令人着迷的钬化学还在等待着我们去发现 [6]。

[4] Bagley, D. & Erhard, M. Tech. Urol. 1, 25–30 (1995).

[5] Elzayat, E. A., Habib, E. I. & Elhilali, M. M. Urology 66, 108–113 (2005).

[6] Lin, J., Diefenbach, K., Cross, J. N., Babo, J-M. & Albrecht-Schmitt, T. E. Inorg. Chem. 52, 13278–13281 (2013).

铒的发现之旅

原文作者：

克劳德·皮盖（Claude Piguet），瑞士日内瓦大学分析与无机化学系。

皮盖回顾了铒元素和它的稀土表亲钇、镱和铽元素紧密交织的发现史。

铒的发现不是一个简单的"尤里卡时刻"，而是一个曲折的故事，并且与一座瑞典小镇附近多个新元素的发现有着密不可分的联系。小镇居民绝没有料到身边居然能发现如此多的新元素。故事开始于1787年，瑞典皇家军队的中尉阿伦尼乌斯在距离斯德哥尔摩10 mile（约1.6 km）的伊特比（Ytterby）发现了一块奇特的黑色石头。经过化学分析发现，这块石头含有一种新的稀土（现在的术语为金属氧化物，但在当时被认为是一种化学元素）。随后，人们根据发现地伊特比的名字将它命名为钇土（yttria）。

同时期，法国大革命爆发，革命政策——法兰西共和国既不需要科学家也不需要化学家——将拉瓦锡送上了断头台。拉瓦锡发现氧化反应没能拯救他的性命，但足以使他同时代的化学家重新审视元素的概念，放弃燃素说并开始研究如何从氧化物中提取金属元素。让我们将视角切回瑞典，化学家莫桑德利用新开发的还原技术从前述的钇土中还原出钇。直到这时，他才意识到这一原本被认为是"单一成分"的稀土不仅含有氧化钇（一种白色氧化物），还含有另外两种氧化物：一种是淡黄色的物质，他称之为氧化铒；另外一种是浅紫色粉末，他称为氧化铽。

因为导师要求他尽快发布其研究成果，莫桑德于1843 年公布了铒和铽的发现，但他对所得到的新物质的纯度保留了相当的意见 [1]。在接下来的几十年里，化学家、地质学家和光谱学家组成的梦之队在日内瓦展开了系统研究，结果证明莫桑德提取的铒和铽的样品是含有至少七种元素的混合物：除了铒和铽，还有镱、钪、铥、钬和钆。伊特比真是一座"元素宝藏"！从那里开采的矿石中总共提取出了八种新元素，而且其中四种元素是根据同一小镇名命名的。后来，通过分步法分离这些元素的难度变得更加明显，1907 年，在一个氧化镱样品中又发现了一种元素：镥——19 世纪末 20 世纪初的法国化学家和德国化学家分别称为"lutetium"和"cassiopeium"。

1864 年，光谱学研究给出了钇、铽和铒元素存在的确凿证据。然而，铒元素故事到最后又再起波折，光谱学家德拉方丹在确定它们存在时，错误地对调了莫桑

[1] Szabadvary, F. in Handbook on the Physics and Chemistry of Rare Earths Vol. 11 (eds Gschneidner, K. A. Jr & Eyring, L.) 33–80 (Elsevier, 1988).

德原先给定的名称——将紫色化合物当成了氧化铒，而将淡黄色物质当成了氧化铽。这个历史性反转的影响一直持续到现在，所以我们现在所知的三氧化二铒是淡粉色的，而不是莫桑德当年认为的黄色。

19、20 世纪之交，原子理论与元素周期表的调和最终将铒和其他镧系元素放在了 4f 区，之后有关铒的研究停滞了 50 年。但在 1959 年，因为与新兴的光子学领域的联系，铒重新引起了人们的兴趣。三价铒离子具有大量分布规则且寿命较长的激发态，使它成为理论红外探测器的实验证明的完美材料。通过固体中特定离子连续激发能级依次吸收光子来对光子进行检测和计数，即利用超激发作为光子检测器 [2]。

[2] Auzel, F. Chem. Rev. 104, 139–173 (2004).

对于光子检测，上述的上转换路径严格依赖于从基态到连续激发态的线性吸收，但是三价铒离子直接吸收光子的效率不高。这个问题直到 1966 年才迎来一次突破，弗朗索瓦·奥泽尔（François Auzel）在这一年证实了可以通过辅助离子间接捕获光，再将能量转移给铒。这对于实现超激发十分有利。铒激光器 [3] 的工作机制与该机制类似，目前该类激光器被应用于口腔和皮肤的护理中。

[3] Auzel, F. C. R. Acad. Sci. Paris B262, 1016–1019 (1966).

回到光子上转换的问题，人们正在探索在含铒固体中引入少量三价镱杂质来获得可以高效地将近红外光转化为绿光的材料，以便应用于激光笔、太阳能电池技术中，或者作为可见光光纤掺杂材料。早期化学家为了分离和纯化这些元素，运用了非凡的创造力，付出了大量的努力，而我们现在居然要在铒中掺入镱，这多少有点让人啼笑皆非。

69　Tm

铥

thulium

168.93

异常迷人的铥

原文作者：

波莉·阿诺德（Polly Arnold），英国爱丁堡大学。

"铥以一个神秘的地方命名，是最稀有的稀土元素之一，还有着一些奇异的化学性质等着我们去发现。"阿诺德如是说。

像许多其他稀土元素一样，是瑞典化学家首先分离出了铥，它以欧洲北部角落里一个神秘的地方命名。在中世纪地理学中的极北之地图勒（Thule）（它有一些变形写法，比如 Tile）曾经被认为是好几个不同的地方，包括冰岛、苏格兰北部的岛屿和斯堪的纳维亚。而后者正是克利夫为第 69 号元素命名时所提及的。他研究了来自瑞典伊特比的氧化铒矿物，并致力于从中将不同稀土的三价阳离子分离开。这是一个十分具有挑战性的工作，因为这些稀土具有非常相似的性质。1879 年，他识别出了第 69 号元素。

铥相对昂贵，目前只在医疗行业中有少量的商业化应用。举例而言，铥在外科手术用的钇铝石榴石（YAG，$Y_3Al_5O_{12}$）激光器中充当掺杂剂。放射性同位素铥 -170 也被用作便携式设备中的 X 射线源。铥特征性的 $4f$ 轨道间电子跃迁，使得它也被用于欧元纸币的防伪油墨中，这种油墨在紫外灯下的蓝色荧光就来自于铥的三价阳离子。

溶液中的稀土元素主要发生在 +3 氧化态。不过，铕、镱、钐的二价稀土卤化物（REX_2，RE 代表稀土元素，X 代表从氟到碘的卤素）都容易获得，因为它们在该氧化态下，f 壳层接近或达到了全满或半满。事实上，二碘化钐及其溶剂化物（有助于调整其溶解度和还原能力）已经被有机化学家使用了约 50 年，用于控制一系列官能团（包括羰基、烷基卤化物和硝基）的单电子还原反应 [1]。

虽然教科书中一般声称其他稀土元素在溶液中没有 +2 氧化态，但化学研究者知道还存在三个例外：钕（II）、镝（II）和锿（II）。虽然它们极难被还原，并且只能用特定的合适配体来分离。利用归中反应（$2REX_3 + RE = 3REX_2$）可以制得它们。通过使用一个很强的还原金属（如钾）还原 REX_3 也可以得到这些二价离子。

1997 年，以一篇二碘化锿可以在乙二醇二甲醚（DME）和四氢呋喃（THF）[2] 醚溶剂中溶解和溶剂化的报道为开端，米哈伊尔·N. 博奇卡廖夫（Mikhail N. Bochkarev）突破性地开创了溶液中的二价稀土化合物相关的反应化学。在此之前，通过金属蒸气制备的形式零价氧化态配合物（具有由于金属 - 配体电荷转移而产生的浓郁颜色 [3]）是这些"不可还原的"稀土唯一已知的低氧化态配合物。

作为最稀有的稀土之一，锿的高成本导致它在短期内不会取代钐成为有机化学家们的首选还原剂 [4]。然而，它在非常规的新化学中具有巨大的潜力。利用有机金属配体和技术，我们可以制备出不遵循既定规则的 d 区金属化合物。研究这些化合物的基本电子结构和成键的微妙之处，可以帮助我们更好地理解并相应地操控那些更

[1] Strekopytov, S. Nat. Chem. 8, 816–816 (2016).

[2] Bochkarev, M. N. et al. Angew. Chem. Int. Ed. 36, 133–135 (1997).

[3] Cloke, F. G. N. Chem. Soc. Rev. 22, 17–24 (1993).

[4] Kagan, H. B. Tetrahedron 59, 10351–10372 (2003).

重、具有相对论效应，且常常带放射性的 f 区金属。f
区金属的反应活性是可再生能源、磁技术和核废料管理
的关键。

配体调节有机金属化合物的能力是惊人的，例如，
通过选择合适的配体，可以将特定的金属氧化还原对的
形式电势改变 1.5 eV 之多。被报道的第一个有机金属
铥（Ⅱ）配合物，是通过硅基官能化的环戊二烯基负离
子将 TmI$_2$(THF)$_3$ 中的碘置换后分离得到的。硅基官能
化的环戊二烯基负离子因其对金属电子密度的接受性，
并以此稳定低形式氧化态的金属阳离子的能力而闻名。
在低温下，人们成功地制备并表征了深紫色的四氢呋喃
（THF）溶剂化物晶体，这种颜色是二价稀土体系的典
型特征。在室温下，这些溶剂化物会缓慢地发生溶剂脱
氧反应，并逐渐变回 5d^0 的三价稀土离子的淡黄色。

这些配合物的高反应性意味着目前没有合适的方法
来记录它们溶液中金属氧化还原对的电势。新的方法有
待开发。不过，令人高兴的是，有关新配体的研究已经
复苏。这些新的配体将可以通过操纵配合物的几何形状
和轨道重叠来影响这些氧化还原对 [5-8]。另外，对 f 区
其他能表现出崭新的低形式氧化态的金属的搜寻也仍在
进行，这甚至包括了那些带高度放射性的超铀元素 [9]。
最新的数据表明，我们现在已经能得到与常规不同的
d/*f* 电子结构 [10]。未来的大学生可能会觉得沮丧，因为
他们除了要学习 d 区元素的配位场理论外，还要学习 f
区元素的配位场理论。

[5] La Pierre, H. S., Scheurer, A., Heinemann, F. W., Hieringer, W. & Meyer, K. Angew. Chem. Int. Ed. 53, 7158–7162 (2014).

[6] Dutkiewicz, M. S. et al. Nat. Chem. 8, 797–802 (2016).

[7] Anderson, N. H. et al. Nat. Chem. 6, 919–926 (2014).

[8] Goodwin, C. A. P. et al. Inorg. Chem. 55, 10057–10067 (2016).

[9] Arnold, P. L., Dutkiewicz, M. S. & Walter, O. Chem. Rev. 117, 11460–11475 (2017).

[10] Fieser, M. E. et al. Chem. Sci. 8, 6076–6091 (2017).

70   Yb

镱

ytterbium

173.05

曲折反复的镱

原文作者：

阿拉斯代尔·斯凯尔顿（Alasdair Skelton）和布雷特·F. 桑顿
（Brett F. Thornton），瑞典斯德哥尔摩大学地质科学系。

斯凯尔顿和桑顿回顾了从 18 世纪到现在，镱数次
被发现的曲折历程。

虽然镱是由瑞士化学家让·德马里尼亚克（Jean
de Marignac）在 1878 年命名的，但他发现的"元素"
在 1905 年被分离成了两个元素：镱和镥。之后在 1907
年，"新"镱元素的相对原子质量被发表出来。那么镱
究竟是什么时候被发现的呢？故事要从 1726 年 6 月
13 日，也就是镱获得命名的 150 多年前开始说起。那
天签署了一份协议，允许瑞典生产荷兰锡釉仿瓷器（彩
陶）。之后，德国的炼金术士约翰·沃尔夫（Johann
Wolff）在斯德哥尔摩的罗斯坦德（Rörstrand）城堡建
立了一座"陶瓷"工厂。18 世纪后期，工厂开始生产
石器（一种由约西亚·韦奇伍德（Josiah Wedgwood）
发明的改进产品），对长石产生了需求。于是罗斯坦德
在 20 km 外的伊特比买下了一座石英和长石矿的矿山。
伊特比是一个坐落于斯德哥尔摩群岛中罗萨（Resarö）
岛朝海一侧的村庄，它的名字可能来源于村庄靠海的地
理位置（瑞典语"den yttre"）。

1788 年，化学家、矿物学家并身兼罗斯坦德瓷器厂老板的耶伊尔发表了一篇论文[1]，描述了业余地质学家阿伦尼乌斯在伊特比矿山发现的一种相对密度为 4.223 的黑色非磁性矿物。阿伦尼乌斯也给芬兰埃博学术大学的加多林教授寄送了一份矿物样品。加多林对这种矿物开展了一系列的实验，发现它含有 31% 的二氧化硅、19% 的氧化铝（实际上是氧化铍）、12% 的铁氧化物和 38% 的未知土类化合物（现代术语称之为氧化物）[2]。

1797 年，来自瑞典乌普萨拉的化学家埃克贝格重新分析了更纯的样品，结果表明加多林高估了二氧化硅和氧化铝的含量，并且低估了新氧化物的比例。埃克贝格发现新氧化物的质量分数为 47.5%，同时记录了它令人作呕的味道[3]！他建议将该矿物命名为"yttersten"（ytter 岩），他也提出了对应的瑞典和拉丁文名：ytterjord（ytter 土）和 yttria。现在已经知道，Yttersten（也就是硅铍钇矿）拥有形如 $FeBe_2Y_2Si_2O_{10}$ 的通式，虽然这其中的"Y"被证实包括相当复杂的内容元素。

在随后的几十年中，人们慢慢发现 yttria 远远不止是钇的氧化物。1843 年，它被发现含有铒和铽的氧化物。1878 年，德马里尼亚克从 yttria 分离出氧化镱[4]，他声称这是一个新的三价元素——镱的氧化物，其相对原子质量为 172 g/mol。然而到了 1899 年，弗朗茨·埃克斯纳（Franz Exner）和爱德华·哈夏克（Eduard Haschek）在奥地利提出的光谱证据表明这次发现的镱并不是单一物质。6 年后，还是在奥地利，韦尔斯巴赫用分步结晶法将德马里尼亚克发现的镱分离为两个元素，他根据发射光谱区分出两者，并将它们分别命名为"aldebaranium"和"cassiopeium"。1907 年 12 月，他

[1] Geijer, B. R. Crells Ann. 229–230 (1788).

[2] Gadolin, J. K. Vet. Akad. Handl. 15, 137–155 (1794).

[3] Ekeberg, A. G. K. Vet. Akad. Handl. 18, 156–164 (1797).

[4] de Marignac J.-C. G. Arch. Sci. Phys. Nat. 64, 97–107 (1878).

[5] Welsbach, C. Monatsh.
Chem. 29, 181–225
(1908).

[6] Urbain, G. C. R.
Acad. Sci. 145, 759–
762 (1907).

[7] Clarke, F. W. et al. J.
Am. Chem. Soc. 31,
1–6 (1909).

[8] Hinkley, N. et al.
Science 341, 1215–
1218 (2013).

公布了这两个元素的相对原子质量分别为 172.90 g/mol
和 174.23 g/mol[5]。

在韦尔斯巴赫发表他的发现的 44 天前，于尔班向
巴黎科学院宣布[6]，他从镱中分离出两个元素，他称之
为"新镱"和镥，后者以巴黎的拉丁名"Lutetia"命名，
两者的相对原子质量分别约为 170 g/mol 和 174 g/mol。
于尔班声称，韦尔斯巴赫只不过是重新发现了这两个元
素。于尔班还表示，韦尔斯巴赫在 1905 年的发现是非
定量的，并且缺乏证据。1909 年，国际相对原子质量
委员会（于尔班也位列其中）更偏爱于尔班的命名，并
将"新镱"和镥的相对原子质量分别列为 172 g/mol 和
174 g/mol[7]。但是，"新镱"这个名字只被短暂地使用
了一段时间，德马里尼亚克最初的定名"镱"很快就被
重新使用了。此前，韦尔斯巴赫曾通过将 didymium 的
主要成分重命名为"钕"，从而把一个新元素的发现变
为了两个（钕和镨）。而于尔班尝试效仿此举时却被阻
止了，想必他应该十分沮丧。

像许多其他镧系元素一样，镱是一个被研究得相对
较少的元素。它能被用作不锈钢的增强剂。而由于在高
压下会变成半导体的性质，所以镱也可以被用于制造应
力计。另外，它的放射性同位素（镱 -169）被用在了
便携式 X 射线机中。镱比较新的一个应用是原子钟，利
用超冷镱 -174 来计时，这种原子钟经过 500 亿年后[8]
（地球年龄的 10 倍以上），误差也不会超过 1s。因此，
从埃克贝格的氧化钇中分离，并由德马里尼亚克发现的
镱，有可能被应用于全球导航和通信系统，甚至可能最
终被用于帮助重新定义国际单位制中的秒[8]。

镥

lutetium

174.97

综述镥

原文作者：

拉尔斯·奥斯特罗姆（Lars Öhrström），瑞典哥德堡查尔姆斯理工大学化学及化工系教授，《巴黎最后的炼金术士和其他化学奇闻》的作者。

奥斯特罗姆推测随着时间的推移，我们可能会更频繁地看到最后一个镧系元素镥的身影。

在《卡萨布兰卡》这部电影中，里克（Rick）在卡萨布兰卡雾蒙蒙的飞机跑道上和伊莉莎（Ilsa）做最后道别时，对她说："我们将永远拥有巴黎。"然而，化学家们对于以巴黎在罗马时期的名字"Lutetia"命名的元素镥（Lutetium）的疑问，并不在于是否拥有它（在地壳中，这种元素的含量比银还多），而在于该把它放在元素周期表的什么位置。

第 71 号元素的价电子构型为 $[Xe]4f^{14}6s^25d^1$，似乎属于第 3 族元素，但它常被放置在镧系元素的末端。处在其下方的铹，实验数据更难获得，也处于同样的模糊处境。那么，到底谁更应该排在钪和钇下面呢？是镥和铹，还是镧和锕？

包括由国际纯粹与应用化学联合会（IUPAC）提供的版本在内，很多元素周期表在这一点上都有些含糊不清，目前 IUPAC 的一个项目 [1] 正对第 3 族元素的成员问题进行详细的研究。同时，第 3 族和 4f 区块元素的

[1] Ball, P. The group 3 dilemma. Chemistry World (21 April 2017); http://go.nature.com/2DDblBV

化学相似性被广泛认可，并反映在 IUPAC 核准的集合名称上，如"镧系元素"指从镧到镥这 15 个元素，而"稀土金属"则包括 15 个镧系元素以及第 3 族明确的成员钪和钇。

无论如何，镥是在 1907 年被三名化学家分别从一种主要由氧化镱构成的样品中独立分离出来的，而镱是后期镧系元素之一——因此将镥归为该系列似乎也合情合理。其中分别来自法国和奥地利的于尔班和韦尔斯巴赫，对是谁首先发现了镥展开了激烈的争论。尽管第三位发现者——并非该领域常客的美国化学家查里斯·金·詹姆斯（Charles 'King' James）——一直保持低调，却在而今的新罕布什尔大学享有一座纪念他的国家历史化学地标。

1909 年，在主席弗兰克·克拉克（Frank Clarke）的领导下，国际相对原子质量委员会解决了这一争端，将镥的发现归功于于尔班，他建议的名字"lutecium"（后来拼写改为"lutetium"）胜出韦尔斯巴赫的"cassiopeium"，被用以命名这个元素。奇怪的是，第 71 号元素在命名博弈中的角色并未完结。2009年，新的第 112 号元素被命名为"copernicium"，但是它的符号 Cp 被 IUPAC 否决了，因为 Cp 已经被用作"cassiopeium"的缩写——虽然它不是官方名称，但在德语国家已使用了很长时间，所以"copernicium"只好使用"Cn"作为符号。

镥和其他稀土金属一起从氧化物中开采出来，但其储量要少得多，平均产率在 0.01%~1.00% 之间。其水溶液含有无色的 Lu^{3+} 离子，这也是它唯一稳定的氧化态，会与 7~9 个水分子配位。这意味着，为了发挥作用，与其配位的配体需要具有高配位数，而莫特沙芬

（motexafin，基于"得克萨卟啉"（texaphyrins））正是如此。莫特沙芬是卟啉样大环化合物的一个子类，在其近似平面的环中有 5 个而非 4 个氮原子。莫特沙芬镥（motexafin lutetium）具有 Lu^{3+} 和两个配位在大环两侧的醋酸根负离子，其在动态光疗中是一种潜在的良好光敏剂，已经通过治疗前列腺癌的 I 期试验[2]。

除此之外，这种天然元素的其他用途很少，但它的同位素 Lu-177 通过与接枝到奥曲酸酯（octreotate）上的四氮杂十二烷 - 四乙酸酯（DOTA）配体配位，被成功应用于一些严重癌症的实验性治疗和临床治疗。其中，DOTA 起着拥有 7 个或 8 个配位键的螯合剂的作用，而 octreotate 则与许多神经内分泌肿瘤细胞表面的受体结合，从而将镥同位素的电离辐射导入肿瘤中并杀死它[3,4]。

另外，镥还和铪一起被用于地质放射性年代测定，其痕量物质可以通过中子活化来分析。这一方法最近被用于定量分析摩洛哥布赖格赖格河（Bou Regreg River）沉积物中的稀土元素（包括镥），这条河刚好距离卡萨布兰卡不远[5]。所以，镥，看好你哦！

[2] Gheewala, T., S kWor, T. & Munirathinam, G. Oncotarget 8, 30524–30538 (2017).

[3] Spetz, J. et al. BMC Cancer 17, 528–539 (2017).

[4] Swärd C. et al. World J. Surgery 34, 1368–1372 (2010).

[5] Bounouira, H., Choukri, A., Elmoursli, R. C., Hakam, O. K. & Chakiri, S. J. Appl. Sci. Environ. Manage. 11, 57–60 (2007).

铪非镥

原文作者：

肖恩·C. 伯德特（Shawn C. Burdette），美国马萨诸塞州伍斯特理工学院化学与生物化学系；布雷特·F. 桑顿（Brett F. Thornton），瑞典斯德哥尔摩大学地质科学系和柏林气候研究中心。

伯德特和桑顿一同回顾了铪元素在含有与其看似相同的元素的矿石中被发现，继而成为化学奇物，又成为核能生产必要材料的历程。

门捷列夫的元素周期表以能对未被发现的元素进行预测而著称，表上特为它们留有几个开放的位置。这些难以获得的元素最终要么在稀有矿石中被发现，要么在其他矿物微量的杂质里被发现。第 72 号元素也不例外。和 20 世纪发现的许多元素一样，它也有后来被证伪的发现声明 [1]。

于尔班认为第 72 号元素是一种稀土而不是一种过渡金属——这在当时是一个不寻常的位置 [2]，于是开始着手在获得第 71 号元素（现在被称为镥，由于尔班与他人共同发现）的氧化镱混合物中寻找。1911 年，他发表了一种新元素的光谱学数据，并提出了"celtium"这个名字 [3]。1914 年 5 月，在得知莫塞莱发明了可测定元素原子序数的新式 X 射线放射技术后，于尔班前往英国希望能证实他的发现。然而，他们的实验 [4] 没有

[1] Marshall, J. L. & Marshall, V. R. in The Hexagon 36–41 (2011).

[2] Scerri, E. R. Ann. Sci. 51, 137–150 (1994).

[3] Urbain, G. C. R. Acad. Sci 152, 141–143 (1911).

[4] Heimann, P. Ann. Sci. 23, 249–260 (1967).

自然的音符： 118 种化学元素的故事

找到任何证据证明 celtium 是第 72 号元素。尽管如此，于尔班后来向卢瑟福坚称道，在这次短暂的访问里未能证实他的发现，是因为莫塞莱使用的方法存在缺陷。

考虑到新提出的原子结构概念，乔治·德海韦西（Georg von Hevesy）假定第 72 号元素是过渡元素，并与同事迪尔克·科斯特（Dirk Coster）发起了新一轮的搜索。对硅酸锆材料的 X 射线分析表明存在少量的未知物质，其谱线与莫塞莱对第 72 号元素的预测一致。使用酸性氟化钾和氟化氢处理后，随之进行分步结晶，在母液中富集溶解的该未知物质，随之而来的射线增强证明了这一点。科斯特和德海韦西发表了他们的研究结果，并建议将其命名为"铪"（hafnium），源自哥本哈根的拉丁名"Hafnia"，纪念其在那里被发现 [5]。虽然于尔班继续为他的 celtium 申辩多年，但铪和 celtium 产生了不同的 X 射线谱，后者最终被证实是纯化的镥 [1]——正如莫塞莱推测的那样。

无论是成功的还是失败的发现，都反映了铪独特的化学性质，这与它在元素周期表上的位置直接相关。第 72 号元素在锆的正下方，此前预计其会具有和锆类似的一些特性，例如价电子的数目和可达到的氧化态。然而，与许多元素类似物对不同的是，铪是第一个 f 壳层被填满的元素，镧系收缩导致铪原子和锆原子的大小几乎相同。由于它们的尺寸相似，在许多矿物中，铪可以很容易地替换锆，尽管它很少超过金属总含量的 5%。此外，由于它们的反应活性相似，用化学方法分离它们的效率非常低，实际上，这几乎是不可能的。尽管它们的化学性质常常相同，但最近在使用锆或铪催化剂生产聚丙烯和聚乙烯共聚物的聚合效率方面发现了两者的差异 [6]。

[5] Coster, D. & Hevesy, G. Nature 111, 79 (1923).

[6] Fahrenholtz, W. G., Hilmas, G. E., Talmy, I. G. & Zaykoski, J. A. J. Am. Ceram. Soc. 90, 1347–1364 (2007).

锆和铪之间最明显的差别是在核化学中发现的——锆具有低中子吸收截面，而铪则很容易吸收中子。核燃料棒包覆锆合金以防止裂变产物逸出，而控制棒中的铪则通过调节中子通量来控制反应堆的能量输出。相反的中子吸收特性使得燃料棒中使用的锆材料必须完全去除铪。正因如此，全球生产的铪主要是作为锆提纯的副产物分离出来的。铪也被使用在高温陶瓷中，因为和它的邻居钽一样，铪能形成熔点超过 3000 ℃ 的耐高温硼化物、氮化物和碳化物（其中 HfC 的熔点甚至超过 3800 ℃）[7]。

[7] Frazier, K. A. et al. Organometallics 30, 3318–3329 (2011).

铪和镥除了在它们的发现故事中有联系外，还另有其他关联。自然界中约 2.6% 的镥元素为镥 -176，其半衰期超过 370 亿年。镥 -176 经 β 衰变成铪 -176，该过程是镥 - 铪地质年代计的基础。微量的铪在稳定的锆石中形成并被困存数十亿年，这为行星发展中的事件提供了年代测定的依据 [8]。

[8] Scherer, E., Münker, C. & Mezger, K. Science 293, 683–687 (2001).

虽然铪似乎只是锆的奢侈、多余的替代品，但时间已经证明，即使是看起来一模一样的元素也各有所用。

73 Ta

钽

tantalum

180.95

诱人的钽

原文作者:

乔瓦尼·巴克罗（Giovanni Baccolo），意大利锡耶纳大学地球科学系。

巴克罗讲述了钽的故事，钽因其惰性闻名和得名，但它也带来了一些惊喜，比如天然存在的核同质异能素。

1802 年，瑞典化学家安德斯·古斯塔夫·埃克贝格从矿石中首次提取出了第 73 号元素，并加以描述。他将这种元素命名为"钽"，因为"被放置在酸液中时，钽既不会与酸反应，也不会被浸润"。这让人联想到在希腊神话中的坦塔罗斯，他尽管被食物和水包围，但却吃不着、喝不到 [1]。

在长达六十多年的时间里，钽和铌都被认为是同一种元素。铌是钽在元素周期表中的邻居，1801 年，哈契特发现了这种元素并将其命名为钶——铌早期的名字。钽和铌具有非常相似的化学和物理性质，并且在自然界中总是混在一起。1801 年至 1866 年间，钶、钽、铌、"pelopium""ilmenium"等元素一再被宣告发现，然而，这些元素后来被证明只是钽和铌，抑或是两者的混合物。

法国科学家德马里尼亚克利用钽、铌的含氟化合物的不同溶解度 [2]，第一个成功地将钽从铌中分离出来。

[1] Ekeberg, A. G. J. Nat. Philos. Chem. Arts 3, 251–255 (1802).

[2] Marignac, M. C. Ann. Chim. Phys. 8, 7–75 (1866).

钽与铌、钼、钨和铼都属于难熔金属——也许并无出人意料之处。这些元素具有非常高的熔点（钽的熔点为3290 K），以及众所周知的高机械性能和化学惰性。

这种化学惰性使钽被用于种种不同场合。20 世纪初，紧随着新的提取和纯化方法的出现，它有了第一个应用。1905 年，恩斯特·维尔纳·冯·西门子（Ernst Werner von Siemens）雇佣的工程师设计了一种基于钽灯丝的白炽灯泡，这是第一次用金属取代易碎的碳灯丝的商业尝试。然而，钽灯泡很快就被另一种更合适的难熔金属钨所取代，因为钨更稳定、熔点更高（3695 K）。钽也曾被用来制作耐墨水腐蚀的钢笔笔尖，但很快就被锇和铱的合金取代。在现代，从制造合金，到电子设备和外科植入物，钽活跃在各种不同的行业里。手机和类似的设备往往依赖于钽电容器；而作为外科植入物，钽的惰性确保它不会干扰生物组织和生理过程。

第 73 号元素最奇特的特征涉及它的一些核性质。钽最初被认为只有一种天然同位素钽 -181，但在 1955 年，第二种同位素钽 -180 被鉴定出来[3]。据估计，它的相对丰度仅为天然钽的 0.01201%，这是迄今为止观察到的最稀有的天然同位素。钽 -180 的半衰期约为 8 h，这意味着它应该是放射性的。既然如此，那我们是如何在天然样品中观察到钽 -180 的呢？

这种同位素是以钽 -180m 的状态存在的，其中"m"表示亚稳态，在核物理中称为同质异能素。同质异能素处于原子核的激发态，它与激发态的电子遵循类似的规则。它们通常是放射性物质，会很快地衰变为基态，并发射标志性的伽马射线。但有时它们需要更长的时间才能衰变。钽 -180m 就是如此，这是最稳定的和

[3] White, F. A., Collins, T. L. Jr & Rourke, F. M. Phys. Rev. 97, 566–567 (1955).

已知的唯一一种天然核同质异能素。尽管有过几次尝试，但它的自发衰变还没有被观察到，半衰期的下限在 $10^{12} \sim 10^{16}$ 年。天体物理学家试图通过研究在恒星以及极端事件（如超新星爆发、核捕获和核解体）中的典型的核合成途径，来进一步了解这种奇特的同位素的起源，但尚未达成共识。理解清楚这个难以解释的过程，对核合成模型而言是一项重要的考验。

钽 -180m 与其他长寿命的核同质异能素的另一个重要研究方向是，有可能可以强行让它们衰变到基态，诱导其能量以伽马射线的形式释放。针对钽 -180m 所做的一些尝试已经成功，但现有的过程能量转化效率极差 [4]。改进这一过程可能可以促进伽马射线激光器发展，或是开发出一种新型核电池 [5]。

人们可能更了解它的惰性、抗腐蚀性和优良机械性能，但第 73 号元素还带来了另外一些等待我们去研究的有趣问题。

[4] Collins, C. B., Eberhard, C. D., Glesener, J. W. & Anderson, J. A. Phys. Rev. C 37, 2267–2269 (1988).

[5] Walker, P. & Dracoulis, G. Nature 399, 35–40 (1997).

74 W

钨

tungsten

183.84

钨的双名记

原文作者：

皮拉尔·戈雅（Pilar Goya）、纳扎里奥·马丁（Nazario Martín）和帕斯奎尔·罗曼（Pascual Román），西班牙马德里康普顿斯大学。

戈雅、马丁和罗曼讲述了第 74 号元素在灯丝、武器配件甚至文学中的角色，以及其他众多用途——不管你是用它两个名字中的哪一个来称呼它。

在所有已知元素中，第 74 号元素在多个方面位居第一——它是具有最高熔点的金属，也是生物体所能利用的最重的元素；与此同时，它的碳化物还表现出接近钻石的硬度。这一元素在文学中也有着特殊的地位，它曾被用来命名一位著名的舅舅 [1]（《钨丝舅舅》，*Uncle Tungsten*）。不仅如此，"Wolfram"也成为了德语名字之一，其使用者包括了 13 世纪初期著名的骑士兼史诗诗人沃尔夫拉姆·冯·埃申巴赫（Wolfram von Eschenbach）。

在第 74 号元素的历史上，有一个有趣的地方，那就是名字的由来——确切地说是名字"们" [2] 的由来：它既被叫做"wolfram"，也被称为"tungsten"。1783 年，西班牙的胡安·何塞·德卢亚尔（Juan José Delhuyar）和福斯托·德卢亚尔（Fausto Delhuyar）两兄弟第一次从钨锰铁矿 $(Fe,Mn)WO_4$（wolframite）中分离出纯净

[1] Sacks, O. Uncle Tungsten. Memories of a Chemical Boyhood (Alfred A. Knopp, 2001).

[2] Goya, P. & Román, P. Chem. Int. 27, 26–27 (2005).

的钨，并将其命名为"wolfram"[3]。如果他们用自己的祖国西班牙的名字将其命名为"hispanium"，也许就能避免用矿物名命名元素所导致的混淆——但是还要再过上很多年，以国家 / 地域来命名元素（如钫 Francium、钋 Polonium 和铕 Europium）的时代才会到来。

这一混淆开始于两年之前：曾与德卢亚尔共事的舍勒和伯格曼从另一种被称为白钨矿（scheelite）或重石（tungsten，来自瑞典语中的 tung- 重和 sten- 石）的矿物 $CaWO_4$ 中分离出了三氧化钨 WO_3。尽管德卢亚尔兄弟更进一步，通过在隔离空气的环境下用焦炭还原钨酸得到了金属单质，但是在那个时代，这种元素已经开始同时被叫做"tungsten"和"wolfram"了。在不同的语言中，这两个名字至今仍然共存，但是国际上是以"W"作为该元素的符号的。

不管用哪个名字称呼，钨都是地壳中的一种稀有金属。我们能从某些矿物中获得其氧化物或盐，从中获得的钨一般呈暗灰色粉末状。在氢气氛围及高温高压下烧结处理这种粉末，能得到具有灰白色光泽的钨金属单质，非常坚硬、致密但仍具有延展性。它的很多性质类似铬和钼，耐氧化、耐酸、耐碱[4]。钨在很多常见物品中均有应用，如圆珠笔（碳化钨材料）、电器元件（灯丝、电阻和 X 射线管）、硬化合金（钢）、切削工具（高速钢）及超级合金[5]。

在工业中，钨化合物经常被用作催化剂。钨还有不为人知的另一面。18 世纪，德国地质学家鲁道尔夫·埃里希·拉斯伯（Rudolf Erich Raspe）曾经提出，可以将三氧化钨的明黄色用于艺术创作。他表示这种颜料"美丽远超特纳黄"（Turner Yellow）[6]。现在三氧化钨也被用作染料。"二战"期间，钨成为了一种战略物资，因

[3] De Luyart, J. J. & De Luyart, F. Extractos de las Juntas Generales celebradas por la Real Sociedad Bascongada de los Amigos del País 46–88 (Vitoria, September 1783).

[4] Emsley, J. The Elements 2nd edn, 202–203 (Oxford Univ. Press, 1991).

[5] Lassner, E. & Schubert, W.-D. ITIA Newsletter (International Tungsten Industry Association, December 2005); http://go.nature.com/Df6UEy

[6] Lassner, E. & Schubert, W.-D. ITIA Newsletter (International Tungsten Industry Association, June 2005); http://go.nature.com/efpzGO

为它的高耐热性及其合金的高强度使其成为穿甲弹的首
选组分之一 [5]。

　　钨的氧化物是首个被发现的电致变色材料。1969
年，萨蒂恩·戴伯（Satyen Deb）注意到，在被施加电
压时，WO_3 颜色会发生可逆的改变 [7]。迄今为止，钨
的氧化物仍是电致变色应用中被研究得最透彻的材料。
WO_3 是无定形的，由一些以类钙钛矿结构排布的共顶
WO_6 八面体簇组成，其中所有的金属核心都是同样的
六价钨。制成薄膜时这种材料是透明的，但在被电化学
还原时会形成五价的钨位点，从而染上蓝色——电致变
色效应。

　　尽管仍有争议，但电致变色效应的机理被认为与电
子、质子或碱金属离子 (Li^+，Na^+ 或 K^+) 在材料中的注
入和去除有关。不管怎样，材料必须具备无定形的结构
才能表现出良好的电致变色性质。多晶薄膜也具有可观
的光调制能力，但主要发生在近红外波长上。

　　电致变色材料的商用前景是巨大的，例如应用于显
示器上，或是应用在智能窗户上以限制通过的光线及
热量。一些智能窗户已经面世，并将很快应用在最先
进的汽车及建筑中。从电气元件到建筑，不管被称为
"tungsten"还是"wolfram"，第 74 号元素都将继续体
现其全能的一面。

[7] Niklasson, G. A. &
Granqvist, C. G. J.
Mater. Chem. 17,
127–156 (2007).

铼的辨识

75　　Re
铼
rhenium
186.21

原文作者：

埃里克·赛瑞（Eric Scerri），*加州大学洛杉矶分校化学教授、*
The Periodic Table, Its Story and Its Significance 一书作者。

　　铼和锝不仅在元素周期表上属于同族，在被发现
（或其实没发现）的历史上也有相似之处。

　　铼位于元素周期表第 VIIB 族，锰往下两格的地方。
早在 1869 年，门捷列夫就预言了这种元素的存在。事
实上，在他首次发表元素周期表的时候，第 VIIB 族是
非常特别的一组：因为当时这一列中仅有锰一种已知元
素，下方却还有两个元素空位要补充。最终填上第一个
空位的是第 43 号元素锝 [1]，而填上第二个的则是第 75
号元素铼。

[1] Scerri, E. Nature Chem. 1, 332 (2009).

　　在这两种有待发现的第 VIIB 族元素中，铼元素于
1925 年被首先发现，随后被学界接受。通过艰辛漫长
地提取，德国人瓦尔特·诺达克（Walter Noddack）、
伊达·塔克（Ida Tacke，后来嫁给了瓦尔特·诺达克）
和伯格从大约 660 kg 辉钼矿中仅获得了区区 1 g 的铼 [2]。
今天的铼则是制取自钼和铜纯化过程中的副产物，分离
效率已经大为提高。

[2] Noddack, W., Tacke, I. & Berg, O. Naturwissenschaften 13, 567–574 (1925).

　　德国化学家将他们发现的这种元素命名为"铼"
（Rhenium），这个名字来自于莱茵河的拉丁语名字

"Rhenus"，这条大河流过他们的工作地点附近。他们同时还宣布分离出了第 VIIB 族另一个尚未被发现的成员，第 43 号元素——最终被称为"锝"，但他们的宣告引发了多个研究团队之间的激烈争论。到了 21 世纪初期，比利时和美国的研究团队重新分析了诺达克夫妇的 X 光证据，认为他们当时确实分离出了第 43 号元素[3]。但这些进一步的宣称也被不少放射化学家和物理学家强烈质疑，所以这一问题现在被束之高阁——至少暂时如此[4]。

说到伊达·塔克，正是她在 1934 年提出原子核可能分裂成多个碎片，即发生核裂变。但当时她的推测基本被无视了，且一直持续到 1939 年哈恩、施特拉斯曼和迈特纳在实验中真的发现了核裂变现象。无人支持伊达·塔克提出的假说，主要原因似乎要归结于她在 1925 年宣称发现第 43 号元素所产生的争议大大损伤了她的声誉。

另一个造化弄人的奇特例子则是，日本化学家小川正孝（Masataka Ogawa）早在 1908 年就表示他分离出了第 43 号元素，并将之命名为"Nipponium"（Nippon，日本）。他的宣称在当时也被否定，但 2004 年的研究发现，事实上他分离出的并不是第 43 号元素，而是铼——这远早于诺达克夫妇和伯格的发现[5]。

长久以来，人类一直没有在自然界中发现仅以铼为唯一阳离子（并与非金属元素化合）的矿物。然而到了 1994 年，一个俄罗斯研究团队在俄罗斯东海岸外的离岛火山口发现了硫化铼矿物[6]。因为其外观，这种矿物在科考现场被认作辉钼矿（第一次提取铼时使用的矿物），但在回到实验室后，科学家发现这种矿物中并不含有钼，而是由约 75% 的铼和 25% 的硫构成。

[3] van Assche, P. H. M. Nucl. Phys. A 480, 205–214 (1988).

[4] Kuroda, P. K. Nucl. Phys. A 503, 178–182 (1989).

[5] Yoshihara, H. K. Spectrochimica Acta B 59, 1305–1310 (2004).

[6] Korzhinsky, M. A., Tkachenko, S. I., Shmulovich, K. I., Taran, Y. A. & Steinberg, G. S. Nature 369, 51–52 (1994).

铼的化学性质复杂多变。所有已知元素中，铼的价态种类是最多的，从 –1，0，+1，+2 一路到 +7，其最常见的化合态是 +7。铼还带来了第一种金属 - 金属四键的发现：1964 年，阿尔伯特·科顿（Albert Cotton）和他的美国同事在 $[Re_2Cl_8]^{2-}$ 中发现了铼 - 铼四键[7]。

相当比例的铼被用于制造喷气引擎所使用的超级合金零件。同时就像其他过渡金属一样，铼也被用于催化多种反应。例如，在制取无铅高辛烷值汽油的重要反应中，最受欢迎的催化剂正是由铼和铂组成的。由于铼催化剂对氮、磷和硫的侵蚀有着极高的抗性，使其对各种化工过程中的加氢反应非常有用。

最近，二硼化铼这种构成相对简单的化合物吸引了不少注意：该化合物是所有已知物质中最硬物质之一，但和其他超硬材料（例如钻石）不同，制造二硼化铼并不需要高压[8]。

虽然铼是所有稳定元素中最后一个被发现的，但是它的性质和应用仍然是相当重要的。

[7] Cotton, F. A. & Walton, R. A. Multiple Bonds Between Metal Atoms (Oxford Univ. Press, 1993).

[8] Qin, J. et al. Adv. Mater. 20, 4780–4783 (2008).

76 Os
锇
osmium
190.23(3)

重磅胜出的锇

原文作者:

格雷戈里·吉罗拉米（Gregory Girolami），美国伊利诺伊大学厄巴纳 - 香槟分校化学教授。

吉罗拉米讲述了第 76 号元素如何击败另一个势均力敌的竞争对手，夺得"已知最大密度金属"的称号，而后又在获得诺贝尔奖的化学反应中崭露头角。

[1] McDonald, D. Notes Rec. R. Soc. Lond. 17, 77–94 (1962).
[2] Griffith, W. P. Platinum Metals Rev. 48, 182–189 (2004).

锇之所以能被冠以最重化学元素称号，一切还要从英国化学家史密森·特南特（Smithson Tennant，1761—1815 年）说起。特南特获得了医学学位，但是目睹患者的痛苦使他深感不安后，决定放弃行医并决定投身到化学事业中 [1,2]。他养成了一些不合常规的试验习惯，比如找不到过滤用的亚麻布时，他经常用手帕或者在衣服上剪下一截布来代替。

1800 年，特南特与人合伙创办了一家销售铂金的企业，并开始制备大量铂金。他注意到用王水（浓硝酸和浓盐酸的混合物）从原矿石中提取铂时，会留下难溶的黑色残余物——在他之前也有其他人注意到这一点。1804 年，他宣布从这些残余物中分离出了两种新的金属元素：一种是铱（iridium），因铱的颜色绚丽夺目而得名（注：铱的英文名源自希腊神话中的彩虹之神伊里斯（Iris））；另一种是锇，其英文名源自希腊单词

"osme"，即臭味，因为它的氧化物有一种刺鼻的特殊气味。

锇是最稀有的稳定元素，它在地壳中的平均丰度约为每 200 t 含有 1 g。如今，工业用的锇是精炼镍和一些更常见的铂族金属时的副产品。一辆汽车的后座就能轻松装下锇的全球年产量（约 500 kg），这一产量不到黄金的 1/5000。

人们很早就知道元素周期表中的锇和铱这一对邻居是所有金属中密度最高的（两者密度都是铅密度的 2 倍多），但哪一个更重一直是个争议不断的问题。直接通过称量已知体积的样品得到的密度并不十分精确，部分原因在于很难保证样品中毫无内部空隙。更好的办法是借助它们的晶体结构和原子重量加以计算。可是，因为它们的密度实在是太接近了，所以测量精度的提高会时不时地让最重元素这一称号易主。

自从锇被发现之后，大部分时间里它都占据着密度最大金属这一称号，但是在 20 世纪的几十年中这个称号则属于铱。20 世纪 90 年代时，更精确的研究表明，锇的密度刚好比铱的密度稍大一点 [3]：当前在 20 ℃时的测量值 22.587 g/cm^3（锇）和 22.562 g/cm^3（铱）只有 0.1% 的差别。

[3] Arblaster, J. W. Platinum Metals Rev. 39, 164 (1995).

锇虽然稀缺，价格却比黄金便宜得多，这是因为锇缺少商业用途。蓝灰色、硬而脆的锇金属在外观和手感上多少欠缺些吸引力。尽管如此，第 76 号元素仍然拥有一些可圈可点的特性。

锇金属在外部压力下有很强的抗压能力，它拥有在所有物质中最低的可压缩性，甚至可与钻石媲美。锇可以和铂族金属其他元素混合形成合金，因其高硬度而具有特殊应用，比如电路触点、机器的耐磨部件和高端钢

笔的笔尖。心脏起搏器和人工心脏瓣膜等外科植入物中使用锇合金是著名的都市传说，但事实并非如此。

虽然它的金属形态几乎没有什么实际应用，但锇的化学性质却不迟钝——它具有从 −2 一直到 +8 价的 11 种不同氧化态；这种多样性只有钌以及其他一些过渡金属可以与之相比。此外，锇（以及铁、钌和氙）所拥有的高达 +8 价的氧化态是所有元素中在正常环境下观察到的最高价态。

锇最有价值的化合物是其四氧化物 OsO_4——一种在显微镜观测和指纹检测中被用作着色剂的无色固体。在一些工业制程中四氧化锇也被用作催化剂，例如某些抗肥胖和抗糖尿病药物的制备过程。这些工艺都基于化学家 K. 巴里·夏普莱斯（K. Barry Sharpless）的诺贝尔奖获奖成果：他以四氧化锇为关键成分配制出一种出色的多组分催化剂，可为碳 - 碳双键添加两个羟基（醇类）官能团[4]。

综上所述，形容某物很重时说"像铅一样重"就显得不太用心了。不过，我猜人们也不会再改口说"像锇一样重"了。

[4] Sharpless, K. B. Angew. Chem. Int. Ed. 41, 2024–2032 (2002).

铱之影响

原文作者：

大卫·佩恩（David Payne），伦敦帝国理工学院材料系。

佩恩讲述了铱在两个截然不同的时代里所扮演的角色。

铱的故事古今相接。它和锇于 1803 年同时被英国化学家特南特发现。特南特于 1761 年出生在约克郡的塞尔比，学过医学，但毕业后发现性格不适合行医，于是转而专研化学。1785 年，23 岁的特南特尽管尚未发表任何学术文章，却被选为英国皇家学会会员。实际上，他在整个职业生涯里就没发过几篇文章，但是每一篇文章都是重量级的。比如，他向世人揭示了钻石仅仅是由碳构成的 [1]。

[1] Tennant, S. Phil. Trans. 87, 123–127 (1797).

"铱氧化物的绝缘态预计将会表现出奇异的物理现象。"

特南特通过收集王水腐蚀铂矿石残留的非溶性黑色杂质发现了第 76 号元素锇和第 77 号元素铱。他用碱性的苏打处理过这些杂质后，再反复使用盐酸进行提炼，从中得到了一种红色晶体，该晶体极有可能是 $Na_2[IrCl_6] \cdot nH_2O$。这种晶体在加热后会生成一种白色粉末，特南特对它的描述是："加热到了我能达到的最高温度都无法使之融化的物质。" [2] 他以希腊神话中诸

[2] Tennant, S. Phil. Trans. 94, 411–418 (1804).

神的信使、彩虹女神 Iris 之名，将其命名为 "iridium"，按他的原话说，是因为这种金属溶于盐酸时会产生 "幻彩斑斓的色彩" [2,3]。

[3] Griffiths, W. P. Platinum Metal Rev. 48, 182–189 (2004).

铱的物理性质从它被发现的那一刻就非常清楚了：高熔点（2447 ℃）、高硬度（1760 MPa）以及高密度（22.56 g/cm^3，是铅的两倍多，仅次于锇）。铱是地壳中丰度最低的元素之一，大约是金含量的 1/40。可能由于铱的亲铁性，铱在地球形成时沉入地心。铱的来源主要是作为铜和镍电解精炼过程中的副产物，其年产量仅为 3 t，因此铱是一种昂贵的商品。

虽然稀少，铱仍在科技应用上找到了一席之地——尽管很有限。铱抗腐蚀能力强，在高温下也表现不俗，这就使其成为非常理想的火花塞和引擎的构件，被应用在航空工业中。铱也常被应用在均相催化中，比如有机铱化合物被用来催化甲醇羰基化生成乙酸。另外，氧化加成反应中使用的沃什卡（Vaska）配合物 $IrCl(CO) \cdot [P(C_6H_5)_3]_2$，拥有一种非比寻常的能力——能可逆地与双原子氧结合。

铱的氧化物在过去的 10 ～ 15 年间也吸引了很多人的兴趣。作为一个重过渡金属元素，拥有半填满的 5d 电子轨道，其氧化物理应显示出金属导电性，然而由于相对论效应（准确地说是自旋 - 轨道耦合效应）对于电子层结构的影响，使得很多铱氧化物表现为绝缘状态。这些绝缘体已被预测会有奇异的电磁现象 [4]。

[4] Zhao, L. et al. Nature Phys. 12, 32–36 (2016).
[5] Wang, G. et al. Nature 514, 475–477 (2014).

最近 77 号元素因为分离出来的化合物 $[IrO_4]^+$，而在化学界爆出了新闻 [5]。该化合物中，铱达到了 +9 价，是已知的最高氧化态，此前从未被发现过。这也使铱成为了具有最广的氧化态范围（从 -3 价一直到 +9 价）的元素。

铱对于我们星球远古时代的影响比其在现世的发展更惊人，它涉及了一场巨大的席卷全球的灾难事件。6500 万年前发生的白垩纪 - 古近纪（K-Pg）物种灭绝事件，致使地球上包括所有的非鸟类恐龙在内的 70% 的动植物物种消失。地质记录印在了 K-Pg 界线上，即一层薄薄的沉积层，该沉积层内的铱含量非常高——远远高于其在地壳中的自然丰度。而小行星多含有大量的铱元素，所以路易斯·阿尔瓦雷茨（Luis Alvarez）和他的同事们 [6] 据此假设是小行星的撞击造成了 K-Pg 物种灭绝事件，随后一个大小与该假设匹配的陨石坑在墨西哥尤卡坦半岛被发现。此外，在 K-Pg 界线之上一直没有发现恐龙化石的这一事实，进一步印证了恐龙灭绝是因一颗含有大量铱的小行星撞击所致的理论。今日地壳中很大一部分铱应该是来自于那颗小行星的撞击。

第 77 号元素过去参与了一个时代的终结，如今也找到了应用之地，但是它仍然还有很多惊奇等待我们去探索。

[6] Alvarez, L. W. et al. Science 208, 1095–1108 (1980).

78　　Pt
铂
platinum
195.08

在铂的闪光背后

原文作者：

任咏华，中国香港大学化学系。

铂不仅稀有珍贵，且耐磨耐锈蚀，因此一直以完美吻合珠宝业需求著称，在其高贵的形象之外，任咏华在本文中展示了铂又是如何进入从石化到制药的各行各业的。

事实上，铂的名字来自于另一种元素。铂（platinum）一词来源于西班牙语"platina"，意为"小银"，这个称呼则源自它的颜色。在自然界中，铂一般以单质形式出现，或是与少量的其他金属（尤其是铱）形成天然合金。

铂最主要的应用在于催化剂，特别是在汽车工业中，用来催化废气中低浓度的未燃烧烃类完全燃烧成二氧化碳和水蒸气，以及在石化工业中裂解长链烃。在最新潮的可再生能源行业中，铂同样崭露头角：铂纳米粒子被用于制备燃料电池，从而能够环保地制取氢。

另一个重要领域是铂药物的研制，近来则进入了药物前体的研发——这类化合物在刚进入人体时不具药物活性，但在之后将会转化为具有药效的形态。自 1969 年罗森伯格（Rosenberg）第一次报告顺铂 [1] 的抗肿瘤特性以来，无数人都对其药物机理产生了浓厚的兴趣；

[1] Rosenberg, B., VanCamp, L., Trosko, J. E. & Mansour, V. H. Nature 222, 385–386 (1969).

随之而来的则是第二代和第三代铂 (II) 抗癌药物（卡铂和奥沙利铂），以及铂 (IV) 药物前体——例如赛特铂现在正在由美国食品药品监督管理局进行审批。虽然这类平面四边形铂 (II) 配合物药物的机理仍然不明，但现在可以确定它们通过交联 DNA 产生药效，而其他一系列具有平面辅助配体的铂 (II) 配合物则能够作为 DNA 金属嵌入剂使用。

近年来，铂配合物中也会被插入光敏基团，以此协助光活化癌症化疗或药物（前体）递释。铂 (II) 的卟啉、卟吩配合物及其衍生物系列同样能作为光敏剂，用于在光动力疗法（photodynamic therapy，PDT）中产生单线态氧——铂的重原子效应能够强化系间窜越效率，以此提高 PDT 的疗效关键：单线态氧 $^1(O_2)$ 的量子产率。

平行于这一系列研究成果的，则是卟啉铂 (II) 及其衍生物被确认为是具有长寿命三重激发态的磷光配合物。因此，这一系列配合物极易被氧荧光淬灭，从而有希望应用于对氧的光传感探知——这将有利于压敏漆的研发。另外一些铂 (II) 配合物，如多吡啶配合物，不仅具有丰富的磷光特性，而且结构多变，能产生多种鲜艳的颜色。一种较早的颜色鲜明的铂 (II) 配合物样例便是一维化合物马格努斯盐[2]（Magnus's green salt，$[Pt(NH_3)_4][PtCl_4]$）。

平面四边形结构的铂 (II) 化合物以其强烈的金属间相互作用倾向而知名。这一效应导致了一些有趣的光谱特征，在紫外-可见光频率上和发射光谱中都能观察到。总体而言，存在金属间相互作用时，能观察到吸收与发射波长发生了红移，而这一现象有时会表现为肉眼可见的颜色或发光颜色的改变[3]。铂 (II) 化合物丰富的磷光特性还使其获得了多样的用途：白光有机发光二极管，

[2] Magnus, G. Pogg. Ann. 14, 239–242 (1828).

[3] Yam, V. W. W., Wong, K. M. C. & Zhu, N. J. Am. Chem. Soc. 124, 6506–6507 (2002).

针对多种易挥发有机化合物的气致变色和气致发光传感器、化学传感器、生物探针、标记以及显像剂。

铂 (II) 化合物的平面结构和电荷输运特性还带来了引人注目的场效应电荷迁移率。由于这种电荷输运特性，一系列的铂 (II) 化合物和聚合物已经被用于制作各种光敏剂和有机光伏材料。铂 (II) 化合物独特的非共价金属间相互作用具有氢键级别的强度，而这为建造超分子组装体、有机凝胶、聚合物和纳米结构提供了崭新的策略。

这些组装体中标志性的颜色及发光变化能够被用来检测溶胶 - 凝胶转变过程和应激响应微环境的变化。基于铂 (II) 化合物，科学家还构造了分子导线和多金属自组装配位结构 [4]；其中一些能稳定住不同寻常的客体分子，而另一些则能作为定点纳米反应器使用。

实践证明，铂是一种"多才多艺"的元素，能进行各种魅力十足的反应。它已经在各种领域内显现出极大的重要性；毫无疑问，铂化学在将来数十年中仍会继续吸引更多的注意。

[4] Leininger, S., Olenyuk, B. & Stang, P. J. Chem. Rev. 100, 853–908 (2000).

79   Au

金

gold

196.97

金色未来

原文作者：

格雷厄姆·哈钦斯（Graham Hutchings），英国卡迪夫大学化学院教授。

金催化剂已经快速发展成一个拥有巨大潜力的重要研究领域，新发现正与日俱增。在本文中，哈钦斯讲述了这一切的前因后果。

金是最贵重的元素，因此它在金融、艺术以及珠宝界处于核心地位。一些伟大的文物，比如图坦卡蒙木乃伊的面具，能够至今仍保持着几千年前被刚刚制造出来时的美丽，就要归功于这种性质。金也是财富的代名词，炼金术士用了数百年一直妄图用基础元素来制造出金；曾有一个被称为水银派（Mercurialists）的炼金学派认为金是能由汞和硫制成的。

金被认为是永恒的元素，换言之它是不可改变的，也就是说我们不应该期待它有任何化学活性。确实，化学教科书里与金相关的内容总是页数最少的——在化学上，它往往被认为是一种比较无聊的元素。然而，自20世纪80年代至今，情况已大有不同。将金分成仅含有几个原子的微小的纳米级碎片，它就会成为一种异常有效的催化剂，而催化剂是制造如今大部分商品的关键。对金催化剂这一奇观的阐明耗时许久，这都是因为

我们先入为主的偏见——在化学上，人们过去一直认为
金是无趣的、不太会参与反应，没人想过进行更深入的
研究。

20 世纪 80 年代，时间相去不远的两个发现让化学
家们开始重新审视金。在日本大阪工业技术试验所工作
的春田正毅（Masatake Haruta）尝试合成含金的混合
氧化物，并发现这些材料能以极高的活性催化一氧化碳
的氧化。紧接着，他发现金原子是在氧化物基底上组成
了纳米颗粒。这一组合在温度低至 –76 ℃仍能保持催化
活性，这已经很接近地球上的最低环境温度（南极沃斯
托克的 –89.2 ℃）了——因此金可以被广泛地应用于室
温下一氧化碳的氧化。

金催化剂的卓越活性使得人们对这一元素兴趣暴
增，化学界迫切地想要理解金的催化效率为什么如此之
高。起初，研究者们认为活性物种是直径为 2~5 nm 的
金纳米颗粒。然而，这一结论是当时有限的电子显微镜
分辨率的结果。伴随着像差校正显微镜的出现，单个金
原子的成像已经可以实现。现在我们了解到金的催化活
性应当来自于非常小的金原子簇，每个金原子簇含有

7~10 个原子。

春田在日本做出他的发现时，我正在南非工作，试图找出一个催化乙炔氢氯化的催化剂，而乙炔氢氯化是生产聚氯乙烯的关键步骤。工业上一直使用对环境有害的氯化汞作为这一步的催化剂。在 1982 年 9 月的一个下雨的星期六下午，我正在约翰内斯堡分析已发表的多达三十余种的金属氯化物催化活性的数据。从这些数据中可以看出，使用不同的金属氯化物作为催化剂，可以产生极大的催化活性差别。当然这些数据并不能用来作出有效预测。但在以活性数据与标准电极电势为坐标轴绘制关系图之后，相关性立刻浮出水面。这对我来说真如醍醐灌顶：我能够预测金将是这个反应最好的催化剂，并紧接着用实验证明了这一预测——这是我与金催化剂的第一次美妙邂逅。

在均相催化和异相催化上，金如今成了很多新发现中的关键所在。它也为进军绿色可持续性化学发展提供了新的方向。除了一氧化碳氧化和乙炔氢氯化这两个金最初显现出催化活性的反应之外——至今金仍是其最佳催化剂——对其他的氧化反应而言，金也是同样高效的，尤其是对烯烃环氧化和醇氧化的催化，包括生物可再生原料如甘油和糖的氧化。金也是高选择性的加氢催化剂。此外，金与钯结合后，还能极好地催化由氢和氧直接生产过氧化氢的反应，这可能为这一日用化学品的生产制造提供一个更加环保的路线。

我现在偶尔会忍不住地想：金将会是所有反应最好的催化剂。尽管很明显并不是这样，但金这名元素"灰姑娘"确实已经褪去了不起眼的装束，正要步入反应活性的高端舞会。

80 Hg
汞
mercury
200.59

迷人的汞

原文作者：

乔尔·D. 布鲁姆（Joel D. Blum），美国密歇根大学。

布鲁姆认为汞存在两面性，它既有许多独特的、有用的化学性质，又伴随着黑暗与危险。

众所周知，炼金术中的哲学思想为现代化学的原理和规程奠定了基础，而汞正是炼金术研究的核心。欧洲的炼金术士认为汞是所有金属的主要成分，并且可以与其他金属结合变成黄金。现在我们知道事实并非如此，但汞确实可以溶解细金屑，并因此被广泛用于手工采金。

汞的化学符号是 Hg，来自其早期的名字"hydrargyrum"。这个在拉丁语中意为"水银"的名称，得名于汞那闪亮的液体金属形态，这也是其俗称水银（quicksilver）的起源。汞是室温下唯一一种液态金属，这种现象最近被证明是由相对论效应而产生 [1]。

高密的液态金属是一种非常有用的材料。因此，汞有着广泛的应用，从温度计、气压计到电开关、电池、牙科用汞齐、灯泡甚至用于高倍天文望远镜的液压系统。在化工生产中，汞也被广泛应用于电解槽。

汞听起来像是"神奇元素"，但它也有黑暗的一面。在 20 世纪 50 年代，全球生产的大部分汞被用于通过

[1] Calvo, F. et al. Angew. Chem. Int. Ed. 52, 7583–7585 (2013).

汞齐化分离锂 -6 同位素，这是为了服务于氢弹的制造。另外，在几乎所有的形式中，第 80 号元素都是一种强效的神经毒素。在处理毛皮的过程中暴露于硝酸汞的帽匠会产生中毒的症状，这也产生了"像帽匠一样疯狂"（mad as a hatter）这个短语。类似地，日本沿海城镇的居民因为食用被附近工厂污染的鱼，从而暴露于高毒性、可生物累积的甲基汞。这种中毒导致的神经系统紊乱被称为水俣病。

汞天然存在于煤炭矿藏中，煤炭燃烧时就会释放气态单质汞。因为气态汞拥有超过一年的大气寿命，所以它会分布到地球的每一个角落。一些气态汞与树叶发生反应，并直接沉积在森林中。同时，大气中的光化学反应也会氧化单质汞，随后这些氧化物会沉降下来，甚至在最偏远的湖泊、海洋和陆地生态系统[2]都能找到它们。与此同时，汞在家用产品中的广泛使用也导致它存在于废弃物物流中。

汞的无机形态一般是从大气中沉淀的，这些产物的浓度足够低，所以不会产生健康问题。然而，相当数量的厌氧微生物具有将无机汞转化为甲基汞的能力。2013

[2] Blum, J. D. et al. Nature Geosci. 4, 139–140 (2013).

[3] Parks, J. M. et al. Science 339, 1332–1335 (2013).

年，负责汞甲基化的基因已经被识别出来，这使我们有可能根据汞甲基化的能力筛选微生物 [3]。水生和陆生食物链中的生物放大作用，会使在食物链中处于高位的动物（包括食肉鱼、吃鱼的哺乳动物和以昆虫为食的鸟类）累积了足以中毒的甲基汞。

自然界中的微生物和光化学反应可以将一些甲基汞转换回无机形态，因此甲基化和去甲基化反应之间的对弈最终控制了环境中的甲基汞水平 [2]。为了更好地了解汞在环境中的行为，以及控制其流动性和毒性的变换过程，研究人员致力于寻找汞在各种可能来源中的特征痕迹。2007 年，我的研究小组发现了一个现象：在光化学反应过程中，汞的磁性同位素与偶数同位素反应速率不同，这个现象促生了汞的非质量同位素分馏法（MIF）[4]。

[4] Bergquist, B. A. & Blum, J. D. Science 318, 417–420 (2007).

MIF 现象背后的化学本身就很有趣。它可以发生在涉及存在时间短暂的自由基对的反应中（磁同位素效应），也可以发生在平衡反应中（核体积效应）[4,5]。汞的非质量同位素分馏与质量同位素分馏的比例，以及两种不同的奇数同位素汞 -199 和汞 -201 在非质量同位素分馏中的比例，可以用来确定与汞相关的反应机理及配体。这证明同位素是梳理汞的复杂的生物地球化学的一个非常有用的工具 [5]。

[5] Blum, J. D. in Handbook of Environmental Isotope Geochemistry (ed. Baskaran, M.) 229–246 (Springer, 2011).

许多年前，当我开始研究汞时，一位睿智的资深同事警告我说："一旦你深入研究汞的化学行为，就没有回头路了。"我曾认为这个评论对我不适用，但自从我了解汞丰富的化学性质后就着了迷，就像这个液态金属的光泽一样引人注意又让人沉迷。

81　　Tl

铊

thallium

204.38

[204.38, 204.39]

有毒的铊

原文作者:

安德斯·伦纳特松（Anders Lennartson），瑞典查尔姆斯理工
大学化学与生物工程系。

铊以毒性闻名，伦纳特松在此思考了铊对社会的
贡献。

元素周期表第 13 族中最轻的元素是硼，它已有几
百年的医学应用历史，工业应用也是丰富多样。想象如
果没有硼硅酸盐玻璃器皿，化学家们该怎么办呢？下一
个成员铝更是无处不在，从包装巧克力棒到建造宇宙飞
船，到处都能见到铝的身影。接下来的镓和铟更是现代
电子产品中必不可少的元素，例如，氮化铟镓（InGaN）
被用作蓝色发光二极管的发光层。在这一族的最后出现
了一个"异类"——铊。铊化合物的应用范围包括光敏
电阻、光学玻璃和某一类高温超导体，但是第 81 号元
素在消费产品中没有任何实际的广泛应用。总而言之，
没有它，我们似乎可以活得很好，甚至可能是更好。

铊的故事要从 1861 年说起。当时，克鲁克斯爵士
使用新发明的分光镜在硫酸厂的废弃残渣中寻找碲。结
果，他没有发现任何碲，反倒观察到一束未知的绿色光
谱线在闪烁。克鲁克斯将这个新的元素命名为"铊"，
来自希腊语"θαλλός"，意为"绿枝"。同期，法国化学

家克劳德 - 奥古斯特·拉米（Claude-Auguste Lamy）也在独立使用从硫酸厂得到的材料进行着类似的工作。因此，第一个制备出金属铊的是克鲁克斯还是拉米，在英吉利海峡两岸就引起了重大争议[1]，直到两位科学家都得到承认后争议才逐渐平息。

与其他更轻的第 13 族元素相比，铊更倾向于形成 +1 而不是 +3 氧化态。由于其离子半径与钾离子类似，因此我们的身体容易吸收 Tl+。随之而来的后果往往是致命的，因为它破坏了钾离子参与的重要生理过程，但确切的机制尚不清楚。摄入看似无害、无色、几乎无味的铊盐，会导致胃和神经系统紊乱，并使器官快速衰竭。在低剂量的情况下，症状显现得比较缓慢，很容易被归于其他疾病。这让铊中毒相当隐蔽，也是铊被称为投毒者的最佳之选的原因。铊中毒的一个典型特征是毛发大量脱落。

铊被发现后不久，人们就注意到其毒性很大，因此将铊广泛地用作鼠药。后来由于发生了许多悲惨的事故和谋杀案，许多国家认定铊不安全，并禁止使用。1961 年，阿加莎·克里斯蒂（Agatha Christie）在小说《白马酒店》中写到了铊，并因此而挽救了一条生命。事情是这样的：1977 年，一名来自卡塔尔的 19 个月大女婴因患有严重的未知疾病，被送往伦敦的哈默尔史密斯医院。没有确切的诊断结果，医生束手无策。幸运的是，有一位护士正在读《白马酒店》，并意识到患者的症状与克里斯蒂虚构的受害者之间的相似之处。患者尿液样本中的确检出了高含量的铊，医生据此使用了铊解毒剂——普鲁士蓝，它能与铊结合并促使其排出体外。《白马酒店》之后的重印版描述了这个案例[2]，并附上了致谢："感谢已故的阿加莎·克里斯蒂，她的临床描述

[1] Gmelins Handbuch der Anorganischen Chemie. Thallium (Verlag Chemie, 1940).

[2] Matthews, T. G. & Dubowitz V. Brit. J. Hosp. Med. 17, 607–608 (1977).

是如此出色和敏锐；感谢梅特兰护士让我们了解到最新的文学作品。"

英国连环杀手葛拉汉·杨（Graham Young，1947—1990 年）也因使用铊而臭名昭著，被称为"茶杯投毒者"[3]。14 岁时，他用醋酸铊杀死了他的继母。当他尝试使用同样的方式向他父亲投毒时被发现，之后被送往布罗德莫精神病院。他在 23 岁时获释，并重拾他的"爱好"。没过多长时间，一种神秘的疾病开始在他同事中扩散，并最终导致两人死亡。是杨自己建议公司医生检查铊中毒，这才使调查走上正轨。最终，他在铁窗内度过了余生。

考虑到铊的非选择性毒性和有限的应用，倒不如让那绿色的谱线一直被忽视，也许这样并不会有多大的损失，还可以避免元素发现之争。

[3] Emsley, J. The Elements of Murder. A History of Poison (Oxford Univ. Press, 2005).

82 Pb

铅

lead

207.2

字里行间的铅

原文作者:

索莫布雷塔·阿查里雅（Somobrata Acharya），印度科学培养学会。

阿查里雅探索了铅的历史、性质及应用。作为一种古老的金属，铅与现代科技依旧息息相关，但使用铅时也需要谨慎小心。

铅是人类最早了解的金属之一。第 82 号元素的历史最早可以追溯到公元前 6400 年新石器时代的聚落加泰土丘（位于现今土耳其中部）。希伯来语的"opheret"和古希腊语的"molybdos"这两个词在《旧约》的英文翻译中就写成"lead"（铅）[1]。作为一种在整个古代世界都很常用的金属，人们认为铅也被用在古巴比伦的"空中花园"中作为覆盖物来保存水分。铅这种柔韧且易于延展的重金属储量丰富，易于使用。而且，它的性质还可以通过与其他金属（如铜或锑）形成合金来加以调整。这些性质使铅具有广泛的应用，比如用来制作遍及罗马帝国的水管。铅在工业革命中也发挥了关键作用。

铅的符号 Pb 来源于其拉丁文名称"plumbum"，实际上这个词一般指的是广泛意义上的软金属。事实上，在 16 世纪以前，铅和锡都没有明确的区分，当时

[1] Mellor, J. W. A Comprehensive Treatise on Inorganic and Theoretical Chemistry Volume VII, Chapter XLVII (Longmans & Green, 1937).

铅被称为"黑铅"（plumbum nigrum），而锡被称为"白铅"（plumbum candidum）。这个拉丁词根在其他语言中至今依然存在，比如法语的"plomb"（铅），英语的"plumber"（水管工）、"plumbing"（水管）——铅的高耐腐蚀性使它成为常用的管材。

纯铅是青白色的，并且具有明亮光泽。当没有已知的同素异形体干扰时[2]，铅会结晶成面心立方结构的晶体。暴露在潮湿的空气中后，纯铅的光泽会很快因为表面形成的铅氧化物而消失。这层氧化物会保护内部的金属。自然界中的铅很少以单质形式存在，但常与其他金属一起形成矿石——地壳中最丰富的铅矿石是方铅矿（PbS）。自然形成的铅是铀和钍在经过氡-222 的放射衰变过程之后产生的。铅有四种稳定的同位素（铅-204、铅-206、铅-207 和铅-208），其中前三种被用于推测岩石的年龄。铅化合物主要存在 +2 和 +4 两种氧化态，前者更常见。

早期从矿石中提取铅的方法需要在空气中焙烧矿石。这会将铅硫化物转化为铅氧化物和铅硫酸盐，之后再将这些产物与石灰石和焦炭一起熔炼以获得粗铅。今天，铅的年产量中大约有一半来自采矿业，其余则来自铅回收。

铅化合物与现代技术中几个至关重要的发现有关。1874 年[3]，F. 布劳恩（F. Braun）在金属与方铅矿的点接触中发现了整流性质。1901 年，贾格迪什·钱德拉·博斯（J. C. Bose）用方铅矿探测到了电磁波，这是无线电发展[4] 的一个关键事件。基于铅硫族化合物（即硫化物、硒化合物和碲化合物）的红外探测器代表了红外技术的一大重要进步，这被用于夜视设备以及化学家们使用的光谱分析技术。铅的硫族化合物还具有较低的直

[2] Rochow, E. G. The Chemistry of Germanium, Tin and Lead (Oxford Pergamon, 1973).

[3] Braun, F. Ann. Phys. Chem. 153, 556–563 (1874).

[4] Rogalski, A. Opto-Electronic Review 20, 279–308 (2012).

接带隙，并可通过改变晶粒的大小来调整带隙，从而能覆盖非常广的光谱范围。这种现象被称为量子限域效应。这也是很多设备的理论基础，如场效应晶体管、太阳能电池和光电探测器。

铅的广泛生产和消费一直持续到 20 世纪，它被用于汽油、铅酸蓄电池、油漆、辐射屏蔽并在聚乙烯塑料工业中作为稳定剂。然而，无论是急性中毒，还是更常见的长期接触，人类都很容易受到铅毒性的影响。铅会在人体内累积，干扰各种生理过程，并导致具有多种症状的神经毒性效果。早在古罗马时期，由于"铅糖"（醋酸铅）饮料和铅供水管道的使用，当时产生了多种与铅有关的疾病。但是这些早期警告直到 20 世纪中叶才转变为实际行动。从那时起，许多国家都开始密切关注铅的使用，并出台了诸如禁止汽油和油漆中使用铅等措施。

幸运的是，铅中毒现在可以使用螯合剂治疗（通常是乙二胺四乙酸），因为它们易与重金属形成可从身体排出的络合物。不幸的是，按照目前的使用率估算，铅这个我们依赖了几千年的金属将在大约四十年内耗尽。这个情况也产生了一些积极影响，在这种趋势下，我们重新对铅的回收技术以及燃料电池技术的进展产生了兴趣。

环保的铋

原文作者：

拉姆·莫汉（Ram Mohan），美国伊利诺伊卫斯理大学化学系。

```
83              Bi
      铋
    bismuth
    208.98
```

在本文中，莫汉讲述了在元素周期表中被有毒重金属环绕却出奇地人畜无害的铋元素，是如何激发从医药到工业化学等诸多领域的广泛兴趣的。

元素周期表的第 83 号元素——铋在古代就为人所知，但人们往往将这种元素与铅和锡混为一谈。直到 1753 年，法国人克劳德·弗朗索瓦·杰弗里（Claude François Geoffroy）才将铋从这些元素中分离独立出来。铋（bismuth）这个词本身来自德语"wismuth"（白色物质）。研究表明，早在 16 世纪，印加人就懂得利用铋：他们将铋与锡混合成铋青铜用于制造小刀[1]。在伦敦证券交易所，铋也曾被用来进行炼金术诈骗：19 世纪 60 年代，匈牙利难民尼古拉斯·帕帕菲（Nicholas Papaffy）说服了大量投资者对他进行投资，用于他号称能将铋和铝转化为银的技术。这大大抬升了金属市场上铋的价位，并让他能够在利德贺街（伦敦证券交易所所在地）开设一家新公司。但当公司开业时，帕帕菲已经带着四万英镑（这在当时是一笔巨款）远走高飞了[2]。

铋在自然界中主要存在于辉铋矿（硫化铋）及铋华

[1] Gordon, R. B. & Rutledge, J. W. Science 223, 585–586 (1984).

[2] Brock, W. H. The Norton History of Chemistry 1st edn (W. W. Norton, 1993).

（氧化铋）中，但也存在单质形式的铋：因为覆盖着的氧化层厚度不同，单质铋晶体表面会反射出五彩光芒。铋通常是以铜、铅及锡矿产业的副产物出现，所以虽然它属于稀有金属，但却并不昂贵。

　　虽然经常被称为最重的稳定核素——同时也因此派生出大量用场——铋 -209 实际上还是有一点点放射性的。这一点最初是由法国的天体物理学家在 2003 年通过理论研究预测出来的 [3]；他们的计算结果表明，铋 -209 的半衰期长达 1.9 × 10^{19} 年，而宇宙的年龄估计才为 1.4 × 10^9 年。

[3] Marcillac, P. D., Coron, N., Dambier, G., Leblanc, G. & Moalic, J.-P. Nature 422, 876–878 (2003).

　　虽然在元素周期表上，铋周围都是有毒重金属，铋及其化合物却人畜无害得令人称奇——很多铋化合物的毒性甚至比食盐（氯化钠）[4] 还低！这在重金属元素中是绝无仅有的，铋因此荣获了"绿色元素"称号。为此，整个化妆品和医药化学界对铋投射了大量的关注。例如，氯氧化铋就被用于给化妆品和护肤品赋予珍珠般的光泽。这种化合物在市场上销售时也被叫做布朗粉。因为它对 X 光不透明的特性，它还被用于制造导尿管，以便于诊断和手术的进行。此外，硝酸氧铋也被用于手术杀菌。

[4] Suzuki, H. & Matano, Y. (eds) Organobismuth Chemistry (Elsevier, 2001).

　　名声最大的含铋药物大概是胃肠用铋 Peptobismol，这种非处方药在美国随处可见，被用于治疗胃肠紊乱。它的有效成分是水杨酸氧铋。这种药物是在 20 世纪早期由一名医生在家调制的，用于治疗"婴儿假霍乱"，被这种疾病感染的婴儿会突然开始上吐下泻，并可能因此死亡 [5]。这种药物的机理到现在仍不完全清楚，但一般认为它会在消化道壁上形成一层保护膜，以防止消化道受到进一步的刺激。

[5] http://www.pepto-bismol.com/

　　铋有很多有趣的特性，因此在工业上也有广泛的应用，在焊料中就经常使用铋。铋金属是少数在凝固时体积会膨胀的物质（另一个具有该性质的物质是水），因此被用于制备需要膨胀填充印刷模具的低熔点活字合金。同时，氧化铋也是一种叫"龙旦"的烟花的主料；这种烟花会先放射光影效果，然后爆炸。铋现在正在越来越多的场合代替具有高毒性的金属铅。因为两者密度相近，而不少国家已经禁止在射猎水鸟的时候使用铅弹了。铋同时也是最具反磁性的材料之一——和石墨一样，在磁场中会被排斥开来——因此被用于制造磁悬浮列车，这种列车的行驶速度能超过 400 km/h。

最近，在有机合成中，作为路易斯酸，环保的三价铋化合物催化剂得到了重要的应用。与其他具有腐蚀性的路易斯酸 [6] 相比，低毒、易处理且相对廉价使得铋化合物具有极大的吸引力。我们不仅在有机合成中开发了铋 (III) 盐的应用，还设计了一些铋盐催化的绿色化学反应用于本科生教学实验 [7]。

综上所述，铋是一种用途广泛、相当环保的金属。在环保意识日趋高涨的当下，可以预见，从有机合成到工程学，像铋这样的环保金属将会得到更多的应用。

[6] Leonard, N. M., Wieland, L. C. & Mohan, R. S. Tetrahedron 58, 8373–8397 (2002).

[7] Roesky, H. W. & Kennepohl, D. K. (eds) Experiments in Green and Sustainable Chemistry 50–56 (Wiley-VCH, 2009).

84 Po
钋
polonium

剧毒的钋

原文作者：

埃里克·安索波洛（Eric Ansoborlo），法国原子能和替代能源委员会。

安索波洛认为虽然钋在地球上的丰度很低，其毒性却不可小觑。

[1] Curie, P. & Skłodowska-Curie, M. C. R. Acad Sci. **127**, 175–178 (1898).

钋是元素周期表中的第 84 号元素，是一种在自然界以极低丰度存在的天然放射性物质。1898 年 7 月，居里夫妇宣布 [1] 他们发现了钋。这是利用他们新开发的放射化学分离法发现的第一个元素。他们用皮埃尔自己设计的静电计检测从原始沥青铀矿中分离出来的每一种物质。他们慎重地写道："我们相信从沥青铀矿中提取的物质含有一种以前未曾发现的金属，其分析性质与铋相似。如果该新金属被确认存在，我们希望将它命名为'钋'（polonium），以此纪念我们其中一人的祖国。"

[2] Adloff, J.-P. & Kauff-man, B. Chem. Educ. **12**, 94–101 (2007).

这一发现引发了放射化学领域的第一次争议 [2]，对立双方分别是居里夫妇和一些德国科学家——包括维利·马克瓦尔德（Willy Marckwald）和弗里德里希·奥斯卡·吉塞尔（Friedrich Oskar Giesel），后者认为钋根本不是什么新元素，只不过是"因诱导而获得感生放射性的铋"。1901 年，马克瓦尔德用另一种方法分离出了一种物质，后来被证明正是上述"新物质"，他暂时改称它为"放射性碲"。对该物质的身份及其在元素周期表中的位置的争议持续了好几年，直到 1910 年，居里夫人和安德烈 - 路易·德比埃尔内（André-Louis Debierne）通过火花光谱法明确地鉴别出 2 mg 分离出来的硫化沉积物中的 0.1 mg 钋。1911 年，居里夫人因发现钋和镭而获得诺贝尔化学奖。

钋有 41 个同位素，相对原子质量分布于 187~227 之间。其中最多的天然同位素是钋 -210，它是天然铀衰变过程的放射性产物。如今，两种主要的获取大剂量（几毫克量级）钋 -210 的方法分别为在核反应堆中用中子辐照铋 -209 靶材，或者用 37 MeV 特的 α 粒子束轰击铋 -209 靶材。同位素钋 -210 几乎是专门的 α 粒子放射源，半衰期为 138.4 天，因此它的放射性和毒性都很高[3]。除了放射毒性，它在约 50℃ 的低温即可挥发，并且极易黏附在玻璃上，导致它很难被处理，因此人们对它的化学性质仍然知之甚少[4]。

钋与氧、硫、硒和碲同属于元素周期表中的氧族元素，它的化学性质与周期表中左侧紧邻的元素铋相似。钋的各个氧化态（−2、+2、+4 和 +6 价）中，四价钋离子在水溶液中是最稳定的，这赋予了它最重要的化学性质：与其他四价元素类似，它倾向于水解并形成 $Po(OH)_4$ 胶体。它还能与氯离子、醋酸根、硝酸根以及其他无机阴离子形成可溶盐，但与硫离子会发生沉淀，当初居里夫妇正是利用这一特性分离和识别钋。但是，当使用有机配体时，四价钋的配位化学却复杂得多，会生成氧化物络合物和氢氧化物络合物的混合物。

元素钋 -210 有一些特殊的用途，例如用于研究 α 粒子各种效应以及校准辐射探测器。它也是一种高能量密度的热源，并且可以和铍混合后制备小型中子源。不

[3] Ansoborlo, E. et al. Chem. Res. Toxicol. 25, 1551–1564 (2012).

[4] Bagnall, K. W. et al. (eds) Gmelin Handbook of Inorganic and Organometallic Chemistry: PoPolonium (Springer, 1990).

过，或许最广为人知的是它罕见而奇毒无比的肝毒性[3]，它也会侵害骨髓、胃肠道和中枢神经系统。据估计，它对人的致死剂量不超过 10 μg。在被发现后不久，它就展示了它的辐射毒性。当时从居里实验室的蒸馏器皿中意外释放的钋导致了一名技术人员死亡。

更近一点的例子是在 2006 年，俄罗斯前特工人员亚历山大·利特维年科（Alexander Litvinenko）被认为是喝了含钋-210 的茶而中毒身亡[5]；也有人提出亚西尔·阿拉法特（Yasser Arafat）的死亡与钋有关。钋的毒性超过氢氰酸的一万倍，除了肉毒杆菌毒素外，它是已知的毒性最大的物质之一。在土壤中，钋-210 被黏土矿和有机物所吸收。特别是已知它会在烟草植物中富集，导致它以出人意料的显著剂量存在于香烟中。对于吸烟者来说，这可不是什么好消息。要知道，针对钋中毒的治疗仅有过为数不多的少量研究，迄今为止唯一推荐的解毒物只有硫醇基螯合剂。

[5] Jefferson, R. D., Goans, R. E., Blain, P. G. & Thomas, H. S. Clin. Toxicol. 47, 379–392 (2009).

神秘的砹

原文作者：

D. 斯科特·威尔伯（D. Scott Wilbur），美国华盛顿大学放射
肿瘤学系。

**威尔伯指出了研究不稳定元素砹的困难之处。他也
同时指出，为了更好地发展靶向放射治疗药物，我们需
要了解砹的基本化学性质。**

自从 70 多年前人们发现砹以来 [1]，它的许多性质
仍难以捉摸。与自然界中随处可见的其他高储量卤族元
素不同的是，砹是最稀有的元素之一。这是因为它没有
稳定的同位素，它的 32 种已知放射性同位素中寿命最
长的砹 -210 的半衰期也只有 8.1 个小时。

第 85 号元素的稀有和放射性使我们无法对其进行
传统意义上的观察或是称量，这也使它更加神秘莫测。
我们甚至不知道它是什么颜色的。根据卤族元素从氟到
碘颜色依次加深的规律来说，黑色似乎是一个很合理的
猜测。这种放射性元素的稀有性也反映在它的名字中。
砹的名字来源于希腊语 "αστατοϚ"（astatos），意为 "不
稳定的" [2]。自然界中仅有的砹是由地壳中的重放射性
元素衰变而来。无论何时，天然砹的总含量在数百毫克
[3] 到 30 g 之间。总之，天然的砹同位素太不稳定，难
以获得更难以对其表征。幸好，两种半衰期最长的砹同

[1] Corson, D. R. et al.
Phys. Rev. 58, 672–
678 (1940).

[2] Corson, D. R. et
al. Nature 159, 24
(1947).

[3] Kugler, H. K. & Keller,
C. (eds) Astatine 10–
14 (Gmelin, Hand-
book of Inorganic
Chemistry series,
1985).

位素——砹 -210 和砹 -211（半衰期 7.21 h）可以通过 α 粒子束辐照铋 -209 得到。

尽管如此，这些寿命更长的同位素也只能被少量生产[4]。这一点，再加上它们短暂的半衰期和高昂的生产成本，都极大地限制了对砹的研究。人工同位素砹 -211 由于其在医学上的应用潜力已成为化学研究的焦点。另一寿命较长的同位素砹 -210 由于会衰变成有放射毒性的钋 -210，导致其不适于医用。2006 年，俄罗斯联邦安全局的特工利特维年科就是死于臭名昭著的钋 -210。

虽然砹同位素的一些化学数据已被收集起来，但它的许多物理性质仍然只是推测。与其他卤素类似，砹可以进行亲核和亲电反应。然而，有些砹反应的可重复性确实很不好。这可能部分由于反应使用的砹量太少，使得反应概率被极大地稀释了。用于化学和放射性标记反应的砹 -211 使用量在 37 kBq 到 4 GBq 之间，这大概只相当于 $4.8 \times 10^{-13} \sim 5.2 \times 10^{-8}$ g。实际上砹的用量很少会达到这里的上限值，因为过高的成本以及被标记的分子存在可能让人被辐射损伤的风险。对于大部分反应来说，砹 -211 的用量一般在 $10^{-13} \sim 10^{-9}$ g 之间，这可能比溶剂中的微量有机物和金属还要少。因此，这些杂质会干扰作为研究对象的砹反应，甚至可能催化预料之外的反应。

上文提到的砹 -211 在医学方面的研究兴趣来源于其在癌症靶向治疗中的潜力。它是仅有的几个人们认为适用于医药应用[5]的能够释放 α 粒子束的放射性同位素之一，因为其他的大部分放射性同位素会对内脏造成严重损伤。它的短路径长度（60~90 μm）和高能 α 粒子（6.0~7.5 MeV）能够非常有效地杀死与载体靶向制剂结合的细胞[6]。然而，在人体内[7]，砹与芳香族碳键

[4] Zalutsky M. R. & Pruszynski, M. Curr. Radiopharm. 4, 177–185 (2011).

[5] Wilbur, D. S. Curr. Radiopharm. 4, 214–247 (2011).

[6] Hall, R. J. & Giaccia A. J. Radiobiology for the Radiologist 6th edn, 106–116 (Lipincott Williams & Wilkins, 2006).

[7] Wilbur, D. S. Curr. Radiopharm. 1, 144–176 (2008).

之间的低稳定性阻碍了它的实际应用。含有更稳定的芳香砹 - 硼键的标记试剂的开发使这一情况有所改善，对于砹与其他元素间成键情况的研究评估可能可以进一步解决这个砹键稳定性不足的问题。

为了确定砹在体内的稳定性，同样的癌细胞靶向分子可以被砹 -211 和稳定的放射性碘（碘 -125，碘 -123 或者碘 -131）分别标记，之后这些分子会被同时注入体内。砹 -211 在不同组织中的浓度（肺、脾、胃和甲状腺一般含量更高）表明它是否被标记分子在此组织释放。一些研究结果显示，胃和甲状腺（颈部）检出的砹 -211 和碘 -125 浓度较低，表明这两种放射性同位素在体内的脱卤反应过程中都比较稳定。然而，即使是在这些研究中，这两种放射性元素在像肾和肝这样的器官中检出的浓度都有很大的差别。这可能是由于含放射性碘和放射性砹的分子经历的新陈代谢过程有差异，或者是因为含放射性碘的代谢物被优先清除了。

不幸的是，在探索治疗癌症和其他疾病的靶向疗法的过程中，关于砹 -211 的许多基础化学研究都被搁置。尽管它的一些物理性质仍无法被直接表征，但是很显然，我们需要更深入地了解砹的基本化学性质和辐射化学性质，以便能够揭开砹的神秘面纱。

86　Rn

氡

radon

回顾氡的识别

原文作者：

布雷特·F. 桑顿（Brett F. Thornton），瑞典斯德哥尔摩大学地质科学系和柏林气候研究中心；肖恩·C. 伯德特（Shawn C. Burdette），美国马萨诸塞州伍斯特理工学院化学与生物化学系。

桑顿和伯德特回顾了第 86 号元素的发现和它历史上的各种"曾用名"。

1899 年，居里夫妇记录了由镭产生的"感生放射性"，它与镭本身的放射性有明显的不同。同年，卢瑟福和罗伯特·B. 欧文斯（Robert B. Owens）也报道了钍的放射性产物（氡 -220，半衰期 55.6 s），并称之为"射气"（emanation）。1900 年，弗里德里希·道恩（Friedrich Dorn）意识到居里夫妇观察到的是一种与钍射气类似的单独元素（氡 -222，半衰期 3.8 d）。1904 年，德比埃尔内发现了由锕产生的放射性物种（氡 -219，半衰期 4 s）。这三种物质一开始被认为是不同的元素，并被通俗地称为钍射气、镭射气和锕射气，但如今我们知道它们都是氡的同位素。拉姆齐与小诺曼·科里（J. Norman Collie）[1] 提出为这些"元素"取一套独特的名称（exradio、exthorio 和 exactinio，意为"镭遗留的""钍遗留的"和"锕遗留的"）。"应该取一个可以让人知道其来源的名称，同时，名称的结尾需要表现出它与其他元素之间毫无疑问的根本区别。"

[1] Ramsay, W. & Collie, J. N. Proc. Roy. Soc. Lond. 73, 470–476 (1904).

虽然以"-io"作为后缀名的建议基本被忽视了，但合并名称的想法在科学界得到了一致认可。因为发光的镭射气在实验中表现出来的性质与惰性气体类似，拉姆齐和罗伯特·怀特洛 - 格雷（Robert Whytlaw-Gray）建议将其命名为"niton (Nt)"，以惰性气体"-on"这样的后缀名结尾。1911 年，国际相对原子质量委员会在他们的元素列表[2]中加入了"同位素"（niton），忽视了同位素和元素在语言学上的区别。这个早期的失误是可以理解的，因为直到 1913 年，莫塞莱才发现每个元素都有一个独特的原子数，并与弗雷德里克·索迪（Frederick Soddy）一起确定了"同位素"这个术语。

同时考虑到这些辐射气的化学惰性及其来源元素的名称毫不意外地出现了，这其中包括居里夫人提出[3]的"radion"或"radioneon"。最终在 1923 年，IUPAC 采纳了[4]艾略特·Q. 亚当斯（Elliott Q. Adams）为这三种同位素提出的名称：radon (Rn)、thoron (Tn) 和 actinon (An)。

这三种同位素的官方称谓，亦即元素本身的名称，又花了七年多才确定。1931 年，居里夫人、卢瑟福和德比埃尔内共同发表了一篇文章[5]，文章中确定将卢瑟福在 1899 年最初的命名"emanation (Em)"作为这三个同位素的正式元素名。尽管三位早期研究者对此达成共识，但元素周期表中还是主要使用最稳定同位素的名称"radon"来代替"emanation"作为元素名。在 1957 年 IUPAC 发表的无机化学系统命名法的元素列表中只有"radon"，这毫无疑问地将"radon"从同位素名升格为元素名[6]。同时 IUPAC 规定："同一个元素的所有同位素应该使用相同的名称，氢的同位素氕、氘和氚的名字可以保留，但其他元素使用同位素名称代替（质

[2] Clarke, F., Thorpe, T., Ostwald, W. & Urbain, G. J. Am. Chem. Soc. 33, 1639–1642 (1911).

[3] Wilson, D. Rutherford: Simple Genius (MIT Press, 1983).

[4] Aston, F. W. et al. J. Am. Chem. Soc. 45, 867–874 (1923).

[5] Curie, M. et al. J. Am. Chem. Soc. 53, 2437–2450 (1931).

[6] Bassett, H. et al. J. Am. Chem. Soc. 82, 5523–5544 (1960).

量数）数字是不可取的。"

尽管声明已发布，但"radon"作为同位素名已有近 40 年，再将其作为元素名是一个糟糕的选择。"emanation"被替代会导致一件很尴尬的事情，使用"radon"的时候，你需要说明是指元素还是同位素。用"radon"作为元素名还会导致对历史文献理解的混淆。识别出镭射气（氡的同位素之一）的道恩现在常被误认为是元素氡的发现者。要知道，道恩的工作甚至还引用了更早的卢瑟福和欧文斯的钍射气（氡的同位素thoron）的发现。

与 radon 不同的是，钍射气（thoron）不需要这样的澄清，如今通常被称为氡 -220。钍射气远比"氡 -220"好称呼，这也许能解释为什么从 1957 年被"不允许"使用以来，科学论文中提到钍射气的年计数增加了逾20 倍。

区分氡 -222（同位素 radon）与氡 -220（thoron）并不是因为无伤大雅的语言学和历史学兴趣。氡 -222能够在室内留存，但寿命短的钍射气则不行。并不是所有的家用氡探测器都对钍射气敏感。专门的钍射气探测器需要注意考虑安放的位置，因为钍射气不会离开源头太远。氡 -222 测试不能完全排除钍射气 [7] 的存在，这偶尔会导致氡风险评估的不确定性。

在现代化学中，极少有同位素能保留自己的名称，氘、氚和钍射气存在于元素周期表上元素附近的脚注中。锕射气几乎从科学文献中消失了，这可能是由于其半衰期太短并且对健康的影响微不足道导致的。1948年，氡的第四个天然同位素被发现（氡 -218，半衰期35 ms），它是砹 -218 β 衰变的产物。显而易见，没有人想将这最新的天然氡同位素命名为砹射气"astaton"。

[7] Janik, M. et al. J. Radiat. Res. 54, 597–610 (2013).

寻钫

原文作者：

埃里克·赛瑞（Eric Scerri），美国加州大学洛杉矶分校化学教授、*The Periodic Table, Its Story and Its Significance* 一书作者。

赛瑞详细讲述了第 87 号元素的故事：在错认多次之后，钫终于在法国被"捉拿归案"，并因此地而得名。

第 87 号元素身上最可叹的奇事之一是，门捷列夫在 1871 年便预测了它的存在并临时取名为"类铯"，之后一而再再而三地有人宣称自己发现了它。

人们很早便已经意识到，铋（第 83 号元素）之后的元素或多或少不太稳定。在此之后的所有元素都具有放射性，因此除了如铀和钍等几个例外都不稳定。但这一点并没有阻止部分科学家继续在自然界中寻找第 87 号元素，并且在不少情况下他们还会声称自己成功完成了分离。例如，英格兰的德鲁斯（Druce）和罗林（Loring）就认为他们找到了这个元素，其手段则是莫塞莱开发的经典方法：通过测量元素 X 射线谱中的 Kα 和 Kβ 线来进行鉴定。但后来证明，他们错了。

20 世纪 30 年代发出了类似宣称的则是阿拉巴马州理工学院（现在的奥本大学）的弗雷德·阿利森（Fred Allison）。当一束偏振光穿过置于磁场中的液体溶液时会发生旋转，这被称为法拉第效应。阿利森认为法拉第效应存在一个时间滞后效果，并在此基础上开发了一个他称为磁光法的技术来检测元素和化合物。

他误以为每一个元素都会有特定的时滞，因此可以利用这一效应来鉴定各种物质，但其实这只是肉眼偶然观察到的结果。他大胆地在期刊上发表论文，甚至在《时代周刊》上发表特稿，声称自己观察到了当时还未被发现的第 87 号元素和第 85 号元素。有很多论文讨论了这一效应，其中不少研究都认为它是错误的。目前阿利森效应经常被作为病态科学的例子提起，与其相伴的还有 N 射线和冷聚变[1]。

再下一个重要宣称则来自巴黎的让·佩兰（Jean Perrin）。这名物理学家最为人熟知的工作也许是他对爱因斯坦关于布朗运动理论的证明，并以此为原子的存在提供了证据。与佩兰一起工作的罗马尼亚物理学家霍里亚·胡卢贝伊（Horia Hulubei）声称，他用高精度的 X 射线进行了测量，并记录下了多条与预期中的第 87 号元素频率非常吻合的谱线；他迅速将其命名为"moldavium"。可惜的是，这些谱线后来也被发现是错误的。

第 87 号元素最终是在 1939 年由一名卓越的法国女性玛格丽特·佩里（Marguerite Perey）发现的。她学术生涯的开端正是担任在巴黎的居里夫人本人的实验助理。佩里迅速掌握了提纯和操作放射性物质方面的技能，于是她被指派去检测元素周期表中的第 89 号元素锕的放射性。她是第一个观察到锕本身（而非它的衰变产物）产生的 α 和 β 辐射的人，并在此基础上从三个自然存在的放射性衰变序列之中发现了一个信号微弱但重要的分支。

通过分析数据，她发现了一个半衰期为 21 min 的

[1] Langmuir, I. Phys. Today 42, 36–48 (1989).

新元素。当她后来被邀请为该元素命名时，她选择了 "francium"来纪念她出生的国家[2]。这个选择同样也是对法国科学家们为放射性研究不断做出贡献的纪念。亨利·贝克勒尔（Henri Bcquerel）发现了放射性现象本身；居里夫人分离了放射性元素钋和镭；德比埃尔内发现了锕——这一领域中的这些里程碑式的成就全部发生在那几年，而且都是在法国。

人们最终发现，在自然界中存在的元素里，钫是最后被发现的元素之一，也是继砹之后第二稀有的元素。根据丰度估计，整个地壳中大约只含有 30 g 的钫。由于半衰期太短，钫是仅有的几个没有实际用途的元素之一。

尽管如此，钫拥有所有元素中最大的原子直径（大至 2.7 Å）以及仅有一个外壳电子这一特征，使其吸引了众多研究者的注意。研究者想通过它来更深入地探究原子物理现有理论的细节。2002 年，美国一个课题组成功捕获了 300 000 个钫原子，并在此基础上进行了多个关键性的实验[3]。

[2] Kauffman, G. B. & Adloff, J. P. Educ. Chem. 135–137 (September 1989).

[3] Orozco, L. A. Chem. Eng. News (2003); available at http://pubs.acs.org/cen/80th/francium.html

88 Ra
镭
radium

镭的真相

原文作者：

维姬·坎特利尔（Vikki Cantrill），驻英国剑桥的自由作家、编辑。

坎特利尔讲述了发现第 88 号元素的故事，以及它的辉煌最终是如何褪去的。

[1] Curie, P., Curie, M. & Bémont, G. Comptes Rendus Acad. Sci. 127, 1215–1217 (1898).

1898 年 12 月 26 日，居里夫妇在一份报告中描述了一种新物质[1]："这种放射性物质含有大量的钡，尽管如此，放射性仍相当大。因此，镭的放射性一定很大。"这一发现是他们对沥青铀矿（现在被称为晶质铀矿）研究的一部分，就在几个月前，他们在其中发现了钋。这种新物质含有的新元素，其化学性质与钡非常接近，它会发出微弱的蓝光，于是他们给它取名为"镭"（radium），源自拉丁文"radius"，意为"射线"。

居里夫妇从数吨沥青铀矿中提取了几毫克高放射性的氯化镭。但是直到 1910 年，居里夫人和德比埃尔内才通过使用汞阴电极电解它的氯化物而分离出了纯金属镭。这一过程涉及汞的蒸馏，会产生一种镭汞混合物，这在今天需要经过相当多的风险评估才能进行。同年，第 88 号元素被选为定义放射性强度的原始单位居里（Ci）的基准，1 Ci 等于 1 g 纯镭 -226 衰变所产生的放射量，这确立了第 88 号元素的重要性。后来，国际单位制单位贝克勒尔（Becquerel，Bq）于 1975 年设立。

一个 Bq 相当于每秒有一个原子发生衰变，而 1 Ci 等于 37 GBq。

在成功分离元素镭一年后，居里夫人因发现钋和镭而获得诺贝尔化学奖。第 88 号元素在元素周期表上位于钡的下方，和第 2 族的其他元素一样，它是一种柔软、闪亮、银白色的金属。它是铀的衰变产物，有 30 多种同位素，都具有放射性，半衰期从仅仅几纳秒到 1600 年不等。

企业家们很快就开始利用这一发光的元素牟利。镭很快被誉为一种全面的健康美容灵丹妙药，被添加到水、咖啡、啤酒、巧克力、牙膏、面霜和栓剂等日常用品中。它还被用来治疗男性阳痿——小心翼翼但多半是令人痛到落泪地将放射性蜡棒（bougies）插到尿道里——镭甚至被添加到鸡饲料中，试图以此获得能自我孵化的鸡蛋。

到 1921 年，镭的价格已经高到离谱（10 万美元 /g），居里夫人再也买不起它在巴黎镭研究所继续她的研究。幸运的是，一位美国的编辑——玛丽·马丁利·梅洛妮（Marie Mattingly Meloney）夫人，听说了这个情况后，特地筹集了必要的资金购买了 1 g 纯镭，并在居里夫人访问美国期间赠予给她。这克镭被谨慎地安置在一个衬铅的红木盒子里，因为那时已经有人开始怀疑镭对人体有害，即使含量小到在当时人们认为安全的剂量范围内。

最臭名昭著的是 [2]，镭过去被广泛应用于钟表表盘的油漆中，以使钟表在黑暗中发光。从事这项细节工作的女工必须经常用嘴唇将画笔舔成尖尖的形状。这样，她们每次都会摄入少量的镭，从而导致严重贫血、牙齿脱落、下巴腐烂、骨癌，以及最终的死亡。尽管她们日

[2] Moore, K. The Radium Girls: The Dark Story of America's Shining Women (Sourcebooks, 2017).

益恶化的健康状况被忽视得太久太久了，但这些被称为"镭女"的女工终于在 1927 年对钟表制造商提起了诉讼，并且最后在庭外达成和解。终于，镭的受欢迎程度一落千丈。

目前镭的年产量——通过从废核燃料棒中提取——不到 100 g。第 88 号元素已成为一个环境监测的重点目标，它在土壤中的污染程度被量化，它在水体中的放射性强度被评估。在医疗领域，它的使用已经被更安全的替代品所取代，比如钴 -60，但镭 -223 仍被用于放射疗法来治疗已经扩散到骨骼的前列腺癌 [3,4]。它的作用类似于钙，在活性矿化部位与骨基质结合。一旦进入骨头，放射出来的 α 粒子可以杀死癌细胞。

今天，一想到居里夫人口袋里揣着镭瓶，就让人不寒而栗。她喜欢在夜间观看的温暖的蓝色辉光，原来是镭的强烈放射性给我们的警告。

[3] Deshayes, E. et al. Drug Des. Dev. Ther. 11, 2643–2651 (2017).

[4] Delgado Bolton, R. C. & Giammarile, F. Eur. J. Nucl. Med. Mol. Imaging 45, 822–823 (2018).

活跃的锕

原文作者：

戈捷·J.-P. 德布隆德（Gauthier J.-P. Deblonde）和瑞贝卡·J. 阿比盖尔（Rebecca J. Abergel），美国劳伦斯伯克利国家实验室。

自然界中锕很稀少，但可人工合成。德布隆德和阿比盖尔是这样评价第 89 号元素的，两人还讨论了锕作为放射性诊疗用金属元素参与治疗癌症的潜在可能。

1899 年，在居里夫妇发现钋和镭并造成轰动之后的一段时间里，他们的一位来自法国的科研同事德比埃尔内部分分离出了另一种新元素。由于德比埃尔内从沥青铀矿残渣中提纯该新元素的过程过于模棱两可，且仅仅 3 年后吉塞尔就独立分离出了这种同位素，导致发现第 89 号元素的荣誉几乎与德比埃尔内擦肩而过。不过，经过讨论，相比于吉赛尔的"emanium"，人们还是更喜欢德比埃尔内为该元素的命名——锕（actimium，源自希腊语"aktinos"，意为"光束"），虽然两个名字都寓意了该元素是活跃的阿尔法粒子放射体。

锕元素的发现虽是居里夫妇工作的延续，但其影响远低于它的邻居——首次被发现的放射性元素镭。确实，与镭疗不同，锕在当时并没有任何商业应用，而且它在自然界中非常稀有，几乎不可能从矿石中采集——即使利用现代技术也极为困难。

镭 -226 有长达 1600 年的半衰期（$t_{1/2}$），而锕却仅有两种天然同位素，来自已然稀少的铀 -235 衰变的锕 -227 和钍 -232 缓慢衰变过程中不引人注意的产物锕 -228，它们的半衰期分别为 21.8 年和 6.1 h。锕本身难以捉摸的本质，再加上 20 世纪上半叶的两场世界大战，导致直到 1947 年都没有新的同位素被发现。不过，现今已确定的锕同位素已有 32 种，预计还存在另外 60 多种。不太好的消息是，尽管自 20 世纪 50 年代起，大量新的人造锕同位素被合成出来，但是并未出现任何长寿的锕原子，除了锕 -225（$t_{1/2}$ = 10 d），其余的最多也就存在几个小时就会很快衰变了。因此，对于锕元素的批量化学研究只能依靠原始的锕 -227[1]。不过，粒子加速器和核反应的发展使得可以通过中子或质子辐照镭 -226 或钍 -232 标靶大量制得锕 -227 和锕 -225。

比起发现锕元素的荣誉归属之争，更受关注且至今仍是争论热点 [2] 的是它在元素周期表上的位置。尽管它的名字很清楚地表明了其坐拥锕系元素之首的位置，但锕仍在许多周期表上被放在钪、钇和镧的下方。近期的观点趋向将其看作实际上拥有非规则电子构型的 f 区元素，然而这样就会将目前最重的锕系元素锘推至 d 区，置于钪、钇和鑪之下。不管锕到底是 f 区还是 d 区元素，它的化学性质在过去几年中都再次吸引了人们的注意 [3]。研究表明，在目前仍处于发展阶段的阿尔法粒子放射性核素疗法领域中，锕的应用前景将很有可能会超过镭。如果有充分的螯合和靶向，锕 -225 的四重阿尔法解体所释放的巨大能量可被用来像外科手术一样攻击前列腺、乳腺和骨髓中的肿瘤。与同是考察对象却非常短命的同位素铋 -213（$t_{1/2}$ = 46 min）和砹 -211（$t_{1/2}$ = 7.2 h）相比，衰变以天为计的锕 -225（现在很容易就

[1] Ferrier, M. G. et al. Nat. Commun. 7, 12312 (2016).

[2] Castelvecchi, D. Nature http://doi.org/bq8s (2015)

[3] Miederer, M., Scheinberg, D. A. & McDevitt, M. R. Adv. Drug Deliv. Rev. 60, 1371–1382 (2008).

能制备）似乎是更理想的攻击肿瘤细胞的候选物。而且，其最终的衰变产物是稳定且无毒的铋 -209，这相较于临床实验中其他经阿尔法衰变为稳定但有毒的铅同位素的候选材料，诸如钍 -227、钍 -228 和铀 -230 等，就更具优势了。

化学家的新挑战在于怎么处理锕 -225 的中间产物，以及有潜在危害的反冲产物——钫 -221、砹 -217 和铋 -213。设计出能够清除锕及其阿尔法级联衰变过程中的中间产物的体内稳定载体，将为实现无副作用的高效癌症疗法带来希望。为此，人们正在尝试各种各样的策略，其中以使用纳米颗粒进行封装最具潜力，此技术将使用基于稀土元素的"纳米保险箱"，将锕 -225 向肿瘤传递，这样就能中和转移酶，且在患者体内不留任何痕量放射性物质[4]。最后，利用锕 -225 及其衰变产物的原位衰变对目标软组织进行切伦科夫荧光造影，充分显示了基于锕 -225 的放射性药物所具有的巨大诊疗潜力[5]。

自发现以来一直被人们忽视的锕元素，很有可能会使追求高效、安静、可追踪的癌症疗法成为现实。有关锕元素的研究跨越了多个领域，从放射性化学、核科学、粒子物理和医疗，一直到最新的纳米材料设计，这不正彰显了锕元素一直以来的活跃性吗？

[4] McLaughlin, M. F. et al. PLOS One 8, e54531 (2013).

[5] Pandya, D. N. et al. Theranostics 6, 698–709 (2016).

90　Th

钍

thorium

232.04

驰援核能的钍

原文作者：

约翰·阿诺德（John Arnold）、托马斯·L. 贾内蒂（Thomas L.
Gianetti）和亚奈·卡什坦（Yannai Kashtan），美国加州大学
伯克利分校化学系。

阿诺德、贾内蒂和卡什坦回顾了钍元素化学的发
展，并期待能早日利用它的核能潜力。

1828 年，化学家贝采利乌斯收到一块待鉴定的不
寻常矿石，他将之命名为"thoria"（氧化钍），得名于
北欧神话中的雷神和战神托尔（Thor）。后来从中分离
出来的金属被命名为"thorium"（钍）并沿用至今，不
过上述矿石的名称已稍稍调整为"thorite"（钍石）。天
然钍具有放射性，但它目前几乎所有的用途都只利用了
其化学特性，而非其核性能。

在贝采利乌斯发现钍 63 年之后，钍迎来了第一个
实际用途。韦尔斯巴赫发现，煤气灯火焰在 99% 的二
氧化钍和 1% 的二氧化铈制成的白炽灯罩下，比无遮蔽
时辐射白光更高效，这种煤气灯技术迅速传遍整个欧
洲。虽然煤气灯已被取代，但目前钍化合物仍被用作石
油裂解、硫酸合成以及奥斯特瓦尔德法硝酸合成的催化
剂。由于它在高温下强度高、抗蠕变能力强，它还被用
来制备飞机和火箭发动机所使用的镁 - 钍合金。另外，
二氧化钍的折射率高、散射率低，因此可用于制造高品

质光学透镜[1]。

它具有诸多卓越的化学和物理性质，金属钍的熔点到沸点的温度范围是所有元素中最广的，并且二氧化钍是所有已知的氧化物[2]中熔点最高的。作为第一个真正的锕系元素，钍元素仍具有空的 $5f$ 轨道，因此四价钍是最稳定并且储量最大的氧化态。由于原子尺寸大，钍的配位化学也极不寻常，硝酸钍五水合物 [Th(NO$_3$)$_4$·5H$_2$O] 是第一个被报道拥有 11 个配位键的配位化合物[3]。另外，三价钍也是可获得的氧化态，有报道[4]指出游离的三价钍离子存在于四氯化钍和氢叠氮酸（HN$_3$）的水溶液中。借助配体稳定存在的三价钍配位化合物也已经被发现，其中包括三环戊二烯基钍（ThCp$_3$）以及双 - 三甲基硅烷基和环戊二烯基配位的类似络合物[5]。有趣的是，实验和计算结构都表明，三环戊二烯基钍配位化合物中那个未成对的电子不是位于 $5f$ 轨道，而是在 $6d_z^2$ 轨道上[6,7]。遗憾的是，尽管三价钍确实存在，但尚未观察到钍的氧化还原反应。

最近的研究发现了一些很有潜力的钍基材料，例如钍和铜掺杂的四氧化三铁，可用于催化小分子的活化。这些材料最终可以取代传统的铬和铜掺杂的四氧化三铁催化剂，用于将一氧化碳和水转变为二氧化碳和氢气[8]。在其他类似的研究方向上，若干研究团队已经合成出精心设计的钍配位化合物，以研究它们的成键及反应活性。最近的报道包括使用咔咯配位[9]的钍络合物的合成与表征，以及配体为反式 - 杯 [2] 芳烃 [2] 吡咯的二卤钍络合物，其在被还原时配体会发生双芳基金属化[10]。

尽管目前大多数研究围绕其化学特性展开，但也许钍最具颠覆性的潜在用途在其核化学中，基于钍的核反应堆理论的可行性早已得到公认。然而，技术上的困难

[1] Patnaik, P. Handbook of Inorganic Chemicals 931 (McGraw-Hill, 2003).

[2] Gray, T. & Field, S. Elements Vault 88–89 (2011).

[3] Greenwood, N. N. & Earnshaw, A. Chemistry of the Elements 2nd edn, 1276 (Butterworth-Heinemann, 1997).

[4] Klapötke, T. M. & Schulz, A. Polyhedron 16, 989–991 (1997).

[5] Blake, P. C., Lappert, M. F., Atwood, J. L. & Zhang, H. J. Chem. Soc. Chem. Commun. 1148–1149 (1986).

[6] Kot, W. K., Shalimoff, G. V., Edelstein N. M., Edelman, M. A. & Lappert, M. F. J. Am. Chem. Soc. 110, 986–987 (1988).

[7] Bursten, B. E., Rhodes, L. F. & Strittmatter, R. J. J. Am. Chem. Soc. 111, 2756–2758 (1988).

[8] Costa, J. L., Marchetti, G. S. & Rangel, M. C. Catal. Today 77, 205–213 (2002).

[9] Ward, A. L., Buckley, H. L., Lukens, W. W. & Arnold, J. J. Am. Chem. Soc. 135, 13965–13971 (2013).

[10] Arnold, P. L. et al. Chem. Sci. 5, 756–765 (2014).

以及倾向于使用铀反应堆的意愿（有些人认为根本原因在于铀反应堆在生成裂变核弹所需的钚原料方面更具优势）阻碍了钍反应堆的商业化发展。自然界的钍几乎全部是钍 -232，因此不需要采用成本高昂的同位素富集工艺，相比现今的铀反应堆，这将带来显著的潜在利益。

　　或许钍反应堆的最大优点是它们的安全性以及对环境相对较小的危害性。与产生的废料数千年后仍有害的铀反应堆不同，拟建中的液态氟化钍反应堆产生的 83% 的废料可在 10 年内实现无害化，而剩余的 17% 在 300 年后也可无害化。钍反应堆也不仅仅是一个抽象的概念，印度政府对钍能有浓厚的兴趣，因为印度拥有世界上大约 1/3 的钍储量，2002 年印度政府批准了一座快中子增殖反应堆示范电厂的开工建设。

　　钍元素早已在催化剂和高折射材料中证明了自己。随着全球气候变化的影响逐年增加，希望更多的研究和资源配置助力钍发挥其巨大的尚待挖掘的潜力，并成为我们能源经济中真正的革命性物质。

"镤"朔迷离

原文作者：

理查德·威尔逊（Richard Wilson），美国阿贡国家实验室。

在本文中，威尔逊讲述了稀有、高放射性且剧毒的镤的故事：在长期困扰化学家并因其两种不同同位素而被重复发现和命名之后，镤终于在基础研究中显出了自身的价值。

在被门捷列夫预测其存在 30 年后，到了 1900 年，人们才略微窥见了第 91 号元素的存在。在这一年，发现了铊的克鲁克斯放下了他对阴极射线和光谱学的研究，把兴趣转向了贝克勒尔报告的新现象——放射性。

克鲁克斯从铀盐中分离出了一种具有高度放射性的物质。这种物质可以使照相干板感光，但却无法被光谱仪[1]探测到，这使得克鲁克斯无法将其鉴别为一种新元素。到了 1913 年，在卢瑟福和索迪对放射性衰变和同位素本质的研究基础上，卡其米尔·法扬斯（Kazimierz Fajans）和奥斯瓦尔德·赫尔穆特·格林（Oswald Helmuth Göhring）辨识出了第 91 号元素。他们将其命名为"Brevium"（来自"brief"，意为"短暂"），因为这次发现的镤同位素（镤 -234m）半衰期只有约 1 min[2]。

[1] Crookes, W. Proc. R. Soc. London 66, 409–423 (1900)

[2] Fajans, K. & Göhring, O. Naturwissenschaften 14, 339 (1913).

与此同时，学术界正在寻找一种衰变时能产生锕的元素，而法扬斯发现的镁同位素并不能衰变为锕。索迪提出的假说认为，他们要找的这种元素是一种第 5 族元素，在元素周期表中位居钽之下，并且是一个 α 粒子放射源，因此他将这个元素暂且称为"类钽"（eka-tantalum）。1918 年的 3 月，迈特纳和当时身在军中的哈恩抢在法扬斯之前发现了类钽——镁 -231：这种在迈特纳和哈恩的通信中代号为"急急如律令"（abrakadabra）的镁同位素确实能通过 α 衰变转变为锕。由于镁 -231 的半衰期很长（大约 32 000 年）[3,4]，因此法扬斯所定下的名字"Brevium"被更换了，取而代之的是迈特纳和哈恩所建议的元素名"protoactinium"，意为"锕的父母"。1949 年，国际纯粹与应用化学联合会将这一命名简化为"protactinium"（镁），缩写为"Pa"。

在接下来的 40 年中，因为镁的稀有、分离困难、放射毒性以及商业用途缺乏，几乎没有使用镁来开展的化学研究。20 世纪 50 年代，核能的发展和对铀作为武器级战略资源的认识，激发了对基于钍的核燃料循环的研究，而镁在钍燃料循环中扮演了重要的角色。因为镁的这一新用途，有约 100 g 镁被从 60 t 提取过铀的底泥中分离出来。这 100 g 镁让美国的镁化学先驱 H. W. 柯比（H. W. Kirby）在 20 世纪 50 年代推测认为，接下来的十年里，镁化学中大量的"迷信与巫术"将会被消灭[5]。

这些所谓的"迷信与巫术"主要来自镁那令人困惑的化学性质，它既不太像个真正的锕系元素，也不完全是个过渡金属。直到锕系元素被鉴别为一个独立的周期序列，这一困惑才得到解决。91 号元素像过渡金属铌

[3] Hahn, O. & Meitner, L. Phys. Z. 19, 208 (1918).

[4] Fajans, K. & Morris, D. F. K. Nature. 244, 137–138 (1973).

[5] Kirby, H. W. The Radiochemistry of Protactinium (National Academy of Sciences – National Research Council, 1959).

和钽那样拥有五价的氧化价，但在还原条件下又像其他的四价锕系元素那样可以体现出正四价。与其他的五价锕系元素不同，镤并不像铀、镎、钚、镅那样形成含两个氧的酰离子，而是以单氧酰离子的形式存在，这在锕系元素中是极其独特的。然而，最令人"望镤兴叹"的性质莫过于五价镤的不溶性，这会导致镤吸附在玻璃表面上。但对于迈特纳和哈恩而言，这一性质反而带来了好运：正是他们研究的沥青铀矿残渣中的石英组分对镤完成了富集，才使得他们最后能够成功将之分离出来。

在 20 世纪 60 年代和 70 年代，我们对于镤化学的知识飞速扩展，其中涵盖了镤的氧化物、卤素化合物、配位化合物以及像镤的环辛四烯配合物 $[Pa(C_8H_8)_2]$ 这样的有机金属配合体。然而，虽然镤在锕系中相当重要，到了 20 世纪 80 年代中期，随着对钍燃料循环兴趣的下降，以及绝大多数人对镤化学性质研究的放弃，镤再次回到了此前相对不为人知的境地。

镤是第一个含有 $5f$ 轨道电子的锕系元素，具有介于钍和铀之间的特性，这是镤的学术重要性的根源。镤的基态电子结构 [氡]$5f^2\,6d\,7s^2$ 只比另一种可能的电子结构 [氡]$5f\,6d^2 7s^2$ 稍微稳定一点点，这是由于镤的 $5f$ 和 $6d$ 轨道几乎是简并轨道。在对 $5f$ 元素电子结构和成键性质的研究过程中，镤独特的电子结构使它成为关键的一级阶梯。

随着计算化学家在探索锕系元素的电子结构和成键特性时逐渐发掘出的 $5f$、$6d$ 乃至于内核 $6p$ 电子之间相互影响的重要性，镤在理解 $5f$ 元素时的关键性也越来越明显，这意味着镤对于化学还将有更多的贡献。虽然关于镁的实验工作已经基本被放弃了，但迈特纳和哈恩从硅构成的石英质上得到过的镁对化学研究的贡献，未来的计算化学家们同样可能通过硅构成的计算机芯片获得。

铀的才华

原文作者：

玛丽莎·J.蒙雷亚尔（Marisa J. Monreal）和保拉·L.迪亚孔斯丘（Paula L. Diaconescu），美国加州大学洛杉矶分校化学与生物化学系。

92	U
铀	
uranium	
238.03	

铀最为人所熟知也最为人所畏惧的，乃是它在核能方面的应用。在本文中，蒙雷亚尔和迪亚孔斯丘概述了铀元素所具有的各种特性，而这些特性的独特组合正越来越强烈地吸引着化学家的注意。

要找个正能量的、有趣或者让人心头一暖的铀元素段子几乎是个不可能的任务——下面这个黑色幽默[1]就反映了人类对这种元素的邪恶印象："原本铀元素几块钱就能弄一吨，直到科学家发现了能用它杀人。"但让我们来重新审视一下铀吧，一个有趣的事实值得注意：地球内部的热量正是主要来自于铀、钍和钾-40 的衰变放热，是这种热量让地球的外核保持液态，使地幔产生对流，并最终引发板块运动。

在自然界自然存在的众多元素中，铀是原子序数最高的。1789 年，德国化学家克拉普罗特从沥青铀矿中发现了铀，他以八年前刚刚发现的天王星的名字（Uranos）为其命名，将这种新元素命名为"铀"（Uranium）。实际上，克拉普罗特分离出来的并不是铀单质；直到 1841 年，法国化学家尤金-梅尔希奥·皮里

[1] http://www.todayinsci.com

infinal

哥（Eugène-Melchior Péligot）才从这种矿物中提取出无水四氯化铀，再用钾金属将单质铀还原出来。从 19 世纪末到 20 世纪中叶，铀曾经被广泛利用，例如使用二氧化铀给玻璃上色以使之带有黄绿色泽（因为这种颜色而被命名为"凡士林玻璃"（Vaseline glass））。

凭借一份铀试样，贝克勒尔在 1896 年发现了放射现象，而在随后的研究中，恩里科·费米（Enrico Fermi）及其同事在 1934 最终证明了铀 -235 可以产生链式的核裂变反应。这不仅带来了核电产业，也为第一件在实战中使用的核武器"小男孩"提供了基础。铀在核武器中的应用理所当然地使人们谈铀色变。但实际上，普通的铀只具有微弱的放射性——铀 -238 的半衰期长达 4.468×10^9 年——而且其衰变时放出的阿尔法粒子穿透力弱，单靠皮肤就可以阻挡，所以只要不吸入或吞入，贫铀（主要成分是铀 -238）平时用起来并不危险。

研究铀的基本化学性质需要非一般的努力，而能够成功拥抱它的人则会收获丰硕的成果。哈柏（Haber）和博施（Bosch）发现，在合成氨的过程中，铀作为催化剂比铁更强大 [2]。在实验中分离出的 η^1-OCO 铀配合物 [3] 也为理解光合作用的固碳过程提供了线索：类似的配合物在自然界中的同类反应里起到了极为重要的作用，但建立过渡金属为络合中心的模型一直未能成功。

铀的各种特性让合成化学家们激动不已。铀元素集多类元素的优点于一身：和镧系元素一样，铀能形成亲电配合物，对通常会呈惰性的底物有很高的反应活性；和过渡金属一样，铀有多个价态（III 到 VI），能在氧化还原反应中派上很大的用场。然而不同于往往形成离子化合物的镧系元素，也不同于用 d 轴道形成配位键的过渡金属，铀会用自己的 f 轴道形成共价键 [4]。

[2] http://go.nature.com/etvnrj

[3] Castro-Rodriguez, I., Nakai, H., Rheingold, A. & Meyer, K. Science 305, 1757–1759 (2004).

[4] Kozimor, S. A. et al. J. Am. Chem. Soc. 131, 12125–12136 (2009).

不仅如此，铀的巨大半径还使其具有独特的配位方式。一类化合物尤其展现出了铀的众多独特性质：以反三明治的形式结合的芳环桥接联双核铀配合物；其中铀的 f 轨道 δ 反馈键显示出和过渡金属有机配合物中 π 反馈键相同的性能 [5]。

虽然使用铀催化剂进行药物合成看起来不大可能，但应当认识到，哈柏和博施所发现的铀出色的催化活性可能并不是一个孤立事件。在"曼哈顿计划"，也即第二次世界大战中开发有史以来第一种核武器的进程中，铀的有机金属化学研究也开始了。这一领域真正引起人们的关注，是在 1956 年雷诺兹（Reynolds）和威尔金森（Wilkinson）首次发表了铀的环戊二烯基衍生物的制备之后 [6]。二茂铀的发现使整个领域兴奋不已，正如同二茂铁曾经大大推进了对过渡金属的有机金属化学研究一样。到了今天，大量铀配合物催化的反应已经被开发出来，其中包括烯烃的加氢，以及端炔的低聚、二聚、硅氢加成和氢胺加成。

开发利用铀的独特性质的研究报告的发表频率越来越高，铀在这些反应中的身份从原料转变为催化剂只是一个时间问题。铀可能仍然不会回落到几块钱弄一吨的价位上，但科学家们正在用它完成无数靠武器无法做到的事情。

[5] Diaconescu, P. L., Arnold, P. L., Baker, T. A., Mindiola, D. J. & Cummins, C. C. J. Am. Chem. Soc. 122, 6108–6109 (2000).

[6] Reynolds, L. T. & Wilkinson, G. J. Inorg. Nucl. Chem. 2, 246–253 (1956).

93 Np
镎
neptunium

隐身大镎

原文作者：

詹姆斯·伊伯斯（Jim Ibers），美国西北大学化学系教授。

伊伯斯在文中讨论了置身备受关注的铀和钚之间却没有什么存在感的镎元素。

从元素周期表第 89 号的锕到第 103 号的铹，这些具有放射性的化学元素组成了锕系元素。这一组元素在化学教学中往往被忽略掉，至少在美国是如此。

因此，一些化学家可能都不太清楚这些元素中大部分成员的名字以及它们在元素周期表中的位置，但根据铀（uranium，源于 uranus 天王星）、镎（neptunium，源于 neptune 海王星）和钚（plutonium，源于 pluto 冥王星）的名字，大部分人应该都能猜对这三种元素的顺序——一部分人甚至应该能猜到这个顺序反映了发现它们的年代。

然而这一顺序并没有反映出这些因素所受到的相对关注。尽管镎几乎从不被提起，而铀和钚则是闻名遐迩——或者说臭名昭著——因为在 20 世纪 40 年代早期，这两种元素的同位素被发现具有裂变能力，这意味着它们可以引发链式核反应，也即可以用于制造武器。镎同样可以进行裂变，但用于制造武器所需的量大到不太可能用于类似目的。

　　然而镎本应该更有名的，因为镎是第一个被人工合成的锕系元素。在 1940 年的一项经典研究中，E.M. 麦克米伦（E.M.McMillan）与 P. H. 艾贝尔森（P.H.Abelson）用回旋加速器产生的中子轰击了 UO_3 薄层[1]。在分析了具有 2.3 天半衰期的产物的化学性质之后，他们认定这是相对原子质量为 239 的 93 号元素，现在写作 $^{239}_{93}Np$。他们同时还推测了这种新元素的放射性衰变产物的性质。很快西博格及其合作者确认[2]了这种衰变产物是第 94 号元素（钚）的一种同位素。在接下来的五年中，有关其研究的大部分成果都处于保密状态。

　　现在已经有 22 种镎同位素得以鉴定表征。在这些同位素中，镎 -237 是最稳定的，半衰期为 2.14×10^6 年——对于地球寿命的 4.5×10^9 年而言，这个时间太短，短到没有多少地球形成初期存在的镎能够撑到现在。在地壳中由各种衰变反应所产生的镎 -237，其质量估计仅为含铀矿物的 10^{-12}。因此，我们无法"发现"镎——这种元素只能被合成出来。当下，核反应堆中生产钚的反应，就是镎的主要来源。

　　鉴定新锕系元素的需求、将锕系元素的化合物互相分离以及从镧系中分离开的需求，使得科学家对锕系元素的溶液化学反应有了深刻的认识。在这类反应中，氧化价态是决定性的：价态决定了离子的酸碱性质、配位化学性质以及在各种水和非水溶液中的溶解度。在溶液中，从锔到铹的各种元素性质相近，经常表现为 +3 的氧化态，和镧系元素相同。另一方面，铀具有从 +3 到 +6 的稳定价态，而镎和钚则在具有这些价态的同时还具有 +7 价态。

　　基于这些差异，复杂的反应流程得以开发出来，例如用于从废燃料中去除铀和钚的 PUREX（plutonium–

[1] McMillan, E. & Abelson, P. H. Phys. Rev. 57, 1185–1186 (1940).

[2] Seaborg, G. T., McMillan, E. M., Kennedy, J. W. & Wahl, A. C. Phys. Rev. 69, 366–367 (1946).

uranium extraction，钚 - 铀萃取）流程：在这一流程中，镎和少量更重的锕系元素被提取转入高放射性的废液中。要想去除镎 -237，就需要开发更先进的商业流程，否则这一废液中主要的放射性来源镎，将会在接下来的 10^4 年中持续发出辐射——这一时长是现在的核废料处理所要面对的问题。

比起溶液化学来，对轻锕系元素的固相化学我们仍然所知甚少。即使在这里，镎仍然是"后娘养的"。不管是纯金属还是化合物，铀和钚的相关产量都远远超过了镎。在固态下，铀、钚与镎的结构和性质就有着不少有趣的区别。举例而言，室温下镎的晶体结构和铀与钚就有所不同——虽然钚金属的复杂结构完全是另外一个层次的问题了。金属间化合物 $UCoGa_5$ 和 $NpCoGa_5$ 不具有超导性能，而 $PuCoGa_5$ 则是一种非传统高温超导体。不同于铀和钚，镎 -237 是整个元素周期表上穆斯堡尔效应最好的原子核之一——在探查价电子以确认氧化态和成键情况方面，穆斯堡尔谱是一种相当宝贵的工具。

在镎化学中，因为认识还不够深入，仍然有许多未知的惊喜等待着被发现，尤其是在固相化学方面。核能的复兴应当会大大加速这一进程。

钚的新天地

原文作者：

贾恩·哈特曼（Jan Hartmann），德国亚琛工业大学化学系研究生。

由于历史原因，钚元素总是让人联想到核武器。哈特曼讲述了第 94 号元素同样值得关注的另一面，包括它飞向同名天体的故事。

钚对 20 世纪产生了无可争议的影响。先是 1945 年 8 月，在日本长崎爆炸的原子弹对结束第二次世界大战起到了至关重要的作用，后来它又是冷战时期核军备竞赛的关键。

1934 年，费米将钡、氪和其他物质的混合物误判为第 94 号元素。在此之后，到了 1940 年，西博格及其同事首次制备和分离出了钚。当时钚是由使用氘核轰击铀靶而获得的，但这一成就一直被保密到第二次世界大战结束。

"Plutonium"这个名字源自罗马神话里的冥王的名字"Pluto"。这一名称在 1816 年时就被提出用于命名钡，但提议未被采纳。西博格用它命名了第 94 号元素，延续了周期表中在它之前的锕系元素——镎和铀——以太阳系最外层行星命名的传统 [1]。

严格来说的话，钚是天然存在的，1951 年 D.F. 佩

[1] Römpp, H. et al. Römpp Chemie Lexikon Vol. 5 (Thieme, 1995).

帕德(D. F. Peppard)从铀矿中分离出极少量的钚 -239。
但它仅占地球岩石层质量的 2×10^{-19}%，因此地球上几
乎所有的钚都是在核反应堆中人工生产的。

哈恩于 1938 年发现了铀的核裂变，引发了人们对
纳粹德国可能致力于开发核武器的担忧。这促使了第二
次世界大战期间旨在开发核武器的"曼哈顿计划"的设
立。其间，钚被确定为合适的裂变材料。在被发现不
到 4 年后，钚这一新元素就迎来了千克级量产。德国于
1945 年 5 月投降，因此，欧洲战场的战争在核武器的
实战准备完成之前就结束了。于是核武器转而被用来对
付日本，并极大地加速了太平洋地区战争的结束过程。
尽管战争结束，钚的大规模生产又因美苏核军备竞赛而
得以继续。如今，这批核武储备中的大多数推动了对钚
金属老化过程的必需研究。自发辐射会导致钚的物理性
质逐渐发生改变，但人们仍不太了解这一转化过程的具
体细节。

当然，钚不是只具有破坏力，它还展现出惊人的物
理特性和迷人的化学特性。所有已知的钚同位素都是放
射性的，其中最稳定的同位素（钚 -244）的半衰期约
为 8000 万年。其他一些同位素，特别是钚 -239，能够
自我维持核链式反应，释放出巨大的能量。它有六种
同素异形体，以至于它被戏称为"物理学家的梦想，工
程师的梦魇"[2]。其能量相近的不同晶相之间极易相互
转换，微小的刺激就能导致前后物性大相径庭。它的
"delta"型同素异形体是唯一已知的具有负热膨胀系数
的金属，意味着当它被加热时体积会收缩。

第 94 号元素能够以 +3 价至 +7 价的氧化态存在，
每一个都颜色绚丽。钚也是唯一已知的、四种氧化态离
子（+3 至 +6 价）可以在水溶液中以几乎相同浓度共

[2] Plutonium, an ele-
ment at odds with
itself. Los Alamos Sci.
26, 16–23 (2000).

存的元素。事实上，Pu^{4+} 的中性水溶液在几小时内就能
转换为全部四种离子的平衡态 [3]。在最稳定的 + IV 价
氧化态中，钚倾向于形成配位络合物，其中一些可溶于
有机溶剂如乙醚或磷酸三丁酯。后者在"PUREX"过
程中被用于将钚和铀分离开。

钚可以在发电或是科研用的核反应堆中作为燃料。
2010 年，核电站满足了全球超过 13% 的电力需求 [4]。
作为高强度中子辐射源的科研用反应堆也是非常宝贵的
设备。这样的反应堆中子源可以用在中子衍射实验中。
钚的非裂变同位素钚 -238 可以在放射性同位素发电装
置（即核电池）中得到利用，它结合了长工作寿命和高
能量密度。

这也让它适合为无人太空船提供电能，例如"好奇
号"火星漫游车和"新地平线号"探测器。"新地平线号"
探测器在 2015 年到达了冥王星并收集了数据，它的仪
器由 10.9 kg $^{238}PuO_2$ 所驱动 [5]。因此，在以天体命名
的所有元素中，钚是迄今为止唯——个飞往其同名天体
的元素。

或许钚本该以罗马双面神雅努斯（Janus）的名字
命名。它的历史清晰地展现了科学探索中的矛盾。没有
任何科学发现是天然善良或是邪恶的，它的用途决定了
它如何被看待。

[3] Holleman, A. F. & Wiberg, E. Lehrbuch der Anorganischen Chemie 101 edn (de Gruyter, 1995).

[4] Another drop in nuclear generation. World Nucl. News (05 May 2010).

[5] Final Environmental Impact Statement for the New Horizons Mission (NASA, 2005).

95	Am
镅	
americium	

揭开镅的发现

原文作者：

本·斯蒂尔（Ben Still），英国伦敦玛丽女王大学物理学与天文学院。

第 95 号元素是在战时被秘密制造出来的，但是却又以最公开的方式被宣布出来。它还是一种政府会要求人们带回家里的放射性元素。斯蒂尔解释了为什么第 95 号元素是这样一个真切存在的矛盾体。

"曼哈顿计划"催生出了世界上的首枚原子弹。原子弹的原理是基于铀和钚的两种可裂变的特定同位素产生的链式反应。从天然铀中浓缩得到的铀 -235 被用于制造第一枚核武器。1945 年 8 月 6 日，代号为"小男孩"的原子弹在广岛被投下。三天后，第二枚原子弹"胖子"被投放在了长崎。为了制造这枚原子弹，研究者通过核增殖反应堆中的高密度中子将高储量的铀 -238 转化为钚 -239。

在项目早期，研究者就意识到：如果想安全运输"胖子"原子弹中的钚 -239，并且保证它只在需要的时候才达到临界状态（临界状态是指核链式反应能够自持的临界物理状态），那么就要仔细研究和了解钚中所含有的全部杂质 [1]。而识别并分析这些新合成元素的性质的重任，就落在了美国芝加哥大学冶金实验室（现在的阿贡国家实验室）的研究人员肩上。

[1] Nichols, K. D. The Road to Trinity (William Morrow and Company, 1987).

有些同位素是出了名的难以提取，因此伯克利实验室的科学家们使用欧内斯特·劳伦斯（Ernest Lawrence）的原子加速器（一个 60 in（约 152.4 cm）的回旋加速器）在可控的环境下制备它们。通过使用高能阿尔法粒子（氦核）轰击铀 -238 和钚 -239 的样本，增殖反应堆中的环境得以被重现出来。在轰击钚 -239 时，产生了现在被称为"锔"的第 96 号元素；而在轰击铀 -238 时，则生成了第 95 号元素。利用这种方法，伯克利的科学家们获得了足量的两种新元素样品，使得冶金实验室的团队得以研究它们的性质。

在利用氦 -4 辐照铀 -238 后，他们发现了一种前所未见的低能量辐射——钚 -241 的 β 衰变。这一过程将一个中子转变成质子，从而产生了一个原子序数为 95、相对原子质量为 241 的元素。1944 年秋天的这次实验，是历史上对第 95 号元素的首次观测和确认[2]。通过进一步的实验，又获得了其他的同位素，其中原子质量为 243 的第 95 号元素同位素被发现是最稳定的。这个元素的存在一直到"二战"快结束时才被公开。

战时保密制度在 1945 年末结束后，第 95 号和第 96 号元素的发现以一种意想不到的方式为世人所知。本来它们的发现是预定在 11 月 16 日举行的美国化学学会全国会议上宣布的。然而，在会议开始的五天前[3]，西博格在一档名为《儿童问答》的广播节目中，将该消息告知了全国听众。当时，一名小选手问他："除了钚和锔之外，是否还有其他元素在战争期间在冶金实验室被发现？"西博格透露了第 95、96 号元素的发现，并告诉他的年轻听众，"现在你们可以告诉自己的老师，把课本上的 92 个元素改成 96 个元素了。"

第 95 号元素被西博格和他的团队[2]命名为"镅"

[2] Seaborg, G. T., James, R. A. & Morgan, L. O. The New Element Americium (Atomic Number 95) (Oak Ridge, 1948); http://go.nature.com/2jZREao

[3] The Quiz Kids (Niels Bohr Library & Archives, 11 November 1945).

（Am），不仅是纪念其发现于美洲，同时还模仿了镧系对应元素铕（europium）的命名。镅是唯一一个政府要求人们带回家的放射性元素——二氧化镅是烟雾探测器的重要组成部分。在探测器核心的一个密封金属盒内，约有 0.3 μg 的镅 -241，它们会释放阿尔法射线。阿尔法辐射使空气电离，产生的小电荷让探测器知道一切正常。然而，当大烟雾颗粒吸收阿尔法辐射时，空气电离的数量及相对应的电流会减少，从而触发探测器发出警报。

在溶液中，镅最常见的价态是三价，它在固体中常为四价，比如前面提到的氧化物。不过，从 +2 到 +7 价态都有实验报道，人们甚至大胆预测八价的镅也是可能得到的 [4]。

尽管钚的放射性被用于为深空探测卫星提供热核能源，但由于易裂变，钚的交易和使用的规定越来越严格。另一方面，镅是非裂变的，这使得欧洲的太空科学家们考虑在未来的任务中 [5]，将其作为钚的替代品。

自从在广播节目中被公开后，第 95 号元素已经在我们的居家生活找到了位置，它很快也将为我们探索宇宙最遥远的彼端提供动力。

[4] Nikolaevskiĭ, V. B. & Shilov, V. P. Radiochemistry 55, 261–263 (2013).

[5] O'Brien, R. C., Ambrosi, R. M., Bannister, N. P., Howe, S. D. & Atkinson H. V. J. Nucl. Mater. 377, 506–521 (2008).

奇特的锔

原文作者：

瑞贝卡·J.阿比盖尔（Rebecca J. Abergel），美国劳伦斯伯克利国家实验室；埃里克·安索波洛（Eric Ansoborlo），法国原子能和替代能源委员会。

从秘密的开端到服务火星任务，阿比盖尔和安索波洛带我们一窥元素锔在当代科学技术上留下的闪光印记。

为纪念居里（Curie）夫妇，第 4 号超铀元素被命名为"锔"（curium）。也许没有它的锕系元素兄弟钚和铀那么有名，但锔有着一个与 20 世纪紧密交织在一起的故事。

1944 年，西博格、詹姆斯和吉奥索通过利用氦核轰击钚-239 首次制得了第 96 号元素的第一个同位素锔-242。之后不久，他们又合成了第 95 号元素（镅）。但由于当时处于战争时期，所以这两个重大发现的相关消息都没有被公开，一直到 1945 年 11 月 11 日的休战纪念日（Armistice Day），西博格本人在美国广播节目《儿童问答》中，即兴公布了他们的发现。

如今，锔主要由核反应堆中的铀和（或）钚的氧化物经中子辐射而产生：1 t 核废料大约会产生 20 g 的锔。目前已知的锔的同位素超过 20 种，质量数在 232~252 之间，所有同位素都具放射性，且主要是 α 粒子发射体。同位素锔 -242 和锔 -244（半衰期分别为 163 天和 18.1 年）占核燃料循环产生的锔总量的 90%。

因为它们的高放射性比度（10^{12}~10^{15} Bq/g），锔 -242 和锔 -244 曾被研究用于航天器里的发电热源，但终因其价格和特殊防护层要求过高而搁浅。尽管这样，锔 -244 仍作为 α 粒子 X 射线光谱仪中的 α 粒子源而被送入了太空。该仪器是用来分析火星上的岩石和土壤样本的。另外，锔 -242 被用于生成更稳定的钚 -238，从而在心脏起搏器等仪器中作热电发电用。此外，同位素锔 -245 和锔 -248 尽管不常见，最近却上了头条，因为它们被当作靶标，成功合成了元素周期表上最新的几个元素中的铊（livermorium）。

尽管有以上这些应用，但是锔同位素的高活性因为会显著增强核废料的放射毒性，而被认为是个问题。因此，大部分的锔研究侧重于表征其物理化学特性，以期完善对锕系元素的分离、回收和回用程序。

在大部分化合物和溶液中，锔以 +3 价氧化态形式存在，其稳定性归因于它半满的 $5f^7$ 电子层结构——虽然有例外的时候，比如 CmO_2 和 CmO_3 就是其 +4 和 +6 价的化合物。锔和镧系元素之间的相似性，源于该 +3 价氧化态的主导性，这也使得分离它们非常具有挑战性。事实上，光把第 95 号和 96 号元素彼此分离就非常困难，更别提将它们从稀土元素中分离出来。为此，西博格的团队给它们分别起了绰号"pandemonium"（希腊语，意为"魔鬼"或"地狱"）和"delirium"（拉丁语，意为"疯狂"）。

与其他锕系元素不同，锔具有很强的固有荧光性（因其 f-f 电子跃迁的弛豫过程），会放出明亮的橘黄色荧光 [1]。依据其荧光的能量和强度随金属离子的配位关

[1] Sturzbecher-Hoehne, M., Goujon, C., Deblonde, G. J.-P., Mason, A. B. & Abergel, R. J. J. Am. Chem. Soc. 135, 2676–2683 (2013).

系变化的特性，时间分辨激光诱导光谱法被广泛用来表征锔化合物。这种技术的高灵敏度对于探测和分析环境及生物样本中不同类的锔物种至关重要[2]，尤其关乎废弃物储存、治理修复以及在陆生和水生生态系统中潜在的迁移，这些都是当今面临的棘手问题。锔离子属于硬路易斯酸，在中性至碱性溶液中能形成强水解配合物，也能与诸如氧或氟化物供体这样的硬碱生成非常稳定的化合物。使用 $Al_{31}O_{60}H_{21}$ 模型团簇的正三价锔离子（Cm^{3+}）在含水氧化铝表面的吸附实验已证明，锔离子既能以离子键成键，也能以共价键成键[3]。

即使是很少量的锔意外泄漏事故，都将会给环境造成一场灾难，因为它对人体有剧毒，尤其会在肝脏和骨骼中沉积。比起其化学毒性，它同位素的高放射性更容易导致辐射病：锔 -244 对于一个 70 kg 重的人的致死量为 250 MBq 或 80 μg 左右。出于对锔泄漏事故的恐慌，人们着力使用和发展像硬氧供体和高亲和力配体这样的多价螯合剂作为应急避险措施[4]。

放射性，加之能形成荧光配合物的能力，已大大激起了人们对于锔的好奇心。毋庸置疑，有关锔的探索还将继续，具体来说，也许会朝着锔污染的修复净化策略方向进行。

[2] Heller, A. et al. Dalton Trans. 41, 13969–13983 (2012).

[3] Geckeis, H., Lutzen-kirchen, J., Polly, R., Rabung, T. & Schmidt, M. Chem. Rev. 113, 1016–1062 (2013).

[4] Gorden, A. E. V., Xu, J., Raymond, K. N. & Durbin, P. Chem. Rev. 103, 4207–4280 (2003).

97 Bk
镕
berkelium

平静的镕

原文作者：

安德里亚斯·特拉贝辛格（Andreas Trabesinger），瑞士科学作家。

特拉贝辛格描述了第二次世界大战后发现的第一个新元素。镕在进入元素周期表后过着平静的生活，直到其作为生产超重元素的原子靶。

如果对事物的称呼是逻辑上可传递的，那么我们或许可以认为第 97 号元素是以一位爱尔兰主教乔治·伯克利（George Berkeley）命名的。他的哲学信仰是"物质是不存在的"。显然，镕元素与非物质论者伯克利无关，它的命名源于美丽的加州伯克利市，1949 年 12 月，元素镕在那里被首次合成。第 97 号元素以城市命名的方式"与同族的元素铽类似——[…]铽的名字来源于瑞典的伊特比，在那里人们首次发现了稀土矿物"[1]。

这对这座城市来说是个巨大的荣誉吗？据报道，当时的伯克利市长在接到这个喜讯时表现得"毫无兴趣"[2]。事实上，这座城市有充分的理由感到骄傲。镕已经是位于这里的加利福尼亚大学辐射实验室（后改名为劳伦斯伯克利国家实验室）发现的第 7 个新元素。到了 1974 年，又有 9 个元素被发现。

虽然这些元素的发现包含了很多人的努力，但其中

[1] Thompson, S. G., Ghiorso, A. & Seaborg, G. T. Phys. Rev. 77, 838–839 (1950).

[2] Seaborg, G. T. ChemTech 8, 408–413 (1978).

一个人的贡献尤为突出：西博格。他对"曼哈顿计划"也有贡献，并在第一次合成钚时发挥了核心作用。钚的化学分离方法对超铀元素的发现起了至关重要的作用。"二战"期间，第 95 号元素（镅）和第 96 号元素（锔）就被合成了，但合成接下来的新元素十分不易。

合成第 97 号元素的工作在 1945 年的圣诞节前后开始，但可用于辐照的靶材料的稀缺和它们的强放射性使推进工作变得艰难。尽管如此，西博格在当时提出的锕系元素的概念（假定第 89~103 号元素构成了同一个系列，是镧系元素的镜像）是一个很有用的主题。1949 年年底，以西博格为核心、由艾伯特·吉奥索（Albert Ghiorso）和长期的合作者、学生时代的朋友斯坦利·汤普森（Stanley Thompson）等人所组成的团队，通过使用氦离子轰击镅 -241，终于成功地得到了痕量锫 -243。f 区的新元素的发现过程十分枯燥，所以汤普森和吉奥索最初建议锫的化学符号为"Bm"，以使人想起"懒汉"（bum）——"因为它是那么不愿意被发现，以至于我们花了这么久的时间才识别出它"[2]。不过最终还是采用了"Bk"这个符号。

自从被识别以来，锫基本上过着平静的生活。虽然这个元素还没被发现有实际用途，但核爆炸和核反应堆中能够产生锫。因而，理解它的化学性质有着重要的意义，尤其是对核废料管理而言。不过，研究锫仍然是一个挑战，只有一种同位素——锫 -249 可以被大量获得，其半衰期为 330 d。

很早期的示踪实验 [3] 表明，锫有稳定的 +3 和 +4 氧化态，但过去几年才开始了更进一步的研究。2016 年，它的第一个单晶结构被制得 [4]，研究人员同时发现，Bk（III）化合物的自旋轨道耦合导致其第一激发

[3] Thompson, S. G., Cunningham, B. B. & Seaborg, G. T. J. Am. Chem. Soc. 72, 2798–2801 (1950).

[4] Silver, M. A. et al. Science 353, 3762–3763 (2016).

态和基态混合。这就产生了在镧系元素类似物（包括铽）中不存在的意料之外的电子性质。在更新的报道中[5]，实验和计算相结合的一些研究显示，+3 和 +4 氧化态的锫在温和的水溶液中也可稳定存在，这指明了一条新的将它与其他镧系和锕系元素分离的途径。

　　虽然不会得到伯克利主教的赞同，但锫的主要用途显然仍是十分物质而非精神的：作为其他超铀元素和超重元素合成中的靶原子。为了制备第 117 号元素，美国橡树岭国家实验室要耗费一年多的时间来制备锫 -249 样品[6]。随后样品被运往俄罗斯的杜布纳和德国的达姆施塔特，在那里被钙 -48 轰击。在这些实验中使用的锫靶对第 117 号元素（Ts）的合成是如此重要，以至于它的名字——tennessine——参考了锫靶的生产地，而不是元素的合成地。

[5] Deblonde, G. J.-P. et al. Nat. Chem. 9, 843–849 (2017).

[6] Hamilton, J. H., Oganessian, Y. T. & Utyonkov, V. K. J. Phys. Conf. Ser. 403, 012035 (2012).

锎之光

原文作者：

托马斯·阿尔布雷特 - 施密特（Thomas Albrecht-Schmitt），
美国佛罗里达州立大学化学与生物化学系。

施密特讲解了第 98 号元素夺目绿光的来源，以及为何锎化学有着同样光明的未来。

锕系元素中位置靠后的锎具有 20 种已知同位素，它是一种非自然存在的人造超铀元素。1950 年 2 月，西博格及其同事们在利用 60 in（约 152.4 cm）回旋加速器加速氦离子并轰击锔 -242 靶的实验中，首次鉴定出了该元素。尽管它的命名主要源自加利福尼亚州的州名，但同时也包含对加州大学伯克利分校的致敬，毕竟元素周期表中铀之后的许多元素都是在这里被首次发现。我们现在知道这实际上并不是人类第一次观察到锎——早在 20 世纪 40 年代最早的核爆炸残渣中，锕系后段直至镄的诸多元素就已被发现，但相关资料作为机密被封存了许多年。

锎之后元素的同位素半衰期远不足一年，这意味着它是元素周期表中最后一个具有宏观化学意义的元素。即使是在元素周期表中紧邻其后的锿，其制备量也仅有几微克。目前合成的大部分锎是其同位素锎 -252，尽管它的危险性使得所有超出示踪剂剂量水平的化学反应基本上不可能开展。由于具有异常高的自发裂变率，1 μg 的锎 -252 每秒可释放 230 万个中子。

幸运的是，锎 -252 的制备过程中同时也产生了锫 -249，且能以较高的化学及放化纯度将它从其他中子捕获产物中分离出来。锫 -249 的寿命较短，半衰期为 320 天，它经历 β 衰变转换为锎 -249，后者的半衰期为 351 年，更具化学意义。几乎所有关于锎的化学研究都是利用这一同位素进行的。其实，真正理想的同位素是锎 -251——其半衰期接近 900 年。可惜锎 -251 难以合成。

虽然最早的锎化合物（包含锎的不同同位素混合物）是在 20 世纪 60 年代 [1] 以微克剂量获得的，但直到位于橡树岭国家实验室的高通量同位素反应堆（HFIR）开始制备可用量的纯同位素锎 -249，其单晶 X 射线衍射分析以及详细的物性测定等研究工作才得以启动 [2]。这些成果来自 20 世纪 70 年代早期约翰·伯恩斯（John Burns）和理查德·海尔（Richard Haire）开展的工作，他们是锎系化学的幕后英雄。

伯恩斯证实，锎 (III) 的离子半径与钆 (III) 相近。这一点值得注意，因为它导致溶液中的流变行为，八配位和九配位水合离子因此会快速达到平衡，用钆 (III) 作为磁共振成像造影剂时正是利用了它的这种性质。类似于钆 (III)，锎 (III) 也因此可以形成六方和正交结构的三氯化物 [2]。一些锎化合物还会自发光——它们因强烈的放射性辐射激发 f- 电子而发出绿光。其绿色的光芒看起来美丽而无害——其实真正需要万分谨慎的是那些看不到的辐射。锎 -249 发射的 γ 射线（388 keV）能量高到隔着厚度超过 2 cm 的铅还能探测到。手中拿着 5 mg 锎 -249 样品不到 10 min 遭受的辐射就足以超出年辐射

[1] Copeland, J. C. & Cunningham, B. B. J. Inorg. Nucl. Chem. 31, 733–740 (1969).

[2] Burns, J. H., Peterson, J. R. & Baybarz, R. D. J. Inorg. Nucl. Chem. 35, 1171–1177 (1973).

剂量限值。因此，锕化学只能在专用的核化工设施中进行，并且相关实验需做悉心设计以最小化暴露时间。

如今，由于商用核反应堆越来越多地用于发电，锕以及相关的锕系元素——镅、锔化学再次兴起[3]。大多数国家已下决心开发回收废弃核燃料的方法。废弃核燃料成分复杂，混合着包括镅、锔、锕等元素及同位素。以工业化规模分离这些元素将需要开发非常复杂的化学工艺。

20 世纪 40 年代的"曼哈顿计划"产生的数据表明，锕系元素的价层轨道可能参与共价键合，这与锕系后段元素会形成离子键的预期相反。最近，理论和实验一起提供了强有力的证据，即锕系中段和后段元素的 6d 和 5f 轨道可以被有意地用于形成共价键，并且这种键合在即使对相同氧化态的相邻锕系元素中也存在实质性差异[4,5]。对于设计选择性萃取剂和其他可以捕获及区分核废料中放射性核素的材料，能够控制键合是其关键所在。同时，这也表明锕元素相关化学的前景一片光明。

[3] Neidig, M. L., Clark, D. L. & Martin, R. L. Coord. Chem. Rev. 257, 394–406 (2013).

[4] Polinski, M. J. et al. J. Am. Chem. Soc. 134, 10682–10692 (2012).

[5] Polinski, M. J. et al. Nature Chem. 6, 387–392 (2014).

99 Es
锿
einsteinium

锿的解密

原文作者：

乔安妮·雷德芬（Joanne Redfern），英国科普作家、医学作家。

雷德芬为我们讲述第 99 号元素的故事：它是如何在美国的秘密试验中被发现的以及为何它的名字是对创造它的技术的警示。

1952 年 11 月 1 日，在一场代号"常春藤麦克"的绝密实验中，美国引爆了"香肠"——世界上的首颗氢弹。爆炸将太平洋岛屿伊鲁吉拉伯岛（Elugelab）整个地夷为平地，但这次实验并非只有毁灭，因为同时有两种新元素在爆炸中诞生，即之后被命名为"锿"和"镄"的两种元素。此次核爆威力巨大，甚至胜过第一、二次世界大战中所有使用过的高能炸药的威力总和[1]。在一瞬间，大量的中子[2]（$10^{24} \sim 10^{25}$ cm^{-2}）冲进炸弹中的铀原子堆里。有些铀原子一个就能捕获 15 个中子而形成极重的铀同位素，随后进一步快速经历 7 次 β 衰变，就生成了原子序为 99、相对原子质量为 253 的新元素。

包含第 99 号元素的放射性碎片从爆炸中喷涌而出，迅速壮大成 60 mile（约 96 km）宽的蘑菇云。为了解更多关于热核爆炸的科学原理，美国政府派出战斗机飞越蘑菇云，通过贴在机翼箱上的特殊滤纸收集放射性尘埃[2]。具体的分析由加州大学伯克利分校的艾伯特·吉

[1] Nuclear Weapon Archive (accessed 14 August 2016); http://go.nature.com/2fAKydM

[2] Hoffman, D. C., Ghiorso, A. & Seaborg, G. T. The Transuranium People: The Inside Story Ch. 6 (Imperial College Press, 2000).

奥索和他的同事们进行，据吉奥索所说，结果大大出乎意料[3]。

吉奥索的团队检测到一个独特的辐射信号，并断定属于当时还未知的第 99 号元素。后来他们又从邻近岛屿上收集到的放射性珊瑚碎片中检测到相同的信号（以及第 100 号元素的）。由于样品中所含第 99 号元素的量极少（总共不超过 200 个原子[4]），更显得这次发现难能可贵。令人沮丧的是，因为"常春藤麦克"实验的细节被定为机密，研究组被禁止向外报道该发现。

为避开禁令，吉奥索小组着手通过其他方法制备第 99 号元素。他们发现使用氮离子轰击铀 -238 能产生一个短寿的第 99 号元素同位素，于是他们在 1954 年发表了该发现，并添加注释承认之前已存在有关于该元素的研究[5]。几个月后，"常春藤麦克"实验解密了，这使得吉奥索终于能够在 1955 年[6]发表了他们先前的发现。他也有幸将其命名为"锿"（einsteinium，Es）。

如今科学家通过在核反应堆中用中子轰击钚，然后令生成的同位素进行 β 衰变而得到锿。这是一个缓慢的过程。事实上，直到 1961 年（距其最初被发现已有 9 年），科学家们才获得了足够量的锿，进而观察到它的银白色金属形态[4]。

锿不仅仅稀少，还因会自毁而难以研究。它有几乎 20 种不同的同位素，且均具有放射性。最稳定的同位素为锿 -252，半衰期大约为 472 天，但它难以制备，仅可微量获得。最为普遍的是锿 -253，但其半衰期只有 20 天。当它衰变时会释放 γ 射线和 X 射线，破坏其自身的晶体结构，阻碍研究人员对其进行 X 射线晶体学分析。强烈的能量释放（1000 W/g）还会引起锿发光[7]。另外，由于锿会迅速衰变成锫和锎，几乎所有的锿样品

[3] Ghiorso, A. Einsteinium and Fermium (Chemical and Engineering News, American Chemical Society, 2003); http://go.nature.com/2fdCSdz

[4] Emsley, J. Nature's Building Blocks: An A-Z Guide to the Elements (Oxford Univ. Press, 2011).

[5] Ghiorso, A., Rossi G. B., Harvey, B. G. & Thompson, S. G. Phys. Rev. 93, 257 (1954).

[6] Ghiorso, A. et al. Phys. Rev. 99, 1048 (1955).

[7] Haire, R. G. in The Chemistry of the Actinide and Tran-sactinide Elements 3rd edn (eds Morss, L. R., Edelstein, N. M. & Fuger, J.) 1577–1620 (Springer, 2006).

都不是纯的。

锿主要被用来制造更重的元素，比如钔，吉奥索小组利用 α 粒子轰击锿 -253，首次发现了钔。除此之外，科学家们还利用锿的放射性，研究加速老化以及辐射损伤，尽管尚未商业化[7]，其医学潜力已接受了检验。锿并没有除了基础研究之外的实际用途。因此，虽然它的名字为其增添了熟悉感，普通大众将终其一生都不会接触到锿，即使是单单一颗原子。

锿开启了用著名科学家名字命名新元素的潮流，很难想象有谁会不喜欢这样的荣誉。但对于爱因斯坦来说，用他的名字为锿命名似乎有些讽刺，因为他是一名和平主义者，强烈反对研发氢弹。他甚至还记录了一份为美国电视节目《今天和罗斯福夫人在一起》(Today with Mrs. Roosevelt) 所写的声明，其中他警告说氢弹可能会毁灭地球上所有的生命。所以，一个从氢弹中诞生的元素最终以他的名字命名，对于此事，爱因斯坦会作何感想呢？我们将无从知晓。在吉奥索向世界宣布锿的几个月前，爱因斯坦已不幸逝世。

疯狂锻造的镄

原文作者：

布雷特·F. 桑顿（Brett F. Thornton），瑞典斯德哥尔摩大学地质科学系和柏林气候研究中心；肖恩·C. 伯德特（Shawn C. Burdette），美国马萨诸塞州伍斯特理工学院化学与生物化学系。

桑顿和伯德特讲述了第 100 号元素是如何在核武器试验中被发现的。当初，由于这是机密信息，研究人员不得不利用其他方法"重新发现"镄。

当某个新发现所处的特定背景成为阻碍其被披露的阻力时，你又如何能够确保自己的功劳可以获得应有的认可呢？第 100 号元素——镄的发现过程，就是这样的一个例子。镄得名于领导建造了第一座核反应堆的费米，当然，费米对物理学还有许多其他的贡献。1952年 11 月，在埃内韦塔克环礁展开的热核武器试验（"常春藤麦克"行动）中，首次形成了镄。由于核武器试验相关的信息披露管制，人们竞相采用其他手段来合成这个元素，以规避报道禁令。

当时的预测认为，大规模核爆的副产物中会含有未被发现的重超铀元素，这是因为高中子通量可能使得铀能在一瞬间多次俘获中子。艾伯特·吉奥索在加州大学辐射实验室（UCRL）领导的一个研究小组发现，在"常春藤麦克"行动中收集的大气过滤样本中含有第 99 号元素。从附近环礁上获得的更大的辐射尘样品中，他们

发现了包括 $^{255}100$ 在内的一些其他富含中子的同位素。$^{255}100$ 的形成被归因于 $^{255}99$ 的 β 衰变，而 $^{255}99$ 又来自于在爆炸中吸收了多个中子而生成的 ^{255}U 的多次 β 衰变过程。在预期时间内，$^{255}100$ 被从离子交换柱中洗出[1,2]，但 UCRL 团队却被禁止发表这一在机密武器测试中得到的发现。吉奥索知道他的团队已经发现了第 100 号元素，但他担心如果其他地方的科学家独立合成了这个元素并首先发表，他就会失去发现这一元素的荣誉。

吉奥索的担心并非多余。在此之前不久，斯德哥尔摩的诺贝尔物理研究所升级了他们的回旋加速器以产生重离子束[3]。1954 年 2 月 19 日，研究所的科学家用 $^{16}O^{6+}$ 离子轰击铀靶几个小时后[4]得到了 $^{250}100$。由于人们对 100 这个数字的重视，衍生于"百年"（century）一词的"centurium"作为第 100 号元素的名字在科学界流传了开来。研究所主任曼内·西格巴恩（Manne Siegbahn）写信给 UCRL 的西博格，告知这一发现，并提议用"nobelium"作为这个新元素的名字。

意识到自己处于这场发现竞赛中的 UCRL 小组，已经用氧离子和氮离子束在铀和钚靶上进行了类似的实验。在生成 $^{253}99$ 之后，UCRL 团队将另一个中子诱导到原子核中，期望获得 $^{254}99$，然后经过 β 衰变生成 $^{254}100$。他们这项成功的实验结果发表于 1954 年 3 月 1 日[5]，这时距 $^{250}100$ 在斯德哥尔摩诞生仅仅过去了 10 天。在这篇文章中，他们小心翼翼地提到"未发表的【机密】信息"的存在。诺贝尔物理研究所的文章也在数月后的 7 月 15 日发表了出来[4]。

直到 1955 年 6 月，在"常春藤麦克"行动中产生了第 100 号元素的早期机密信息才被公诸于世，论文由 UCRL、阿贡国家实验室和洛斯阿拉莫斯科学实验室联

[1] Ghiorso, A. Chem. Eng. News. 81, 174–175 (2003).

[2] Ghiorso, A. et al. Phys. Rev. 99, 1048–1049 (1955).

[3] Atterling, H. Arkiv Fysik. 7, 503–506 (1954).

[4] Atterling, H., Forsling, W., Holm, L. W., Melander, L. & Åström, B. Phys. Rev. 95, 585–586 (1954).

[5] Harvey, B. G., Thompson, S. G., Ghiorso, A. & Choppin, G. R. Phys. Rev. 93, 1129 (1954).

合发表——核武器的制造被归功于洛斯阿拉莫斯科学实验室[2]。在论文中，UCRL 小组直言，这一元素在辐射尘中的早期发现应该具有优先权。这篇文章开篇便做了明确的声明："这一通信论文报道的结果来自于 1952 年 12 月以及接下来几个月中的实验。"为了巩固自己的发现优先权，他们在论文的标题中使用了"镄"这个名字。

在科学领域，两个独立的但又几乎同时出现的发现通常均会被予以认可。氧几乎同时被普利斯特里和舍勒分别独立发现于 1774 年和 1773 年左右。镥在 1907 年被于尔班和韦尔斯巴赫独立发现。尽管如此，人们却很少认可斯德哥尔摩小组在发现第 100 号元素上的贡献。1954 年发表的斯德哥尔摩实验报道可能代表了 100 号元素的一次独立发现。因为在当时冷战的保密氛围下，在 1955 年 UCRL 小组的早期发现最终发表出来之前，诺贝尔物理研究所的科研小组不太可能知道这一结果。

第 100 号元素并不是涉及诺贝尔物理研究所的元素发现争议的最后一个元素。几年后，他们报道了第 102 号元素的合成，这一声明同时受到了 UCRL 和苏联小组的挑战。几十年后，这一争端才得以解决。这一次，尽管第 102 号元素的发现并没有被归功于诺贝尔物理研究所的研究小组[6]，但是这个元素却采用了由他们提供的名字——锘（nobelium）。

[6] Thornton, B. F. & Burdette, S. C. Nat. Chem. 6, 652 (2014).

第 101 号元素"入钔"

原文作者：

安妮·碧尚（Anne Pichon），《自然 - 化学》高级编辑。

　　第一个逐原子识别的元素是以现代元素周期表的主要缔造者的名字命名的。碧尚说，这一看似顺理成章的赋名方式，其实展现了学界是如何冲破地缘政治紧张局势，对科学贡献予以认定。

　　用整整一年的时间准备靶材，再耗费一个星期的时间制备一种新元素，而观测时间只有短短几个小时，第 101 号元素的合成真的是一场与时间的竞赛。到 20 世纪中叶，加州大学伯克利分校的辐射实验室对超铀元素的合成早已轻车熟路。元素镎和钚都是 1940 年在这里被发现的。作为"曼哈顿计划"的一部分，通过深入研究核反应过程，分析核武器试验产生的放射性沉积物以及利用劳伦斯发明的回旋加速器进行实验，伯克利的科学家们在 1944 年至 1952 年之间陆续发现了第 95 号到 100 号元素。这些重原子均可以通过在回旋加速器中用中子或 α 粒子轰击锕系元素制得。

　　1955 年，西博格、艾伯特·吉奥索及其同事用 α 粒子轰击 $^{253}99$ 原子核（已命名为"锿"）得到了元素 $^{256}101$。因为在前几次成功的合成后面接踵而至，会让人误以为这是一个相当简单的过程，但事实并非如此。

仅仅是准备足够的 $^{253}99$ 靶材就花费了整整一年的时间——而这些靶材大约不到一周的时间就会发生衰变。该团队开创了一种"反冲"技术，为合成的原子核提供足够的能量离开靶材并进入用于"捕获"它的箔材中，从而实现靶材复用。这也是一种产出极低的合成：数小时的轰击只生成了屈指可数的几个原子，且很快就会消失（$^{256}101$ 的半衰期只有 77 min）。

1955 年的一段视频拍摄了部分团队成员，记录下了这一合成过程中激动人心的时刻[1]。他们从回旋加速器旁跑回实验室，通过化学方法分离元素并记录单个原子的放射性衰变，对得到的样品进行分析。发现当日，一共产生了 17 个 $^{256}101$ 原子。这是第一例逐原子识别出来的新元素，也是最后一个用到了化学过程的元素[2]。

该元素以门捷列夫（Dmitri Mendeleev）命名，主要是因为他根据自己提出的元素划分系统中未知元素的位置，预测了它们的化学特性。这一原则也为超铀元素的发现指明了方向。事实上，在西博格将锕系元素正确地放入元素周期表之前，上述元素一直无法被识别。然而，在冷战时期以这种方式纪念俄罗斯科学家是有争议的。在提交给 IUPAC 之前，"mendelevium"这个名字经过了仔细斟酌并通过了美国政府的审批。1955 年，IUPAC 收到申请并在同年正式公布了该命名（过审时的元素简写为"Mv"，两年后改为"Md"）。

门捷列夫的化学遗产远远超出了他对元素周期表的发展所做的重要贡献，尽管他的一些理论没能完整地经受住时间的考验。比如他不愿意接受电子的存在，而是专注于去理解被认为无处不在的"以太"[3]。他的生平记事将他刻画为一个追求社会经济效益并且对许多领域充满好奇心的人。他预见到了石油的化学价值，为圣彼

[1] The Element Hunters: The Discovery of Mendelevium. Voices of the Manhattan Project https://go.nature.com/2G8kvY8 (2017)

[2] Hoffman, D. J. Radioanal. Nucl. Chem. 291, 5–11 (2012).

[3] Nature 75, 371–373 (1946).

[4] Spitsyn, V. I. &
Katz, J. J. (eds)
Proceedings of the
Moscow Symposium
on the Chemistry
of Transuranium
Elements (Elsevier,
Amsterdam, 1976).

得堡大学设立女子课程做出过贡献,还会很随意地一个人乘坐热气球研究日食[4]。因此,也就不奇怪他的名字除了出现在化学周期表——有时被称为"门捷列夫元素周期表"——以及其中第 101 号元素的位置上之外,还有北冰洋的一个海岭以及月球背面的一座环形山与他同名。

如今,已知钔有 17 种同位素,其中 ^{258}101 的半衰期为 51.5 天,最为稳定。通过中子俘获以及随后的 β 衰变(中子转化为质子),核反应堆中可以形成数量相对较多的较轻超铀元素,但由于所谓的"fermium wall",该过程不能产生钔——第 100 号元素镄的同位素衰变太快了。

因此,钔较为稀缺,这意味着有关于钔的实验研究不多,也没有什么实际用途。已知它在溶液中以 +3 和 +2 氧化态存在,MdF_3 和其他镧系同系物的氟化物以及 $Md(OH)_3$ 和同系物的氢氧化物被一起制备。利用可以逐原子操作的技术和相对论计算,最近还测得了 ^{251}Md 的电离电势[5],一同测得的还有 ^{249}Fm、^{257}No 和 ^{256}Lr 的电离电势。测量值在这些锕系元素中的变化趋势与镧系后段元素中的趋势相似。

[5] Sato, T. K. et al. J.
Am. Chem. Soc. 140,
14609–14613 (2018).

再说回伯克利,随着元素合成的故事持续上演,其他大咖也相继登上元素周期表与门捷列夫会合:第 103 号元素被命名为"铹"(lawrencium),以纪念劳伦斯;第 106 号元素被命名为"𬭛"(seaborgium),以向西博格致敬。

身世扑朔迷离的元素锘

原文作者:

布雷特·F. 桑顿（Brett F. Thornton），瑞典斯德哥尔摩大学
地质科学系和柏林气候研究中心；肖恩·C. 伯德特（Shawn
C. Burdette），美国马萨诸塞州伍斯特理工学院化学与生物
化学系。

　　以诺贝尔命名的元素锘是 20 世纪 50 年代或 60 年
代在苏联、瑞典又或者是美国"首先"被发现的。桑
顿和伯德特详细回顾了在"是谁发现了第 102 号元素"
的问题上持续了几十年的恩恩怨怨。

　　1956 年，莫斯科一支由格奥尔基·弗廖罗夫
（Georgy Flerov）领导的研究小组借助新开发的重离子
束技术用氧 -16 轰击钚 -241。他们可能得到了第 102
号元素，并准备为它起名为"joliotium"（Jo），以此纪
念那年早些时候去世的 1935 年诺贝尔化学奖得主伊
伦·约里奥 - 居里（Irène Joliot-Curie）。正如弗廖罗夫
后来提到的，早期数据尚不能给出定论，上述结果也并
未得到广泛传播。冷战的政治因素可能使"joliotium"
在其他地方成为一个有争议的名字，因为约里奥 - 居里
和她的丈夫是公开的苏联支持者。

　　1957 年 7 月，诺贝尔物理研究所（现已并入斯德
哥尔摩大学）声称[1]用碳 -13 和锔 -244 聚合得到了
$^{251}102$ 或 $^{253}102$。由于所在研究所因诺贝尔而得名，该

[1] Fields, P. R. et al.
　　Phys. Rev. 107,
　　1460–1462 (1957).

团队以及包括来自英国和美国阿贡国家实验室的合作者一起提议用"nobelium (No)"命名该元素。这个名字立即流行起来。

有关锘元素的报告引起了劳伦斯伯克利实验室超重元素小组的注意。他们经过数月尝试未能成功复现在斯德哥尔摩得到的结果，由西博格和吉奥索领导的小组私下打趣道"nobelievium"会是个更合适的名字。随后他们开始用新的实验方式制备第102号元素的其他同位素。1958年，他们宣布[2]用碳-12和锔-244聚合生成了 $^{254}102$。

[2] Ghiorso, A., Sikke-land, T., Walton, J. R. & Seaborg, G. T. Phys. Rev. Lett. 1, 18–21 (1958).

到20世纪60年代初，莫斯科小组已搬到新成立的杜布纳联合核子研究所。新加速器给出的结果让他们怀疑伯克利团队对反应产物的鉴定有误，导致该团队在1958年错误地声明已经得到了 $^{254}102$。如果一个实验得到了某种元素，但它的同位素和（或）半衰期鉴定不正确，那么这个发现还有效吗？杜布纳的小组认为这样的结论无效，他们宣称国际纯粹与应用化学联合会（IUPAC）过于仓促地接受了"nobelium"，并坚持是他们发现了第102号元素并且希望将其命名为"joliotium"。

对研究成果的异议以及针对最先发现者的挑战性声明，促使吉奥索和他的同事们启动了新的实验并且重新查验了伯克利实验室的早期数据。他们很快意识到己方之前给出的一些半衰期和同位素鉴定是错误的，修正后的数据与杜布纳的研究结果更加接近。在反驳中，伯克利小组强调他们"依据惯例有权"命名这个元素，但承认他们可以接受"nobelium"这个名字[3]。苏联方面忽视了命名问题，重点宣扬的是本国团队发现了第102号元素。

[3] Ghiorso, A. & Sikkeland, T. Phys. Today 20, 25–32 (September, 1967).

几十年岁月并未能抚平纷争。20世纪90年代初期，在几个超重元素的命名上的持续争议推动 IUPAC 重新评估了超锕元素（元素周期表里锕之后的元素）的发现。与此同时，杜布纳团队公布[4]了关于第 102 号元素的档案记录——其中极力避免使用"nobelium"，并称判定伯克利团队首先发现第 102 号元素是"毫无根据"的。经过长期审核，IUPAC 将第 102 号元素的决定性发现归功于杜布纳团队 1966 年发布的两份报告[5]。但伯克利小组从未放弃他们的主张，并指责 IUPAC 事后回溯评判首次发现者的做法。

虽然伯克利团队 1958 年得到的结果与 1957 年在斯德哥尔摩用锔 -244+ 碳 -13 得到的结果相矛盾，但 1967 年他们通过改进方法用同一反应得到了锘 -253。尽管合成反应相同，斯德哥尔摩团队却分离出了一种半衰期不同的物质[6]。因此，也有可能当年在斯德哥尔摩确实首次得到过第 102 号元素。但为什么他们没能令人信服地分离出它呢？

斯德哥尔摩团队使用的锕系元素纯化方案是利用阳离子交换柱鉴定常规三价锕系离子，该方法在 20 世纪 50 年代已经比较完善。遗憾的是，二价锘在水溶液中的热力学稳定性更高——斯德哥尔摩团队得到的任何锘元素都将在未预料到的、未注意的时间段中被冲洗掉。如今看来，这是反映元素周期表强大预测能力的另一个例子。类似于 Cu^+ 和 Ag^+ 的 d 电子层全满的电子排布，跃迁的 $6d$ 电子填充了 $5f$ 电子层从而产生了稳定的二价锘[7]。

已知的第 102 号元素同位素中半衰期最长的是锘 -259，为 58 分钟，这让它注定无法被铸入与之同词源的著名奖章里。不过，在所有的争执过后它依然被称为锘，这是不会随着时间改变的。

[4] Flerov, G. N. et al. Radiochim. Acta 56, 111–124 (1992).

[5] Wilkinson, D. H. et al. Pure Appl. Chem. 65, 1757–1814 (1993).

[6] Ghiorso, A., Sikkeland, T. & Nurmia, M. J. Phys. Rev. Lett. 18, 401–404 (1967).

[7] Maly, J., Sikkeland, T., Silva, R. & Ghiorso, A. Science 160, 1114–1115 (1968).

103　Lr

锘

lawrencium

锘在元素周期表上的位置

原文作者:

永目谕一郎（Yuichiro Nagame），日本原子力研究开发机构
先端基础研究中心。

永目谕一郎思考了锘的制造历程，以及锘在元素周
期表上的位置。

[1] Silva, R. J. in The
Chemistry of the
Actinides and Tran-
sactinide Elements
3rd edn (eds Morss,
L. R. et al.) 1621–1651
(Springer, 2006).

锘的发现，或者更准确地说，锘的合成是由分别来
自美国伯克利和俄罗斯杜布纳的两支研究团队历经多
年，开展多次实验才实现的 [1]。1961 年，伯克利团队
首先宣告了第 103 号元素的某一同位素的合成。他们以
硼粒子轰击混合有多种锎同位素（锎 -249、250、251、
252）的标靶，所得产物被金属化的聚酯带捕获且通过
了一系列的 α 粒子探测器。结果显示生成了一个会放
射 α 粒子、能量为 8.6 MeV、半衰期约为 8 s 的新核素，
其被认定为同位素锘 -257。

随后，杜布纳团队在 1965 年也宣布合成了 103 号
元素——由一束氧 -18 离子轰击镅 -243 标靶所得，但
其所得质量数与伯克利团队确认的结果冲突。经过双方
的持续努力，最终伯克利团队在 1971 年确认了质量数
为 255~260 的锘同位素可以通过氮 -14 和氮 -15 轰击
锔 -248，以及通过硼 -10 和硼 -11 轰击锎 -249 制得。
这些结果也证实了先前的大多数报告，除第一个被制造出的同位素实际上是铹 -258 以外。

新元素命名的过程也历经曲折。首先是伯克利团队建议使用 "lawrencium"（铹），符号 "Lw"，以纪念回旋粒子加速器的发明者劳伦斯。国际纯粹与应用化学联合会（IUPAC）在 1971 年批准了该命名，但将元素符号改为 "Lr"。然而到了 1992 年，由 IUPAC 和 IUPAP（国际纯粹与应用物理学联合会）设立的超镄元素工作小组重新评估了所有报道过的数据，并提出建议，希望伯克利和杜布纳团队共享发现第 103 号元素的荣誉[2]。之后在 1997 年，这两个团队被官方认定为共同发现者。但铹这个名字由于当时已被普遍接受，因此保持不变。

目前，已知铹拥有 12 种同位素，质量数分别从 252 到 262 以及 266。铹 -266 是其中寿命最长的同位素，半衰期达到 11 h。铹 -253 和铹 -255 是两个亚稳态的核异构体。

对原子序数 $Z \geqslant 100$ 的重元素的化学性质进行研究是极其困难的。因为这些元素原子的半衰期很短，必须在加速器上生成，而且一次只能制备几个甚至常常是仅有一个原子。所以实验程序必须重复数百次甚至数千次才能产生具有统计显著性的结果。早在 1970 年，对铹 -256 进行的首次化学表征就通过一种快速溶剂萃取技术实现了。经过 200 多次的独立实验，总共涉及大约 1500 颗铹原子，终于可以确认铹在溶液中呈稳定的 + 3 价氧化态，和其他锕系元素相似。1988 年，通过使用阳离子交换色谱法对拥有较长半衰期的铹 -260 原子进行了首次关于 Lr^{3+} 离子半径的测定，其精确度随后被提高到（0.0881 ± 0.0001）nm。

根据西博格提出的锕系元素概念，在元素周期表上将 5f 元素（原子序数 Z=89~103）作为一个新的过渡

[2] Barber, R. C. et al. Prog. Part. Nucl. Phys. 29, 453–530 (1992).

序列放在镧系元素正下方的位置。那么锘就是最后一个锕系元素并且在镥的正下方。然而，尽管——或者说由于——最近对锘和镥的研究取得了进展，却出现了关于它们在周期表上位置的争论 [3]：锘应该是在 f 区、d 区还是 p 区呢？

[3] Jensen, W. B. Found. Chem. 17, 23–31 (2015).

通过类比镥的 [氙] $4f^{14}6s^25d^1$ 电子结构，锘的电子构型预计应该是 [氡] $5f^{14}7s^26d^1$。这种构型可以将这两个元素置于 d 区的钪和钇下方——四个元素间相似的化学性质可以佐证这一观点。然而因为相对论效应，锘的 $7p_{1/2}$ 轨道预计会稳定在 $6d$ 轨道的下方，所以其电子构型应该是——[氡]$5f^{14}7s^27p_{1/2}{}^1$，这表明把锘放在 p 区也不违和。

[4] Sato, T. K. et al. Nature 520, 209–211 (2015).

最近，我们研究组使用高效表面离子源连同与质量分离器耦合的单原子检测系统 [4]，成功测定了锘的第一电离能。令人惊讶的是，仅需要 4.96 eV 这么低的能量，就能使电中性的原子脱掉一个电子——竟比钠还要容易。这使得第 103 号元素成为最易电离的锕系元素，且与 [氡]$5f^{14}7s^27p_{1/2}{}^1$ 电子构型的预测非常吻合。

尽管如此，这些测量结果不仅可以证明锘是一个 f 区锕系元素，也可以证明它是一个 d 区过渡金属或是一个 p 区元素，这就使得关于它在元素周期表上位置的问题愈加扑朔迷离。总之，关于锘的争论仍将继续。

104	Rf
铲	
rutherfordium	

铲元素争夺战

原文作者：

米奇·安德烈·加西亚（Mitch André Garcia），美国加州大学伯克利分校化学系。

在本文中，加西亚考察了第 104 号元素充满争议的发现过程，并简述了对这一合成元素的化学认识是如何发展起来的。

元素周期表中的第 104 号元素铲，是 20 世纪 60 年代通过人工首次合成的，其命名权成了随后数十年间的国际争论热点。按照惯例，元素的发现者有权对其进行命名，但当两个实验室争相宣称自己首先发现了同一新元素时，情况便变得复杂起来。

1964 年，苏联的杜布纳实验室首先宣称发现了第 104 号元素[1]。在用氖 -22 离子束轰击钚 -242 靶时，他们观测到了一个发生了自发裂变的同位素。加州大学伯克利分校的另一支研究团队在接下来的数年中试图重复这一实验，但均以失败告终。1969 年，伯克利的研究者们用另一种核反应制造出了第 104 号元素：用碳 -12 和碳 -13 离子束轰击锎 -249 靶，生成了铲 -257 和铲 -259[2]。这两种铲的同位素都会通过释放 α 粒子衰变为锘元素。随后，铲元素和锘元素的衰变能以及半衰期也被测定，于是伯克利小组宣称，他们沿着衰变链确定无疑地检测到了第 104 号元素。

[1] Flerov, G. N. et al. Phys. Lett. 13, 73–75 (1964).

[2] Ghiorso, A. et al. Phys. Rev. Lett. 22, 1317–1320 (1969).

随后数十年里，双方在命名权上互不相让，最后他们组织了一个国际委员会来裁定哪一方更具说服力。于是国际纯粹与应用物理学联合会（IUPAP）及其化学界姊妹组织（IUPAC）共同组织了超镄元素工作组（TWG）来解决这一问题。虽然 TWG 的成员都是杰出的科学家，但其中没有一位科学家的研究领域是重元素或放射化学。

TWG 终于在 1992 年发布了裁定结论。委员会决定，伯克利和杜布纳团队应当共享对铲的命名权。这一结果并不符合两支实验团队各自的期望，但双方都有所保留地接受了。以卢瑟福之名命名元素铲则是双方一系列妥协的一部分；除此之外，两个研究团队还决定，将第105 号元素以杜布纳命名，第 106 号元素则以西博格的名字命名。关于铲元素的争议，可以参考达莲娜·霍夫曼（Darleane Hoffman）、艾伯特·吉奥索和西博格的 *The Transuranium People* 一书来获得更多信息[3]。

1970 年，吉奥索及其同事合成了一种新的铲同位素：铲 -261[4]。这一同位素的半衰期是 69 s，在超锕系元素中属于相对较长的。因此，这一发现催发了化学家对铲的首次液相研究。在当时，人们尚不知道铲的化学性质是更接近 IVB 族的金属，还是更像锕系元素。就在同一年，罗伯特·席尔瓦（Robert Silva）及其同事[5]与吉奥索团队合作，在四价锆和铪与三价锕系元素示踪剂同时存在的情况下，从阳离子交换树脂中对铲 -261进行了洗脱。实验结果证明铲 -261 与四价铪和锆示踪剂一同洗脱，确证了它作为 IVB 族金属的地位。

铲的气相化学研究则要归功于 IVB 族金属氯化物的易挥发特性。只要和氯化铪（四价）打过交道的人，都不会忘记它的奇特效应！在 100~600℃ 之间的不同温

[3] Hoffman, D. C., Ghiorso, A. & Seaborg, G. T. The Transuranium People: The Inside Story (Imperial College Press, 2000).

[4] Ghiorso, A. et al. Phys. Lett. B 32, 95–98 (1970).

[5] Silva, R. et al. Inorg. Nucl. Chem. Lett. 6, 871–877 (1970).

自然的音符： 118 种化学元素的故事

度下 [6]，氯化锆、氯化铪和氯化𬬻气体被通过 SiO₂ 柱进行等温色谱分析。实验测量了通过 SiO₂ 柱后这些气体的相对收率对于温度的变化函数，然后在此基础上用蒙特卡洛拟合计算了 SiO₂ 的吸附焓——这是测算挥发性的标杆方法。

　　不难想象，因为分子更重，氯化铪比氯化锆的挥发性更差（或者说其吸附焓更低）。然而，实验发现，氯化𬬻的挥发性几乎和氯化锆一样。这和元素周期性所预测的变化趋势完全相左。这种现象大约是来自某些相对论性效应，但产生挥发性𬬻盐的具体机理仍然是一个谜。

　　𬬻化学的未来发展方向，应当会着重于设计化学体系以促进解析相对论性效应对其化学性质的影响，以及合成新的𬬻化合物类型，诸如无机配合物和有机金属化合物。

[6] Kadkhodayan, B. et al. Radiochim. Acta 72, 169–178 (1996).

105	Db
𬭚	
dubnium	

匆匆一遇𬭚

原文作者：

拉尔斯·奥斯特罗姆（Lars Öhrström），瑞典哥德堡查尔姆斯理工大学化学及化工系教授，《巴黎最后的炼金术士和其他化学奇闻》的作者。

奥斯特罗姆聊起第 5 族最重的元素𬭚，讲述了关于它转瞬即逝但仍有迹可循的化学性质。

你看到我了，你又看不到我了，这是非常适合𬭚原子的退场词，它放射出一颗阿尔法粒子，衰变，就仿佛从我们掌间悄然滑过。然而，化学家们还是笑到了最后，因为正是这种玩消失的把戏，使得针对类似于钽却更重的第 105 号元素进行一次一颗原子的化学实验成为可能。

当科学被笼罩上冷战的阴影时，作为超锕元素命名之争中被吵得最凶的元素𬭚，起初有许多称呼。在 20 世纪 60 年代后期，苏联和美国的研究组分别开始合成𬭚的工作，最早开始于莫斯科郊外的科学城杜布纳（Dubna），也最终以其地名命名了该元素。在杜布纳，科学家用氖 -22 轰击镅 -243，在失去 5 个或 4 个中子之后，分别生成𬭚 -260 和𬭚 -261 的混合物（$t_{1/2}$=1.5~1.8 s），由此宣布发现了新元素，当时称之为 "nielsbohrium"。同时期，他们来自美国伯克利的主要竞争对手，使用氮 -15 轰击锎 -249 标靶，获得𬭚 -260，并称其为"hahnium"[1]。名字的争议最终在 1997 年有了决断[2]，国际纯粹与应用化学联合会（IUPAC）把它定名为𨧀。

我们经常会因为超镅元素短暂的寿命而认为它们无用。事实恰恰相反，比如，用于医疗诊断的放射性药物，需要能相对迅速地衰变，从而为医师及时提供诊断影像。为此，同位素锝 -99m 已被例行使用，它的半衰期为 6 h，而已知最长寿的𨧀同位素𨧀 -268 的半衰期比它要长 4 倍左右。

限制𨧀应用的真正难题是其缓慢的生产速率。被研究得最多的同位素𨧀 -262($t_{1/2}$ = 34 s)，其一个原子可以在 1 min 以内被制备出来，然而对于𨧀 -268（人工合成的第 113、115 号和第 117 号元素经阿尔法衰变后的最终产物）来说，其生产速率每周只有几个原子。所以以现有的科学技术，收集齐具有实际意义数量𨧀的概率基本为零。

所以，很难制备像二聚物 Ta_2Cl_{10} 这样的具第 5 族元素特色的双核𨧀化合物。幸运的是，Ta_2Cl_{10} 的气相化学是五配位单核配位化合物。因此，$DbCl_5$、$DbBr_5$ 和 $DbOCl_3$ 这些𨧀化合物已经从一次一个原子的实验中得证了，其中 $DbOCl_3$ 可能是与载气中含有的痕量氧气反应所得。

不断完善的技术使得探索液相中𨧀的化学性质变得可能[3]。通过色谱法、萃取和表面检测等一系列表征手段的连用来观测𨧀，根据在哪个仪器中能观察到其特有的阿尔法衰变，而推断出 $[DbOCl_4]^-$ 和 $[Db(OH)_2Cl_4]^-$ 这两种离子，甚至其与 2- 羟基异丁酸配合物的存在。这些实验的关键在于以相同条件下的、其较轻的类元素作参考。例如，中子活化法制备的铪和钽的放射性同位

[1] Schädel, M. & Shaughnessy, D. Chemistry of the Superheavy Elements 2nd edn (Springer, 2014).

[2] Garcia, M. A. Nat. Chem. 2, 66 (2010).

[3] Nagame, Y., Kratz, J. V. & Schädel, M. Nucl. Phys. A 944, 614–639 (2015).

[4] Schumann, D. & Dressler, R. Radiochim. Acta 104, 41–49 (2016).

素，最近被用来研制一种用来分离𨭆和其相邻的第 4 族钅卢的萃取系统 [4]。

我们必须意识到，简单地根据较轻的同族元素（这里主要指铌和钽）的性质推测 6d 元素的性质是不充分的。因为原子核变得越来越重后，相对论效应会变得重要起来，所以实验需有先进的量子化学来补充。而量子层面的计算显示第 105 号元素会有更稳定的 +5 价氧化态，电子构型为 [氡]5f^{14}6$d^3$7s^2，与𨭆为最重的第 5 族元素这一事实具有一致性 [1]。

理论和实验之间错综复杂的互动不仅仅对化学家来说有趣且重要，对尝试鉴定新元素的核物理学家来说也非常有用。当新元素衰变成未知的同位素时，例如第 113、115 号和第 117 号元素经过多次阿尔法衰变后最终都会变为𨭆 -268，鉴定这些同位素极其重要，因为倒推回去能正确判断新元素的原子序数 [5]。

[5] Dmitriev, S. N. et al. Mendeleev Commun. 15, 1–4 (2005).

因此，在这块化学遇上物理的边界地带，任何事都不应被视为理所当然，我们要时刻谨记，就像𨭆一样，即使是已经印在周期表上的新超重元素，也不能保证它再没有有待发现的更稳定的同位素了。

镙的复杂研究

原文作者：

克里斯托弗·E. 杜尔曼（Christoph E. Düllmann），德国美因茨约翰尼斯·古腾堡大学。

　　杜尔曼讲述了探索重元素镙的反应性有何令人兴奋之处，以及有何启示。

　　门捷列夫在一百多年前创立的元素周期表已经成为化学家的一个重要工具，也是一个被广泛认可的化学标志，以至于人们很容易忘记它仍在不断更新中。新元素的增加总能引起人们极大的兴趣，人们特别关心新元素的性质是否符合周期表的既定结构和趋势。

　　科学家们并不能简单地假定元素的性质符合周期表趋势，尤其是对重元素来讲。事实上，原子核内的诸多质子使邻近的电子加速至光速量级，从而使电子的质量由于相对论效应而增加。这会导致它们的轨道偏离它们本应遵循的假定轨道。在较轻的元素中，这种现象基本上无法观察到，但原子序数大于等于 104 的超锕系元素，是研究这些效应的理想"实验室"。

　　然而，由于这些元素数量少且寿命短，相关研究难有进展。一般来说，这些元素单个原子最多存在几秒钟或几分钟。不过，通过精密的自动化装置对单个原子或分子的气相色谱挥发度进行测量，使研究到镙为止的

[1] Türler, A. & Pershina, V. Chem. Rev. 113, 1237–1312 (2013).

所有元素的化合物成为可能，甚至还可研究𬭶和鿔（上述三种元素的原子序数分别为第 108、112 号和第 114 号）[1]。通过与它们各族中的较轻元素比较，可以得出关于周期表中既有趋势是否依然有效的结论。

1974 年，第 106 号元素被发现，并以西博格命名为"𬭳"（Sg）。𬭳化学研究的第一个化合物是 SgO_2Cl_2，其挥发度符合第 6 族的 MoO_2Cl_2 和 WO_2Cl_2 确立的趋势，且与相对论量子化学计算结果吻合。这些结果与之后的氧化物 - 氢氧化物体系以及两个液相实验的研究，构成了目前我们所知的𬭳化学，并将𬭳确立为第 6 族的正式成员。

尽管取得了这些成就，含有超锕系元素原子的化合物仍然难以获得。超锕系元素原子是通过使用极强的高能离子束使较轻的原子核发生聚变而形成的，因此往往只能在对大多数化学体系并不友好的环境——离子束诱导等离子体中进行研究。

[2] Düllmann, Ch. E. Eur. Phys. J. D 45, 75–80 (2007).

[3] Düllmann, Ch. E. et al. Radiochim. Acta 97, 403–418 (2009).

大约 10 年前，我们就开始努力克服这种技术上的限制，并在最近取得了一些成果：𬭳离子在外加磁场作用下与离子束分离[2]，然后在周围条件下被收集，并成功用于合成羰基𬭳——第一个超锕系配合物，其中金属𬭳处于还原态。该技术最先被用于锆和铪[3]，随后研究焦点转向了第 6 族的羰基配合物。

[4] Even, J. et al. Inorg. Chem. 51, 6431–6433 (2012).

钼和钨离子的实验绝妙地完成了，它们在含一氧化碳气体的环境中被捕获[4]。之后，我们与日本理化学研究所的研究者进行了合作，他们具有完美的𬭳合成与分离的经验。在超过两周的夜以继日的实验中，我们的检测系统识别到了 18 个𬭳原子的衰变及其衰变产物，按超锕系化学的标准来说，这是一个很高的数字。通过让挥发性𬭳物种经过逐渐变冷的表面，我们能够测量它们在什么温度固定下来，数据显示它们是因物理吸附作用而固定的。推导得出的吸附焓与 $Mo(CO)_6$ 和 $W(CO)_6$ 类似，证明我们得到的物种[5] 是 $Sg(CO)_6$，同时理论计算[6] 也支持这一结论。

进一步开展研究的迷人前景也展现出来了，合成其他的金属 - 碳键𬭊配合物是可行的，这为超锕系金属有机化合物的研究铺平了道路。在第一个一氧化碳配合物[7]——$Ni(CO)_4$ 被发现一百多年后，$Sg(CO)_6$ 作为最重的羰基配合物，也加入到了丰富的羰基化学中。鉴于 $Sg(CO)_6$ 已被鉴定出来，下一步的工作可能包括测量𬭊 - 碳键的强度——我们已经有了相应的理论数据[8]。更重要的是，更重的元素羰基配合物的制备也似乎可以被实现。

在𬭊被发现 40 年后，也是关于它的第一项化学研究开展 20 年后，一个还原态的𬭊羰基化合物被合成出来，并将接受详细检验。我们很荣幸可以通过扩大超锕系元素的化学研究的新体系，测量先前不可得的性质，来继续西博格未竟的事业。$Sg(CO)_6$ 是这条道路上令人兴奋的一步。

[5] Even, J. et al. Science 345, 1491–1493 (2014).

[6] Pershina, V. & Anton, J. J. Chem. Phys. 138, 174301 (2013).

[7] Werner, H. Angew. Chem. Int. Ed. 29, 1077–1089 (1990).

[8] Nash, C. S. & Bursten, B. E. J. Am. Chem. Soc. 121, 10830–10831 (1999).

107	Bh
铍	
bohrium	

探铍

原文作者：

菲利普·威尔克（Philip Wilk），美国能源部基础能源科学办公室。

铍表现得就像一个第 7 族元素该有的样子——但这其实是出人意料的，且听威尔克解释。

[1] Münzenberg, G. et al. Z. Phys. A 300, 107–108 (1981).

1981 年，位于德国达姆施塔特的 GSI 亥姆霍兹重离子研究中心[1]首次确认超重元素铍的存在，并以现代原子物理和核物理的奠基人之一尼尔斯·玻尔（Niels Bohr）命名。简单地把铍置于第 7 族，意味着其化学性质与它正上方的铼类似——假设元素周期变化规律在表末仍成立。然而，这些变化规律不应该在表末仍成立，实际上理论显示它们肯定不适用了。

如今广泛使用的元素周期表最初是由门捷列夫于 1869 年提出的，元素在表上按照相对原子质量由小至大排列。后来门捷列夫的原表被扩充，纳入了惰性气体和镧系元素。1913 年莫塞莱进一步修改了周期表，将元素按它们的 X 射线能量（与原子序数的平方成正比）大小排列，这解决了一些伤脑筋的问题——一些元素在原表中的位置和它们的化学特性并不一致。例如，碲和碘互换了位置，从而落到了它们各自应该属于的族里。

1944 年，元素周期表再次被修订，也是迄今为止最后一次修订。西博格假定存在类似于镧系的锕系元素 [2]，而当时人们普遍认为存在一族类铀元素。那时候，镎和钚的基本化学性质已经相当清晰，针对彼时尚未命名的第 95 号和第 96 号元素，初步的化学表征实验已经展开。西博格认为已有的证据清楚无误地揭示了它们非过渡金属的特性，这意味着这些元素最外层电子层应该是 5f 轨道，而非先前认为的 6d 轨道。

锕系元素之后是一系列的过渡金属元素，它们最外层的电子开始填充之前被弃的 6d 轨道。这些"超重"元素的特性预计在很大程度上受到了相对论效应的影响，因为内层电子的速度接近光速且紧密结合。这些效应应该对化学键有非常深刻的影响，传统的周期表上对元素性质的向下以及横向的外推终将在某点上产生误导，不再适用。因此对这些超重元素的化学性质进行研究是检测理论推导以及测定相对论效应影响的关键。例如，有研究表明𬭊（第 105 号元素）的化学性质并非严格遵守第 5 族元素向下的趋势。

对于元素周期表最后几个元素的化学性质的研究是非常具有挑战性的，因为这些元素的产率极低。研究人员使用轻元素轰击重元素，引发完全核聚变来制备这些超重元素（很小的概率），这个过程的产率一般是每天一个原子，甚至更少。

从 20 世纪 90 年代后期开始，罗伯特·艾希勒（Robert Eichler）、海因茨·格格勒（Heinz Gäggeler）以及一批国际合作者们着手开展阐明𬬻和其他超重元素化学性质的工作。气相色谱法 [3] 是唯一合适的化学或者物理化学表征方法，因为它们拥有足够的速度和效率去对这些超稀有的元素进行化学测定。多年后经过一些不同仪器的迭代，研究者们在瑞士的保罗·谢尔研究所

[2] Seaborg, G. T. Chem. Eng. News 23, 2190–2193 (1945).

[3] Türler, A. Eichler, R. & Yakushev, A. B. Nucl. Phys. A 944, 640–689 (2015).

（Paul Scherrer Institute），建造并测试了一台专门定制的气相色谱分离装置。

在 1999 年和 2000 年间的开创性实验中，通过观察特征衰变模式，5 个铍-267 原子被鉴定出来，并进行了化学分析[4]。尽管反应参数是为照顾存在时间最长的同位素而选择的，该同位素仍稍纵即逝——半衰期只有 17 s 左右。超过 24 位科学家加入了这场科学马拉松中，通过测量氯氧化物的吸附焓，对 5 个独立的铍原子进行挥发性分析。最终结果显示铍确实可以生成氯氧化物，与第 7 族中的锝和铼一样。这些实验还显示氯氧化铍的挥发性不如氯氧化铼，而氯氧化铼又不如氯氧化锝那么容易挥发。

令人意外的是，实验结果与纯粹按第 7 族的规律预测的铍的行为完全一致——尽管人们认为周期变化规律将因相对论效应而被打破，因为相对论效应对超重元素的化学性质起着决定性作用，其他的超锕元素的特性可以佐证这个观点，比如之前提到的𬭊。

[4] Eichler, R. et al.
    Nature 407, 63–65
    (2000).

隐身的镙

原文作者：

迈克尔·A. 塔塞利（Michael A. Tarselli），美国诺华生物医学研究所。

塔塞利说："从其稀缺性到命名上的政治博弈，第 108 号元素的故事展现了国际合作是如何克服核科学的局限性的。"

诺丁汉大学教授马蒂亚·波利亚科夫（Martyn Poliakoff）爵士在他的《影音周期表》系列（http://www.periodicvideos.com/videos/108.htm）中随口说出的一句话，却反映了人们对 108 号元素的一种普遍印象："镙……我对镙一无所知。何不让我们编点什么？"在本已知之甚少的超重元素中，第 108 号元素没有镭原子受控制的反应性，也没有镄原子的相对稳定性——镄最长寿的同位素镄 -257 有净 100 天的半衰期，而镄 -252 虽然会 α 衰变，但据信可以很好地抵御自发裂变 [1]。相较之下，镙最稳定的同位素——镙 -270，半衰期仅仅只有几秒。估计迄今为止产生的镙原子总共只有几十个到 100 个。

这些孤原子是怎么产生的呢？让我们回到 1984 年。主要的核研究正在西德、苏联和美国三个国家兴起。当时，根据 1979 年采用的数字根系统 [2]，第 108 号元素

[1] Staszczak, A., Baran, A. & Nazarewicz, W. Preprint at https://arxiv.org/abs/1208.1215 (2012)

[2] Chatt, J. Pure Appl. Chem. 51, 381–384 (1979).

被简单地称为"Uno"，为"unniloctium"的缩写，字面意思是"壹－零－捌"。自20世纪40年代以来，科学家们便一直通过中子束轰击铀的方法来制备新的超锕元素。然而，这种方法只适用到第100号元素（镄）为止。研究锕系元素的重量级大师尤里·奥加涅相（Yuri Oganessian）所领导的位于苏联（今俄罗斯）杜布纳的联合核子研究所（JINR）的研究小组，随后开创了"冷"核聚变（铁和铋等两种早期元素间的碰撞）和"热"核聚变（以锕系放射性核素为标靶）技术。

在热核聚变中，研究人员使用一束较轻元素（如碳或氧）的原子轰击重核（如镄或钚）标靶。据德国GSI亥姆霍兹重离子研究中心的彼得·安布鲁斯特（Peter Armbruster）[3] 所说，早期的这种技术在106号（𬭶）之前的元素合成中都运行良好。后来的新设备允许发射更重的原子核束，如钙或铁的，因此已将这种合成技术的极限推至目前为止的第118号元素。第一个镖原子是用铁原子轰击铅靶合成的。后来对这个过程进行了优化，通过向锔-248标靶发射镁-26，获得镖-270——也就是所谓的双重幻数同位素 [4]。

[3] Armbruster, P. & Hessberger, F. P. Making New Elements. Scientific American (September 1998); http://go.nature.com/2GWiHyG

[4] Dvorak, J. et al. Phys. Rev. Lett. 97, 242501 (2006).

伴随着新元素的发现，也产生了许多相关的优先权上的分歧，例如命名争议，多到以至于国际纯粹与应用化学和物理联合会（IUPAC和IUPAP）两家机构专门设立了超镄元素工作小组，此间三个主要的重元素发现国的科学家们首次参与监督了第101～109号元素的公认过程。1994年，这个小组将第108号元素和第109号元素分别命名为"hahnium"和"meitnerium"，以此来纪念核裂变发现者哈恩和迈特纳。Meitnerium这个名字被采纳了，但是对于第108号元素，则采用了由安布鲁斯特和戈特弗里德·慕岑贝格（Gottfried

Münzenberg）领导的德国小组的建议，并在 1997 年
获得了正式批准，即镙（hassium），以此纪念德国黑
塞州（Hesse）。

也许镙最吸引人的地方是它几乎没有被探索过。我
们对它的许多物理性质，如熔点、沸点、蒸气压或热容
仍是知之甚少。看看它的第 8 族表亲们——铁、钌和
锇，人们多半会认为它应该是固体，但这很难通过粘在
硅探测器上的几颗原子来确定。当你只有微量特定元素
时，又如何研究其特性呢？那就必须得发明一些比较专
业的实验仪器了。镙很难从聚变反应的副产物和其他超
重元素中分离出来，因此研究人员专门为之建造了探测
器来研究其独特的 α 衰变并研究其反应化学。2002 年，
GSI、JINR、劳伦斯伯克利国家实验室和其他 7 个机构
联合制造了 7 个镙原子。然后，它们被推送过氧气流，
以生成类似四氧化钌和四氧化锇这样的高度易挥发的氧
化物——"推测是 HsO_4"，它所含的单一镙 -269 原子
通过 α 衰变得以证实 [5]。

在 2011 年《科学》杂志的一篇"观点"专栏文章
中 [6]，核物理学家沃尔特·葛雷纳（Walter Greiner）挖
苦般地建议，"在深埋地下、受到适当保护的目标附近
引发两三次核爆炸"就有可能制造出富含中子的原子核，
比如镙。但由于多项全球条约禁止这样做，我们将不得
不继续依赖于一些传统技术，比如用富含中子的钙 -48
或铁 -58 原子束轰击加速器靶标。即使我们必须得再等
上几十年才能让下一代核科学家制造出足够量的镙来填
补我们知识的空白，也没有关系，从全局上看，这样可
能才是最佳选择。

[5] Düllmann, Ch. E.
et al. Nature 418,
859–862 (2002).

[6] Clery, D. Science
333, 1377–1379 (2011).

109 Mt

锞

meitnerium

锞的致敬

原文作者：

阿德里安·丁格尔（Adrian Dingle），《元素：百科全书式的元素周期表之旅》（*The Elements: An Encyclopedic Tour of the Periodic Table*）的作者，同时任教于美国佐治亚州亚特兰大市威斯敏斯特学校。

丁格尔告诉我们第 109 号元素的名字代表了对一位曾经未被接纳的伟大核物理学家的永远的认可。

20 世纪五六十年代间，围绕着许多超锞元素的发现权归属问题，来自冷战双方国家的实验室（主要是劳伦斯伯克利国家实验室和杜布纳联合核子研究所）打起了细致而又激烈的笔墨官司。就在此时，一个新的超重元素合成研究中心开始崛起。1969 年，在西德的达姆施塔特，GSI 亥姆霍兹重离子研究中心成立了。

不久之后，由安布鲁斯特和慕岑贝格领导的团队就在 GSI 宣布他们合成了新的元素。在 1981 年和 1982 年，他们先后合成了第 107 号和第 109 号元素。在最初的实验中，他们用铁 -58 轰击铋 -209 靶，得到了一个新的原子。这个原子后来被称为"锞"。分析结果发现了一种不寻常的 α 衰变——这是从 ^{266}109 原子中产生的，它的衰变产物 ^{262}107 核随后产生了第二个 α 衰变[1]。

在第 109 号元素被发现时，由于此前新元素发现所导致的纠纷，国际纯粹与应用化学联合会已建议不要

[1] Münzenberg, G. et al. Z. Phys. A 309, 89–90 (1982).

过早提出新元素的名称。但好在没有其他人宣称发现了
第 109 号元素，因而䥑得以避免超锕元素的命名之争。
GSI 建议的命名没有受到挑战，并于 1997 年 [2] 被国际
纯粹与应用化学联合会正式接受。安布鲁斯特对这个命
名的解释是，"将正义还给这位德国种族主义的受害者，
同时也公正地评价她对科学工作的终身奉献" [3]，这显
然指的是核物理学家迈特纳。

迈特纳的故事一部分是一部迫害史，她首先因女性
身份而受到歧视，其后因犹太人身份而被迫逃离纳粹德
国；另外一部分是她与长期合作的同事、曾经的朋友哈
恩发生了痛苦的反目。在分析哈恩和施特拉斯曼用中子
轰击铀却产生了更轻元素这一令人困惑的化学发现的过
程中，她发挥了举足轻重的作用。她和她的侄子奥托·弗
里施（Otto Frisch）一起首次对这一过程——核裂变进
行了理论解释。尽管合作了几十年，并且成果颇丰，然
而哈恩令人不齿地公开否定了她在核裂变发现中的贡
献。这使她在很大程度上被边缘化了。

哈恩因"发现重核的裂变"独自获得了 1944 年的
诺贝尔化学奖，但历史也许对迈特纳更友好——尽管当
时看来并非如此。如今，她未能共同获得诺贝尔奖被普
遍认为是不公平的，她和那些有一个元素以他们的名
字命名的研究者们同属于一个比获得诺奖门槛更高的
"俱乐部"。䥑重要的现实应用将会是对迈特纳更合适的
致敬。

就目前而言，䥑的功用都还在未来。1982 年，
铋 / 铁核聚变产生了最早的单个 ^{266}Mt 原子，通过重复
该过程，在 1988 年 [4] 和 1997 年 [5] 又分别产生 2 个和
12 个原子。另外，杜布纳和伯克利都通过其他的反应
证实了 ^{266}Mt 的存在，2009 年 [6] 美国报道通过 ^{208}Pb 和

[2] Inorganic Chemistry Division Pure Appl. Chem. 69, 2471–2473 (1997).

[3] Armbruster, P. Lise Meitner (1878–1968) 'Mother of Nuclear Structure Physics' (GSI, 2001).

[4] Münzenberg, G. et al. Z. Phys. A 330, 435–436 (1988).

[5] Hofmann, S. et al. Z. Phys. A 358, 377–378 (1997).

[6] Nelson, S. L. et al. Phys. Rev. C 79, 027605 (2009).

^{59}Co 核聚变得到了镤。目前的研究已经鉴定出了一些镤的同位素，质量从 266~278 不等。它们几乎都是 α 粒子发射体，其中的 ^{277}Mt 会发生自发裂变。这些同位素的半衰期从几毫秒到几秒钟不等，较重的同位素寿命较长。

因此，即使是在一次一原子的级别上，至今为止都无法对镤开展化学研究。镤的化学和物理性质基本上是通过理论计算之后，再与其他第 9 族和第 7 周期的元素类比推测得到的。根据推测，它是一个非常致密的固体金属元素，其最可能的氧化状态类似铱，在水溶液中最稳定的价态是 +3 价。2016 年发表的一项最新的研究表明，镤存在更重的同位素 ^{282}Mt[7]，它可能有一个更适合研究的半衰期（超过 1 min），这为对镤开展进一步的研究提供了可能。

目前，镤的意义与其功用无关，但它不应该被低估。镤提醒我们铭记一段重要的历史——不仅是科学方面的，也有其他方面的。

[7] Hofmann, S. et al. Eur. Phys. J. A 52, 180 (2016).

110 Ds

镃

darmstadtium

镃基石

原文作者：

迪特尔·阿克曼（Dieter Ackermann），法国原子能和替代能源委员会。

阿克曼解释了第 110 号元素在元素周期表的超重角占据了重要的一席之位的原因。

1994 年 11 月，镍 -62 和铅 -208 之间的冷聚变反应首次生成了镃的同位素镃 -269[1]。冷聚变是指在较低激发能的聚变过程中形成一个新原子核的过程，这一概念已经被德国达姆施塔特 GSI 加速器实验室的团队成功地应用到了超重核合成当中，而元素镃也以它的诞生城市达姆施塔特命名。

GSI 的团队分别于 1981 年、1984 年和 1982 年成功制备了元素铍（107）、镖（108）和镀（109）。接下来的 10 年间，为了提高制备出更重元素的可能性，GSI 小组提高了实验设备的效率。为了尝试合成第 110 号元素，预先测量出镖的同位素镖 -266（$Z=108$）的激发函数至关重要，这是一个与能量相关的合成可能性函数。以此外推，该团队成功地估算出合成镃所需的能量。

镍 -62 与铅 -208 的聚变确实生成了目标同位素镃 -269，单中子发射过程进一步"冷却"了如此形

[1] Hofmann, S. et al. Z. Phys. A 350, 277–280 (1995).

成的鿛。不仅如此，这个团队还将被加速粒子换成了镍 -62，进而得到了第二种同位素鿛 -271。进一步地利用这种方法，团队将前两个反应中用到的铅 -208 箔靶换成含有多一个质子的铋 -209 之后，便生成了第 111 号元素（铹）。

1985 年，利用更高能的离子束来生成鿛 -271 的早期尝试以失败告终，尽管其能量已经是之前所用离子束能量的 3 倍 [2]。这一做法基于"额外推动"（extra push）这一利用高于反应所需能量的概念，根据这一概念，额外的能量有可能推动聚变系统穿过一个复杂的势能面。该概念同样也是 GSI 团队在测量镈 -266 激发函数时存在争议的部分 [3]。然而，在这个实验中，这一理论并不奏效。

实验超重元素化学极具挑战性，而更重的元素似乎有些比鿛更激动人心的性质。因此，关于鿛的实验化学目前还无人尝试，而它的化学性质也只处于理论预测阶段。预测结果表明，其基态电子排布与其较轻的同族元素不同，但它们却有相当相似的化学性质。对所有超重元素而言，相对论效应都是非常重要的。这种效应是由于内层电子被重原子核中的大量质子（鿛有 110 个质子）所产生的强电场加速至极高速度而产生的 [4]。

与其化学性质不同，鿛的物理性质，或者更确切地说是鿛同位素的物理性质已经得到了实验研究，并揭示了一些令人兴奋的核结构特征。已知的鿛同位素都位于塞格雷表中变形核区域的边缘，该表展示了核素与质子和中子数之间的函数关系。这一区域的特征是，原子序数为 108（镈），或中子数是 152 和 162 时，对应的原子核会有增强的稳定性。这常被称为变形亚壳层闭合 [5]。对于更高的原子序数和质量来说，理论预测核变形会消

[2] Münzenberg, G. et al. in GSI Scientific Report 1985, GSI Report 1986-1 (ed. Grundinger, U.) 29 (GSI, 1986).

[3] Hofmann, S. On Beyond Uranium: Journey to the End of the Periodic Table (Taylor & Francis, 2002).

[4] Türler, A. & Pershina, V. Chem. Rev. 113, 1237–1312 (2013).

[5] Ackermann, D. & Theisen, Ch. Phys. Scr. 92, 083002 (2017).

失，这些原子将会具有球形的原子核。根据这些理论，
这一重原子区域将会被称为"稳定岛"的量子力学效应
稳定下来[6]。

　　铋的核变形也是造成铋 -270 同位素那惊人特征的
原因。铋 -270 是亚稳态中的最重的一个例子，它被称
为 K 同型异构体。这个状态就像一个以原子总自旋为
轴的晃动着的石头，它总是偏向对称轴的某一侧，因此
它的衰变在量子力学上是不可能的。这种亚稳态比基态
更稳定的特征，对原子核来说是很罕见的，这可能暗示
着一些尚未被发现的有趣物理现象。这些现象就发生在
预测中将会出现球形原子核的区域的开端。另外，这些
由核变形决定的亚稳态，还将有可能成为引导我们走向
"稳定岛"的指示器[7]。

　　铋 -270 这些有趣的特征使它成为引领我们走向更
多超重元素的基石之一。

[6] Cwiok, S., Heenen, P.-H. & Nazarewicz, W. Nature 433, 705–709 (2005).

[7] Ackermann, D. Nucl. Phys. A 944, 376–387 (2015).

111 Rg
铹
roentgenium

铹的诞生

原文作者：

塔耶·B. 德米西（Taye B. Demissie），埃塞俄比亚亚的斯亚
贝巴大学化学系材料科学专业。

德米西讲述了 unununium 成为铹的异常平坦之路，
以及如何通过相对论计算预测其性质。

元素周期表上最重的元素并非天然存在，它们在核
聚变反应中产生，这类反应要么是小心翼翼地在世界上
少有的几个实验室里进行，要么就是发生在热核反应
中。例如，镥和锿首先是在武器测试的放射性碎片中被
发现，然后才在高通量的中子反应堆中合成。位于德国
达姆施塔特附近的亥姆霍兹重离子研究中心（GSI）就
是这些寻找超重元素的实验室之一，在那里，第 111
号元素于 1994 年 12 月首次被合成 [1]。根据国际纯粹
与应用化学联合会（IUPAC）的命名体系，它有一个官
方的临时名称"unununium"（1-1-1-ium），并一直沿
用了 10 年之久。实际上，它和其他超重元素一样，更
常用原子序数来表示。

由西格·霍夫曼（Sigurd Hofmann）带领的 GSI
团队用一束镍-64 原子核轰击铋-209 标靶，并成功探
测到三个 ^{272}111 原子核。在位于俄罗斯杜布纳的联合
核子研究所，另一个元素搜寻小组曾在 1986 年就已尝

[1] Hofmann, S. et al. Z.
Phys. A 350, 281–
282 (1995).

试利用相同的反应去生成这种元素，但没能收集到能够支持第 111 号元素形成的数据。2002 年，GSI 团队又观察到 3 个 ^{272}111 原子核[2]。综合起来，6 个衰变链，其中三个经过已知的原子核铽 -260 和𬭶 -256，这就提供了足够的证据，因此 IUPAC 和 IUPAP（国际纯粹与应用物理学联合会）联合工作组（JWP）将发现第 111 号元素的优先权归于 GSI 团队。来自日本理研所（RIKEN）线性加速器装置处的研究人员后来独立确认了第 111 号元素的存在，并报告了 ^{272}111 同位素的 14 条衰变链[3]。

与围绕其他一些超重元素的激烈争论（激烈到那个时期被称为"超𬭶元素战争"时期）相反，第 111 号元素的识别和命名过程非常简单直接。按照传统，发现者们提出了一个名字和符号，然后很快就被接受了。2004 年，为了纪念发现 X 射线的德国物理学家威廉·伦琴（Wilhelm Röntgen），unununium 被命名为"𬬻"（Roentgenium）[4]。伦琴的这一发现为他赢得了 1901 年的第一届诺贝尔物理学奖。

𬬻极具放射性。它的所有同位素都非常不稳定，半衰期从几分钟到仅仅几毫秒，其衰变经由 α 放射或自发裂变。虽然不太可能发生，但如果𬬻能被观测到，预测它应该是银色的，而且其密度（28.7 g/cm^3）甚至比已知密度最大的元素锇（22.6 g/cm^3）还要大。

人工合成的极不稳定的超𬭶元素不能很好地被用于实验化学，但科学家们没有被困难吓倒，并已开发出极精密的专门技术用于进行详细的单原子研究，不过目前还是没能探测𬬻的反应。研究人员转而用量子力学方法探索第 111 号元素，用相对论的狄拉克方程代替非相对论的薛定谔方程，为预测超重元素的化学性质提供了

[2] Hofmann, S. et al. Eur. Phys. J. A 14, 147–157 (2002).

[3] Morita, K. et al. Nucl. Phys. A 734, 101–108 (2004).

[4] Corish, J. & Rosenblatt, G. M. Pure Appl. Chem. 76, 2101–2103 (2004).

一条激动人心的途径。

在元素周期表的底部，随着原子核变得越来越大，电荷越来越多，电子愈发接近相对论速度，使得原子的行为不同于以往的预期。相对论效应已知对于理解金的电子结构——进而理解金的性质——有重要影响，而金正是铑在第 11 族正上方的邻居；相对论效应对超重元素至关重要。

Rg(I) 在水中的化学性质与 Au(I)、Ag(I) 和 Cu(I) 这些第 11 族元素的离子一起被研究。利用密度泛函理论，研究了它们的水合离子在气相中如何转而形成单胺配合物，并将结果外推至水溶液中 [5]。Rg(I) 被预测为一种强路易斯酸，甚至比 Au(I) 更温和。它的卤化物、氰化物和异氰化物的种类都在研究之列 [6-8]。预测 RgCN 的键长比 AuCN 的短，它所具有的共价性来自于 7s 轨道的相对论式稳定性。

虽然铑尚未被实验探索——如果能直接生成一些不那么不稳定的同位素，这或许能成为可能——但它将是探索相对论效应的优良载体。

[5] Hancock et al. Inorg. Chem. 45, 10780–10785 (2006).

[6] Demissie, T. B. & Ruud, K. Int. J. Quantum Chem. 118, e25393 (2018).

[7] Zaleski-Ejgierd, P. et al. J. Chem. Phys. 128, 224303 (2008).

[8] Muñoz-Castro, A. et al. Polyhedron 39, 113–117 (2012).

欢迎镐?

原文作者：

西格·霍夫曼（Sigurd Hofmann），德国达姆施塔特重离子研究中心（GSI）物理学家。

在探寻超重元素的旅途上，第 112 号元素是通往"稳定岛"的一块落脚石。在本文中，霍夫曼讲述了他的团队是如何一步步"创造"并发现它的。

在理论核物理学家预测了稳定超重元素岛的时候，第 112 号元素并没有引起多少研究兴趣。对于稳定超重元素岛，这组元素的核子数量将会满足组成闭合壳层的条件，而这将赋予它们足够的稳定性以抵消质子间强大的斥力。相较而言，第 126 号元素以及后来的第 114 号和 120 号元素吸引了大部分的注意力，因为这些元素被预测有长达百万年的半衰期，这意味着我们能在地球上找到这些元素。然而，试图在自然环境中或是各种核反应中将它们鉴别出来的努力全部失败了，这使得科学家们不得不走上逐一制造这些元素的崎岖道路。1976年，第 106 号元素（现在被命名为"𬭳"（Seaborgium））的发现为这条路奠定了起点，而在相当一段时间里，第 112 号元素标志着这条路暂时的尽头。

为了发现第 112 号元素，有四项关键的技术改进是必需的。第一项是能将尽可能多种类的同位素作为离子束发射出去的加速器，离子束强度必须达到至少每秒 $10^{12} \sim 10^{13}$ 个离子，同时速度需要达到大约 10% 光速。第二项是同样由多种同位素制成的标靶，需要能够承受上述的高强度离子束。第三项是能够快速、高效地将反应产物从离子束中分离出来的分离器，最后一项则是能可靠地鉴定所获得元素的检测系统。

在我们的实验室里，以上改进是由如下设备完成的：UNILAC 加速器（通用直线加速器 Universal Linear Accelerator），旋转的靶盘，电磁分离器 SHIP（重离子反应产物分离器，Separator for Heavy Ion reaction Products），以及位置灵敏硅探测器。凭借这样的组合，我们得以检测到寿命在 1 ms 至数小时间的各种原子核，并能检测从第 107 号到 111 号的每一种元素。到 1996 年，我们做好了合成第 112 号元素的准备。我们选择了下述离子束和标靶材料，以使两者的质子数加起来为 112：进行轰击的是具有 30 个质子和 40 个中子的锌离子束，而标靶则是具有 82 个质子和 126 个中子的铅原子核，于是我们得到了具有 112 个质子和 166 个中子的新元素——原子质量为 278 的新元素。

尽管参与反应的原子核并不会轻易融合，更多的情况下是被质子间的巨大电荷斥力弹开，因此将两个原子核（锌和铅）强加到一起需要相当大的能量，但这一壁垒可以被越过，随后的原子核间吸引力便会引发核聚变。这一反应会放出能量，于是这一放热反应所产生的热原子核就会放射出一个中子以冷却下来，留下一个原子质量 277 的原子核供我们研究。

即便使用了最强大的离子束进行轰击，我们一个星期也只合成了一个第 112 号元素的原子。2000 年的另一次实验使我们得以测量第二个原子，而 2004 年日本理化研究所的实验室又制造出两个原子，从而确认了我们测得的数据。因此，国际纯粹与应用化学联合会（IUPAC）将这一元素的首先发现记到了我们团队的名下；2009 年 4 月，我们被邀请为第 112 号元素命名。

为了定名，我们团队来自四个不同国家的 21 名研究人员讨论了近一个月——备选提案有些来自学生，有些来自公众。最终我们一致认定，第 112 号元素应当以天文学家尼古拉·哥白尼的名字命名，因此提出将其命名为"鎶"（Copernicium），并以"Cn"作为对应缩写。

哥白尼生活在五百年前，他的时代见证了中世纪到现代的转型；他深刻地影响了当时的政治和哲学思考，并在实验的基础上对现代科学的兴起做出了贡献。他对天体的描述同样适用于其他的小物体因吸引力围绕大质量中心运行的系统。在微观层面上，电子围绕着原子核运行的原子也符合这一模型。以鎶为例，就是 112 个电子围绕着由 112 个质子和 165 个中子组成的原子核运行。

鎶的性质应当类似过渡金属，因为它在元素周期表中的位置在 IIB 族，位于锌、镉和汞下方。在初步实验中，金的表面上吸附了数个鎶原子，已经显示出了它与汞之间的相似性。它可能比汞的挥发性略强，但在室温下有很大可能性是液态的。当然了，因为至今只制取了寥寥可数的几个原子，衰变速度又快，短期之内它不太可能派上什么用处，但它为发现更重的元素铺平了道路——前文所述超重元素。

113	Nh

钋

nihonium

朦胧的钋

原文作者：

尤利娅·乔治斯古（Iulia Georgescu），《自然综述：物理》主编。

乔治斯古解释了她对难以捉摸的第113号元素的迷恋。

上中学的时候，我和我的朋友困惑于元素周期表右下角的空白格子，于是我们不断地打扰化学老师，直到她翻箱倒柜给我们找出了一张更新版本的元素周期表，上面那些空白格被填上了晦涩的元素符号，比如 Uut、Uuq 和 Uup。这些符号都代表着一些几乎没法读得出来的拉丁文暂用名。它们只是一些简单地代表了原子序数的拉丁文数字：Uut 是"ununtrium"的缩写，意为第113号元素；Uuq 是"ununquadium"的缩写，意为第114号元素；以此类推。这些东西对解决我们的困惑毫无帮助。老师简单地解释说这些元素都是在核反应堆中产生的短命的人造元素，然后就把我们打发走了。这些不完全准确的解释完全无法让我们满意。因此，我们直奔书店去买了一张元素周期表的海报，并把它贴在了我房间里的墙上。随后我们厚脸皮地用自己的名字命名这些空白格里的新的元素，还特别地将我们的姓氏译成德文以示专业。

我的职业生涯辜负了我年少时意气风发的理想。毫无意外，并没有元素以我的名字命名。但多年后，当我在日本的理化学研究所（RIKEN）做博士后时，遇到了森田浩介（Kosuke Morita）。他带领的团队发现了那个让我在中学时十分好奇的元素——第 113 号元素 Uut。有很长一段时间，我都没有意识到，这位我经常在围棋社遇到的快乐而又谦逊的围棋爱好者，其实也是一个著名的超重元素"猎人"。但这并不是第 113 号元素对我特别有吸引力的唯一原因。我将它与日本的异国情调以及有时被误解的日本文化联系在一起。

第 113 号元素𬭨（nihonium，Nh）以日本的日文名命名，它是第一个在亚洲发现并被正确识别出来的元素。我们需要强调"正确识别"，是因为曾经有一个有问题的元素 nipponium（以日本的另一个日文名称命名）。在 20 世纪初，日本化学家小川正孝在伦敦师从拉姆齐。他们认为在方钍石矿物中可以发现一些新的元素。小川正孝确实得以分离出一种新元素，他在 1909 年发表了他的研究结果，并将其命名为"nipponium"。他错误地将其识别为第 43 号元素（现在称为"锝"），但它实际上是元素周期表中在锝正下方的第 75 号元素（现在称为"铼"）。第 43 号元素的另一次误报来自德国化学家沃尔特（Walter）、伊达·诺达克和伯格。通过继续研究，他们最终在 1925 年发现了铼。这些工作完全独立于小川正孝发现的未知元素。最终，第 43 号元素在 1937 年被塞格雷和卡洛·佩里耶（Carlo Perrier）发现并正确识别。

𬭨的发现也许没那么多的戏剧性，但相比而言，第 113 号元素可以说是很难被发现并识别的。2003 年，森田的团队开始使用理化学研究所的重离子直线加速器寻找超重元素。仅仅一年后，他们就成功地通过铋 -209

和锌 -70 的撞击，合成了第一个铋原子。这个原子在仅仅 0.34 ms 后就衰变了，因此，主要的挑战在于如何对衰变产物进行"法医"鉴定来识别它。铋通过 4 次 α 衰变转化为𬭳 -262，接下来又进一步分裂成两个更小的碎片。2005 年，理化学研究所的团队成功地识别出了另一个铋原子的残留物。

为充分表征𬭳的衰变链，理化学研究所的团队仍需理解另外两次 α 衰变过程，从𬭶-266 到𬭳 -262 再到𬭶 -258。为此，他们使用钠粒子束轰击镉，以获得𬭶和𬭳。当这个过程被明确理解后，他们就"只"需等待另一个铋原子生成。这耗费了 7 年时间和大量的耐心，直到 2012 年，森田的团队才最终识别了第 113 号元素的 6 次连锁 α 衰变，这一次并不是生成𬭳，而是进一步衰变成𬭶 -258 和𬭰 -254。铋的存在最后终于被确定了。

同时，杜布纳联合核子研究所和劳伦斯利弗莫尔国家实验室参与的俄美合作项目也识别到了作为第 115 号元素的衰变产物的第 113 号元素，他们称为"moscovium"，并宣布了这两种元素的发现。2005 年，这个合作项目再次观察到这一衰变，但 IUPAC 认为他们的发现证据仍不充足。因此，第 113 号元素的发现被归功于理化学研究所的团队，他们也获得了元素的命名权。

尽管铋现在已经被制得、识别和命名，但自从我读书以来，人们还并没有获得什么关于第 113 号元素的新知识。铋使我想起了日本能乐面具：神秘得有点令人不安。我们不知道它背后隐藏着什么，比如说它的性质或行为，但也许这就是它的魅力所在。

114	Fl
铁	
flerovium	

一次一个铁原子

原文作者：

彼得·施韦特费格尔（Peter Schwerdtfeger），新西兰梅西大学。

第 114 号元素似乎触手可及，但是施韦特费格尔提醒到：它与同族更轻的元素相比是如此不同，所以在这个年轻的元素上发现出乎意料的性质应当是预料之中的。

元素周期表中最后的天然元素是钚。钚的半衰期与地球的年龄相当，人们只在氟碳铈矿中发现过微量的钚。第 94 号元素钚之后的所有元素都是在世界上的少数几个实验室中通过核融合反应得到的，最近的发现主要来自正在进行的杜布纳－利弗莫尔实验室的合作，他们于 2004 年发现了铁。

在重离子回旋加速器中，使用钙 -48 离子束轰击钚或锔的几种同位素靶标，就能通过核融合反应得到了质量数从 286 到 289 的四种第 114 号元素的同位素。2011 年，国际纯粹与应用化学联合会同意使用杜布纳的弗廖罗夫核反应实验室的名字为第 114 号元素命名，该实验室以其创始人弗廖罗夫的名字命名，他是俄罗斯著名的核物理学家和自发裂变的共同发现者。铁在周期表中是第 14 族的最后一名成员，从碳开始的这一族元素过去到铅就结束了。

这个奇特的超重元素具有如此高的核电荷数，以至于需要花费好几个月的核融合反应来一个一个地得到这种原子。和铁数以秒计的半衰期比起来，几个月实在是太长的一段时间了。铁在好几个方面令人感到兴奋，特别是它可以帮助我们了解在高质子极限情况下的核物质。铁还能帮助我们探索在特定的质子和中子数范围内存在高核稳定性同位素的稳定岛理论。

原子核由质子和中子的壳层组成，它们非常像化学理论中我们熟悉的电子壳层。一个完全填满的壳层所含有的中子数和质子数会是所谓的"幻数"，这将赋予元素特别的稳定性。四十多年来，人们预测壳层闭合会发生在质子数为 114 和中子数为 184 时。然而，尽管在很久以前大多数科学家就壳层闭合的中子数达成了一致，但壳层闭合的质子数很大程度上取决于预测中使用的核结构模型。

不同于电子结构，核子之间的强相互作用是难以精确建模的，预测的壳层闭合质子数还有 120、122 甚至 126。因此，完善这些核结构模型需要对超重元素的放射性衰变特性进行精确测量。目前已获得的中子数最多的铁的同位素是铁 -289，含有 114 个质子和 175 个中子，但仍差 9 个中子才达到中子壳层闭合数，而获得铁 -298 的方法目前仍不明确。

秒级的核衰变时间足以完成超重元素单原子的化学反应。为了设计这样属于目前化学技术最前沿的实验，需要了解一些超重元素的化学性质。通过使用现代相对论量子化学方法，替代了薛定谔方程的狄拉克方程为我们提供了一个理想的探究铁反应活性的工具。

已故的肯尼斯·皮策（Kenneth Pitzer）教授早在 1975 年就指出，强相对论效应可能导致第 114 号元素电子壳层闭合。大的自旋 - 轨道耦合作用能使 $7p_{1/2}$ 与 $7p_{3/2}$ 壳层分离（高于 300 kJ/mol），而𫓧就拥有 $7s^2(7p_{1/2})^2$ 封闭壳体结构。因此，预测认为𫓧是容易挥发并且具有化学惰性的。皮策甚至认为第 114 号元素在室温下可能是气体，与其第 14 族更轻的同类铅或锡不同。

然而，块体物质的现象并不总是能够基于简单的原子性质推测出来的。我们小组最近的固态计算得到了一些令人吃惊的结果。在大块金属𫓧中原子间只有弱键，小于汞，但大于氡（内聚能分别为 50、75 kJ /mol 和 16 kJ /mol）。这表明𫓧在室温下很可能和汞一样是金属液体。此外，由于相对论效应而稳定的𫓧的 7s 轨道可能具有化学惰性。

格格勒及其同事研究了在金表面上的第 112 号元素镉和第 114 号元素𫓧的吸附情况。到目前为止，只有三个吸附事件可被认为与𫓧原子有关，这表明第 114 号元素的行为更像是一种具有金属性的惰性气体。然而，这一结果还没有定论，确认实验正在进行中。𫓧到底能发生什么样的化学反应呢？让我们期待不可预料的新化学产生吧！

115　Mc

镆
moscovium

制镆故事

原文作者：

尤里·奥加涅相（Yuri Oganessian），俄罗斯杜布纳联合核子研究所，弗廖罗夫核反应实验室。

奥加涅相讲述了一个双奇数镆核的形成和衰变的故事。

第 115 号元素是我们在核反应中用加速的钙 -48 离子束合成的第一个原子序数（Z）为奇数的超重元素。这些实验是在首次获得第 114 号和 116 号元素（偶原子数）的实验结果后，紧跟着在 2003 年进行的。我们毫不怀疑，它们的奇数邻居也能以同样的方式形成，只是，它的衰变性质却会大相径庭。

用钙 -48 (Z=20) 离子束轰击同位素镅 -243 (Z=95) 标靶，期望能发生罕见的、这两种原子核的融合反应。结果确实形成了原子核 ^{291}115。在该过程中，这一原子核被加热（至约 4×10^{11} K），再通过极快地释放出三个中子和伽马射线得以冷却，形成了同位素 ^{288}115。镅靶的厚度是经过仔细选择的，允许 ^{288}115 原子核一旦形成，能凭借碰撞过程中获得的反冲能量逃逸出靶。形成的原子核飞经从标靶通过分离器至探测器这一 4 m 长的路径所需时间只要大约 1 μs。分离器经过配置和调整，能够允许形成的超重原子核通过，同时将所有较轻的反应副产物从主轨道上清除。一旦目标原子到达检测器组件，其衰变模式将被确定，以此查明所形成的原子核。

超重元素的衰变类型主要有两种：阿尔法衰变和自发裂变。前者是贝克勒尔在 1898 年发现的，是一个重原子核自发放射出一个阿尔法粒子 (^{4}He) 的过程，也是诸多重于铅的原子核的典型衰变特征。后者则是原子核分裂成两个碎片的过程，由弗廖罗夫和康斯坦丁·佩特里亚克（Konstantin Petrjak）于 1940 年发现，该过程只存在于锕系和超锕元素中，且发生概率随原子序数的增加而迅速增加。根据经典（宏观）核理论，只有比 $Z=100$（镄）原子序数大的元素才会发生自发裂变。

1969 年，一种新的（微观）理论被提出，该理论将核物质的结构纳入考虑范围，给出了不同的预测：存在一个由极重、富含中子的原子核（质量数在 280 ～ 300）组成的领域，其间，元素稳定性有望再次提高。在质子和中子的双幻数，$Z=114$ 和 $N=184$ 附近，周期表上将出现一大片相对稳定的元素，该区域被称为"稳定岛"，第 115 号元素就在其中。此外，原子核 ^{288}115 的内部结构——同时含有奇数个质子和中子 ($Z = 115$, $N = 173$) ——会在很大程度上阻止自发裂变，因此其原子核很可能会进行阿尔法衰变。

放射出一颗阿尔法粒子后，^{288}115 会形成一个具有奇数个质子、奇数个中子的第 113 号元素原子核，由于同样的原因，它也会经历阿尔法衰变。这种衰变模式下会产生第 111 号元素，然后是第 109 号，以此类推。这个奇 - 奇阶梯的每一步中，原子核的原子序数被减掉 2 个，同时中子数也减掉 2 个，与幻数 $N=184$ 渐行渐远。因此，原子核会变得不容易进行阿尔法衰变，但更容易发生自发裂变，最终该衰变链会终止于自发裂变。究竟何时终止？恐怕只有实验才能告诉我们答案。

在我们 2003 年的实验中，探测器使我们能够记录所形成的原子核的整个放射性系列，并确定每个阿尔法粒子发射的能量和时间，以及自发裂变碎片的能量。我们得到了 $^{288}115$ 同位素的衰变链。在前 20 s 内发生了连续 5 次的阿尔法转换，之后出现了很长的停顿，这给我们带来了很多麻烦。链上最后一个原子核——同位素 ^{268}Db——的自发裂变在 30~40 h 后的第二天才被记录下来。我们认为，同位素 ^{268}Db ($Z=105$，$N=163$) 通过电子俘获的衰变方式，形成了一个具有偶–偶结构的 ^{268}Rf 核 ($Z=104$，$N=164$)，之后很快分裂成两个碎片。在我们的第一个实验中，我们总共检测到三个这样的事件。从那时起，类似的第 115 号元素衰变链已分别在杜布纳（俄罗斯）、达姆施塔特（德国）和伯克利（美国）被观测到，次数已超过了 100 多次。

我们提议为位于元素周期表 15 族底部，铋元素下面的第 115 号元素取名"moscovium"（镆），最后被采用了。该名字是为了纪念古俄罗斯地名——Moscovia，即莫斯科地区。首次合成并观察到镆自发转化成其他元素的工作人员就在此工作和生活。

Uuh? 不。这是铊!

原文作者:

凯特·戴（Kat Day），自由撰稿人、博客"编年史烧瓶"（The Chronicle Flask）博主。

α 衰变成铁? 一定是铊,戴如是说。她同时也指出, 我们对于第 116 号元素知之甚少。

2015 年年底,国际纯粹与应用化学联合会（IUPAC）宣布确认了四种新元素的发现,它们分别为第 113、115、117 号和第 118 号元素,这样就填满了元素周期表的第 7 周期[1]。

与此同时,我们对于它们的邻居——第 116 号元素,又知道多少呢? 嗯,在经历错误的开始之后[2],一支合作团队在 2000 年于俄罗斯杜布纳的联合核子研究所（JINR）进行了实验,并首次正式报道了第 116 号元素。他们使用钙 -48 离子轰击锔 -248 标靶。通过将它们各自的原子序数 96 和 20 简单相加,不难预测会获得第 116 号元素。结果也证明了这一假设,杜布纳团队成功监测到一个第 116 号元素原子的阿尔法衰变。该团队之后又重复获得了该结果,此后被其他实验室进一步确认[3]。

2012 年 5 月,第 116 号元素被正式命名为铊（Lv）,替代了之前的临时系统命名"ununhexium",符号 Uuh。新名字是为了纪念位于加利福尼亚州的劳伦

[1] Discovery and assignment of elements with atomic numbers 113, 115, 117 and 118. IUPAC (30 December 2015); http:// go.nature.com/ 29PRx11

[2] Ninov, V. et al. Phys. Rev. Lett. 89, 039901.

[3] Morita, K. et al. RIKEN Accel. Prog. Rep. 47, xi (2013); http://go.nature. com/29yzqHr

斯利弗莫尔国家实验室（Lawrence Livermore National Laboratory），即发现该元素的原研究小组中部分组员的东家，也是镉靶标的提供者，更是一所为核科学的总体进步做出了重大贡献的机构。据说 2011 年俄罗斯杜布纳联合核子研究所（JINR）研究小组的俄罗斯籍副组长希望将第 116 号元素命名为"moscovium"，以此纪念莫斯科地区。看来这条建议被改用于第 115 号元素的命名了。

像其他所有的超重元素一样，鉝非常不稳定。同位素鉝 -292、291 和 290 都只有不到 20 ms 的半衰期。寿命最长的同位素鉝 -293 也只有仅仅 60 ms 的半衰期，随之就会衰变成鈇（Fl，114 号元素），然后再变为鎶（Cn，112 号元素）[4]。因此，科学家至今未能收集到足够的量来测定鉝的物理性质。事实上，迄今被观察到的鉝原子只有 35 个左右。

[4] Patin, J. B. et al. Confirmed Results of the 248Cm(48Ca,4n)292116 Experiment (Lawrence Livermore National Laboratory, 2003); http://go.nature.com/29PVzn0

即使如此，因为知道它在周期表上的位置，我们也许仍能对鉝的物化特性做些预测。它在第 16 族，即氧族元素，其中包括氧、硫、硒、碲和钋。类似于该族的其他元素，鉝的价电子层应该含 6 个电子，电子层结构为 $7s^2\,7p^4$。但是，电子在超重元素内比在较轻原子内移动得快得多。因此，$7s$ 和 $7p$ 电子能级预计会非常稳定，$7s$ 能级尤甚，而这要归功于惰性电子对效应。$7p$ 轨道上的两个电子也应该会比 4 个电子中的另外两个更稳定。

[5] Borschevsky, A. et al. Phys. Rev. A 91, 020501(R) (2015).

结果是 +2 价的氧化态可能更受青睐[5]。另外，+4 价也应该可以获得，不过也许只能靠电负性极强的配体才能实现，比如与氟可能生成四氟化鉝（LvF_4）。相反地，其他氧族元素皆能达到的 + 6 价，对于鉝元素来说可能无法达到，因为 $7s$ 轨道电子极难移除。在钋身上，我们可以看到相似的规律，我们预计二者将拥有极相近的化学性质。钋化物是最稳定的一类钋化合物，比如钋化钠（Na_2Po）[6]，因此理论上，铊化钠（Na_2Lv）及类似的铊化物应该是能获得的，虽然目前还没有成功合成的例子。

2011 年开展的一系列实验显示，氢化物 $^{213}BiH_3$ 和 $^{212m}PoH_2$ 拥有惊人的热稳定性[9]。相比之下，LvH_2 预计应不如更轻的氢化钋来得稳定，但是有可能在气态中实现对其化学性质的研究，前提是能找到一个足够稳定的铊同位素。

尽管铊短命的天性构成了巨大的挑战，科学家仍热衷于通过实验方法探索其化学性质。借用瑞士保罗·谢尔研究所重元素研究组组长罗伯特·艾希勒（Robert Eichler）的话来总结，那便是还需要开展更多的模型研究去确定一个最有效率的可以产生这些超重元素的方法，但是，"化学的疆域已至超重元素的稳定岛"[7]。科学家不太可能用充满铊的试管去做实验，但是新发现也许离我们并不遥远。

[6] Moyer, H. V. (ed.) Polonium (US Atomic Energy Commission, 1956); http://go.nature.com/29Oe0Kk

[7] Eichler, R. J. Phys. Conf. Ser. 420, 1 (2013).

117 Ts
砶
tennessine

目标砶

原文作者：

伊丽莎白·威廉姆斯（Elizabeth Williams），澳大利亚国立大学核物理系。

威廉姆斯讲述了合成砶的故事，其中配角元素发挥了至关重要的作用。

所有的实验都有其困难之处。在探索创造新的超重元素的过程中，伴有许多令人焦虑的等待。有可能几周，甚至几个月的时间，都找不到证明某一元素存在的蛛丝马迹。从加速器启用的第一天起到希望之光初现之时，往往令人感觉漫长得像永恒一般。你不断自问：实验设置对不对？计算正确吗？

第 117 号元素最初的几次合成尝试就充满了这样的时刻。正如我们所知，元素周期表上倒数第二个元素是由俄美合作团队在俄罗斯联合核子研究所的弗廖罗夫核反应实验室（FLNR）中首次发现的 [1,2]。该发现后来由 GSI 领导的国际合作团队在德国亥姆霍兹重离子研究中心（GSI）得以证实 [3]。由不同的团队对同一种元素进行独立的验证，这样的工作可能不如首次合成那般受人关注，但对于超重元素来说，这是发现过程的重要组成部分。在第 117 号元素的例子中，第二次合成本身也很有价值，因为它消除了 GSI 小组在寻找更重的第 119

[1] Oganessian, T. S. et al. Phys. Rev. Lett. 104, 142502 (2010).

[2] Oganessian, T. S. et al. Phys. Rev. C 83, 054315 (2011).

[3] Khuyagbaatar, J. et al. Phys. Rev. Lett. 112, 172501 (2014).

号元素过程中的一些不确定性。

2009 年，FLNR 团队使用一种被称为热聚变的技术进行了一项实验，其中放射性锕系元素原子核（在本例中是含有 97 个质子的锫 -249）与钙 -48（20 个质子）发生反应。热聚变反应能够在接近我们认为可能找到"稳定岛"的区域生成原子核。"稳定岛"是一群相对稳定的原子核（与它们的邻居相比），预计要么具有 114 个质子，要么质子数介于 120 和 126 之间，并且具有 184 个中子。如果"稳定岛"确实存在，那么岛上的原子核的确切位置和衰变特性将是我们进一步了解原子核结构的强大工具。

在 70 天的束流时间里，FLNR 团队发现了能证明生成了 6 个第 117 号元素原子的证据[1,2]：首先是石田 -297 的生成，然后它迅速释放出 3 个或 4 个中子，形成两个同位素。这其实是一条 α 衰变链上的一段，之后它们会继续衰变为钴和铹。对给定反应生成特定元素的概率的度量被称为核反应截面——而生成石田的反应的核反应截面非常非常之小，因此只要检测到少量这样的衰变链就能使一个实验称得上成功。在 2012 年的第二次实验中，FLNR 团队又观察到了另外 7 个原子[4,5]。两次实验都证实，含有超过 110 个质子的元素的稳定性有所提高，支持了存在"稳定岛"的假设。

与此同时，GSI 团队已经开始使用钛 -50（22 个质子）与锫 -249 碰撞来寻找第 119 号元素。为了达到这一目的，他们投入了大量的精力来改进他们的实验装置：创造了一种非常强的钛 -50 粒子束，引进了一套数字化数据采集系统，并致力于减少背景辐射。但是，实验进行了 4 个月，第 119 号元素仍然没有被发现。

当时，放射性锫的标靶正在衰变，研究团队内部的

[4] Oganessian, T. S. et al. Phys. Rev. Lett. 109, 162501 (2012).

[5] Oganessian, T. S. et al. Phys. Rev. C 87, 054621 (2013).

紧张气氛也在加剧。因此在 2012 年，他们改用钙-48粒子束，试图通过检测一种罕见但已知的超重元素来检查他们的实验装置。在此过程中，他们通过独立合成证实了[3]第 117 号元素的存在，并明确了他们在第 119号元素实验中没有观察到任何东西，仅仅是因为这个聚变的核反应截面小于预期。在 GSI 团队公布他们的研究结果一年后，第 117 号元素——连同第 113、115号和第 118 号元素——被国际纯粹与应用化学联合会（IUPAC）和国际纯粹与应用物理学联合会（IUPAP）联合工作组正式纳入元素周期表。

当 FLNR 团队被要求为第 117 号元素命名时，他们提出了一个不同寻常的建议：tennessine，源于美国田纳西州（Tennessee），而它的后缀表明它是一种卤素。IUPAC 在 2016 年批准了这一名称。田纳西州并不是它的发现地，不过 FLNR 的一些合作者来自田纳西州，而且实验中用到的锫-249 材料就在该处制得。该州的橡树岭国家实验室成功完成了这项艰巨的任务，生产出了对发现第 117 号元素至关重要的锫-249 标靶。

氥的传奇

原文作者:

基特·查普曼（Kit Chapman），《化学世界》评论编辑。

查普曼探讨了第 118 号元素的发现之旅，还有那位姓名被用来命名它的先驱化学家，以及在发现之路上的一些误判。

拥有一个以你名字命名的元素是非常罕见的。事实上，迄今只有两位科学家在有生之年里享有如此殊荣，他们分别是西博格和奥加涅相。当我们见过奥加涅相之后，直叹实至名归。他的一位同事曾经这么跟我讲，当他第一次踏入俄罗斯杜布纳联合核子研究所（JINR），走进奥加涅相的项目大厅时，眼前是一片前所未见的壮观景象。忽略掉那些重达 2000 t 的磁铁、束流线和正在安装的用来搜寻第 119 号和第 120 号元素的全新回旋加速器，这里真正的区别在于拥有奥加涅相：“当你为尤里工作时，这地方就不再像一个实验室了，”他解释道，“仿佛一个歌剧院——他就是导演。”

60 年来，奥加涅相凭借自己的创造力、科学技能和领导才能，不断突破元素周期表的界限。他是出生于俄罗斯顿河畔罗斯托夫的亚美尼亚后裔，年轻的奥加涅相起初的梦想是成为一名建筑师，但后来他进入了莫斯科工程物理研究所。在那里，他加入了格奥尔基·弗廖罗夫（Georgy Flerov）领导的苏维埃元素猎人组织。一路上，他开创了"冷聚变"技术，最终帮助寻获了第107~113 号元素，后来又开创了使用富含中子的钙 -48的"热聚变"反应技术，为世界带来了鿏以及其之后的多个元素。现代科学的一项重要内容是合作，奥加涅相正是用热情、洞察力和永不满足的科学好奇心来培养合作关系，感染合作者的。

以他名字命名的元素——oganesson——也似他一般独一无二。2002 年，奥加涅相所带领的 JINR 团队和来自美国劳伦斯利弗莫尔国家实验室的同仁以钙 -48轰击锎 -249 标靶 [1]，首次合成了第 118 号元素，目前只有一种已知的同位素 ^{294}Og，它产生于极其罕见的反应，以至于用了 10 年时间才得到 4 颗确认的原子。其中第 4 个是个特别幸运的发现，研究人员在一次尝试用钙 -48 原子束轰击锫 -249 标靶以制造第 117 号元素时，其中 28% 的标靶物质衰变成了锎 -249，而意外产生了第 118 号元素 [2]。

最早宣称 [3] 发现第 118 号元素的并非来自俄罗斯，而是 1999 年的劳伦斯伯克利国家实验室。在那里，西博格曾领导或参与发现了包括钚在内的 10 种元素。就在他去世后不久，伯克利宣布发现了三条衰变链，它们均是氪原子轰击铅靶的产物。这似乎好得令人难以置信。

这的确有问题。世界各地的其他研究小组，连同伯克利的研究小组本身，都无法重现这些衰变链，这促使伯克利的研究小组重新分析原始数据。当无法找到衰变链的证据时，除了负责分析原始数据的第一作者维克托·尼诺夫（Victor Ninov），其他所有作者都撤回了这篇文章 [4]。到 2002 年 7 月发布撤回声明时，尼诺夫已于 5 月因学术不端行为被伯克利国家实验室开除 [5]，且

[1] Oganessian Y. et al. JINR Commun. https://doi.org/ 10.2172/15007307 (2002)

[2] Karol, P. J. et al. Pure Appl. Chem. 88, 155–160 (2015).

[3] Ninov, V. et al. Phys. Rev. Lett. 83, 1104–1107 (1999).

[4] Ninov, V. et al. Phys. Rev. Lett. 89, 039901 (2002).

[5] Johnson, G. At Lawrence Berkeley, physicists say a colleague took them for a ride. New York Times (15 October 2002).

已经提出了申诉[6]。

今天，我们知道元素周期表上最后一个元素的发现是无可争议的，但它的结构和性质仍然是一个谜。没有任何化学实验在该放射性巨头上开展，^{294}Og 会发生 α 衰变，而其半衰期连 1 ms 都不到。

然而，理论模型表明它可能并不遵循周期规律。你可能会认为，作为一种惰性气体，氮的价电子壳层是封闭的，为充满的 $7s^2 7p^6$ 结构。但在 2017 年，美国和新西兰合作的一个项目却预测情况并非如此[7]。相对论效应，即相对性导致的预期行为和观察行为之间的差异，可能会导致壳体结构的损失。这些效应在元素周期表中随处可见，效应随着原子核的增大而增加。氮似乎已经达到了电子形成均匀分布的电荷气体的地步。这样的变化会影响元素的性质：在室温下，氮很可能是固体，且由于它的 p 轨道上的电子更容易被移除，导致它的反应性比其他的惰性元素更强。

如果模型成立，它可能会终结我们所知道的周期性规律，成为化学和物理结合处的一个转折点。就像它特立独行的"父亲"一样，氮确实非常有趣啊！

[6] Schwarzschild, B. Phys. Today 55, 15–17 (2002).

[7] Jerabek, P. et al. Phys. Rev. Lett. 120, 053001 (2018).

译名对照

A.D. 艾伦（A. D. Allen）

C. V. 斯诺夫（C. V. Senoff）

D.F. 佩帕德（D.F.Peppard）

D. 斯科特·威尔伯（D. Scott Wilbur）

E.A. 塞登（E.A. Seddon）

E.M. 麦克米伦（E.M.McMillan）

J. J. 汤姆孙（J. J. Thomson）

J. 劳伦斯·史密斯（J. Lawrence Smith）

J. 诺曼·科里（J. Norman Collie）

K. 阿勒克斯·缪勒（K.Alex Müller）

K. 巴里·夏普莱斯（K. Barry Sharpless）

K.R. 塞登（K.R. Seddon）

P.H. 艾贝尔森（P.H.Abelson）

A

阿代尔·克劳福德（Adair Crawford）

阿德里安·丁格尔（Adrian Dingle）

阿尔伯特·爱因斯坦（Albert Einstein）

阿尔伯特·费尔（Albert Fert）

阿尔伯特·迈克尔逊（Albert Michelson）

阿加莎·克里斯蒂（Agatha Christie）

阿拉斯代尔·斯凯尔顿（Alasdair Skelton）

阿瑟·登普斯特（Arthur Dempster）

埃里克·J. 赛尔特（Eric J. Schelter）

埃里克·安索波洛（Eric Ansoborlo）

埃里克·康奈尔（Eric Cornell）

埃里克·赛瑞（Eric Scerri）

埃米利奥·塞格雷（Emilio Segrè）

艾伯特·吉奥索（Albert Ghiorso）

艾略特·Q. 亚当斯（Elliott Q. Adams）

爱德华·弗兰克兰（Edward Frankland）

爱德华·哈夏克（Eduard Haschek）

安德里亚斯·特拉贝辛格（Andreas Trabesinger）

安德烈·塔罗尼（Andrea Taroni）

安德烈 - 路易·德比埃尔内（André-Louis Debierne）

安德斯·古斯塔夫·埃克贝格（Anders Gustaf Ekeberg）

安德斯·伦纳特松（Anders Lennartson）

安妮·碧尚（Anne Pichon）

安托万·比西（Antoine Bussy）

安托万 - 洛朗·德·拉瓦锡（Antoine-Laurent de Lavoisier）

奥斯瓦尔德·赫尔穆特·格林（Oswald Helmuth Göhring）

奥托·伯格（Otto Berg）

奥托·弗里施（Otto Frisch）

奥托·哈恩（Otto Hahn）

B

巴特·费尔贝克（Bart Verberck）

芭芭拉·J. 芬利森-皮茨（Barbara J. Finlayson-Pitts）

保拉·L. 迪亚孔斯丘（Paula L. Diaconescu）

保罗·埃尔利希（Paul Ehrlich）

保罗·埃鲁（Paul L. T. Héroult）

保罗·哈特克（Paul Harteck）

保罗·勒博（Paul Lebeau）

保罗·诺科赫尔（Paul Knochel）

保罗-埃米尔·勒科克·德布瓦博德兰（Paul-Émile Lecoq de Boisbaudran）

鲍林（Pauling）

贝恩克（Behnke）

贝尔纳·库尔图瓦（Bernard Courtois）

本·斯蒂尔（Ben Still）

彼得·L. 葆森（Peter L. Pauson）

彼得·安布鲁斯特（Peter Armbruster）

彼得·迪纳（Peter Dinér）

彼得·格林贝格（Peter Grünberg）

彼得·施韦特费格尔（Peter Schwerdtfeger）

彼得·雅各布·海基尔姆（Peter Jacob Hjelm）

波莉·阿诺德（Polly Arnold）

伯格曼（Bergman）

伯纳德·冯内古特（Bernard Vonnegut）

博胡斯拉夫·布劳纳（Bohuslav Brauner）

博施（Bosch）

布雷特·F. 桑顿（Brett F. Thornton）

C–E

查尔斯·M. 霍尔（Charles M. Hall）

查里斯·金·詹姆斯（Charles 'King' James）

查理斯·哈契特（Charles Hatchett）

春田正毅（Masatake Haruta）

达恩·欧莱瑞（Dan O'Leary）

达盖尔（Daguerre）

达莲娜·霍夫曼（Darleane Hoffman）

大卫·佩恩（David Payne）

戴维·林赛（David Lindsay）

丹尼尔·拉比诺维奇（Daniel Rabinovich）

但丁·加泰斯基（Dante Gatteschi）

德鲁斯（Druce）

德米特里·门捷列夫（Dmitri Mendeleev）

邓耿（Geng Deng）

迪尔克·科斯特（Dirk Coster）

迪特尔·阿克曼（Dieter Ackermann）

蒂贝留·G. 莫加（Tiberiu G. Moga）

恩里科·费米（Enrico Fermi）

恩斯特·维尔纳·冯·西门子（Ernst Werner von Siemens）

F

范·海尔蒙特（Van Helmont）

菲利普·普兰特穆尔（Philippe Plantamour）

菲利普·威尔克（Philip Wilk）

菲利斯·格兰迪内蒂（Felice Grandinetti）

斐迪南·布里克韦德（Ferdinand 'Brick' Brickwedde）

斐迪南·莱奇（Ferdinand Reich）

弗兰克·克拉克（Frank Clarke）

弗朗茨·埃克斯纳（Franz Exner）

弗朗茨-约瑟夫·米勒·冯·赖兴施泰因（Franz Josef Müller von Reichenstein）

弗朗索瓦·奥泽尔（François Auzel）

弗朗索瓦-泽维尔·库代尔（François-Xavier Coudert）

弗朗西斯·C. 菲利普斯（Francis C. Phillips）

弗朗西斯·阿斯顿（Francis Aston）

弗朗西斯科·玛利亚·皮亚韦（Francesco Maria Piave）

弗雷德·阿利森（Fred Allison）

弗里茨·施特拉斯曼（Fritz Strassmann）

弗里德里希·奥斯卡·吉塞尔（Friedrich Oskar Giesel）

弗里德里希·道恩（Friedrich Dorn）

弗里德里希·加布里埃尔·苏尔寿（Friedrich Gabriel Sulzer）

弗里德里希·施特罗迈尔（Friedrich Stromeyer）

弗里德里希·维勒（Friedrich Wöhler）

福斯托·德卢亚尔（Fausto Delhuyar）

G

盖里·J. 施罗比尔根（Gary J. Schrobilgen）

戈捷·J.-P. 德布隆德（Gauthier J.-P. Deblonde）

戈特弗里德·慕岑贝格（Gottfried Münzenberg）

戈特弗里德·欧赛恩（Gottfried Osann）

格奥尔基·弗廖罗夫（Georgii Flerov）

格雷厄姆·哈钦斯（Graham Hutchings）

格雷戈里·吉罗拉米（Gregory Girolami）

格蕾丝·玛丽·科里尔（Grace Mary Coryell）

格伦·西博格（Glenn T. Seaborg）

葛拉汉·杨（Graham Young）

根岸英一（Ei-ichi Negishi）

古斯塔夫·基尔霍夫（Gustav Kirchhoff）

古斯塔夫·罗斯（Gustav Rose）

古腾堡（Gutenberg）

H–J

哈柏（Haber）

哈里·埃米勒斯（Harry Emeleus）

哈罗德·尤里（Harold Urey）

海因茨·格格勒（Heinz Gäggeler）

海因里希·罗斯（Heinrich Rose）

汉弗里·戴维爵士（Sir Humphry Davy）

赫伯特·C. 布朗（Herbert C. Brown）

赫伯特·W. 罗斯基（Herbert W. Roesky）

黑田和夫（Paul Kuroda）

亨利·贝克勒尔（Henri Becquerel）

亨利·卡文迪许（Henry Cavendish）

亨利·莫塞莱（Henry Moseley）

亨利·莫瓦桑（Henri Moissan）

亨利·圣克莱尔·德维尔（Henri Sainte-Claire Deville）

亨尼格·布兰德（Hennig Brandt）

胡安·何塞·德卢亚尔（Juan José Delhuyar）

霍里亚·胡卢贝伊（Horia Hulubei）

基特·查普曼（Kit Chapman）

吉尔伯特·N. 路易斯（Gilbert N. Lewis）

贾恩·哈特曼（Jan Hartmann）

K

卡德摩斯（Cadmus）

卡尔·阿克塞尔·阿伦尼乌斯（Carl Axel Arrhenius）

卡尔·奥尔·冯·韦尔斯巴赫（Carl Auer von Welsbach）

卡尔·冯林德（Carl von Linde）

卡尔·赫曼（Karl Hermann）

卡尔·克劳斯（Karl Klaus）

卡尔·莫桑德（Carl Monsander）

卡尔·威廉·舍勒（Carl Wilhelm Scheele）

卡尔·威曼（Carl Wieman）

卡尔·约瑟夫·拜耳（Karl Josef Bayer）

卡莱尔（Carlisle）

卡洛·佩里耶（Carlo Perrier）

卡其米尔·法扬斯（Kazimierz Fajans）

卡斯滕·博尔姆（Carsten Bolm）

卡塔琳娜·M. 弗罗姆（Katharina M. Fromm）

卡西·L. 德雷南（Catherine L. Drennan）

凯瑟琳·哈克斯顿（Katherine Haxton）

凯瑟琳·雷努夫（Catherine Renouf）

凯特·戴（Kat Day）

康斯坦丁·佩特里亚克（Konstantin Petrjak）

科塞尔（Kossel）

克拉普克（Klapötke）

克莱尔·汉塞尔（Claire Hansell）

克莱门斯·温克勒（Clemens Winkler）

克劳德·弗朗索瓦·杰弗里（Claude François Geoffroy）

克劳德·皮盖（Claude Piguet）

克劳德 - 奥古斯特·拉米（Claude-Auguste Lamy）

克里斯汀·赫尔曼（Christine Herman）

克里斯托弗·E. 杜尔曼（Christoph E. Düllmann）

克鲁岑（Crutzen）

肯恩·韦德（Ken Wade）

肯尼斯·皮策（Kenneth Pitzer）

库巴斯（Kubas）

库尔特·冯内古特（Kurt Vonnegut）

L

拉尔夫·普赫塔（Ralph Puchta）

拉尔斯·奥斯特罗姆（Lars Öhrström）

拉尔斯·弗雷德里克·尼尔森（Lars Fredrik Nilson）

拉库姆（Lacombe）

拉姆·莫汉（Ram Mohan）

拉塞尔·博伊德（Russell Boyd）

莱因霍尔德·耶伊尔（Reinhold Geijer）

雷德里克·索迪（Frederick Soddy）

雷诺兹（Reynolds）

里克（Rick）

里特（Ritter）

理查德·海尔（Richard Haire）

理查德·赫克（Richard Heck）

理查德·施罗克（Richard Schrock）

理查德·威尔逊（Richard Wilson）

理查德·韦恩·莱格特（Richard Wayne Leggett）

利昂·塞加尔（Leon Séquard）

利塞·阿尔德罗万迪（Ulisse Aldrovandi）

莉泽·迈特纳（Lise Meitner）

铃木章（Akira Suzuki）

鲁道尔夫·埃里希·拉斯伯（Rudolf Erich Raspe）

鲁德亚德·吉卜林（Rudyard Kipling）

路易 - 尼古拉·沃克兰（Louis-Nicholas Vauquelin）

路易斯·阿尔瓦雷茨（Luis Alvarez）

路易斯 - 克劳德·卡戴特·德伽西科特（Louis-Claude Cadet de Gassicourt）

罗伯特·B. 欧文斯（Robert B. Owens）

罗伯特·E. 威廉姆斯（Robert E. Williams）

罗伯特·艾希勒（Robert Eichler）

罗伯特·波义耳（Robert Boyle）

罗伯特·格拉布（Robert Grubbs）

罗伯特·哈德菲尔（Robert Hadfield）

罗伯特·怀特洛-格雷（Robert Whytlaw-Gray）

罗伯特·威廉·本生（Robert Wilhelm Bunsen）

罗德·霍夫曼（Roald Hoffmann）

罗德里克·麦金农（Roderick MacKinno）

罗兰（Rowland）

罗林（Loring）

M

马蒂克·洛津斯克（Matic Lozinšek）

马蒂亚·波利亚科夫（Martyn Poliakoff）

马丁·海因里希·克拉普罗特（Martin Heinrich Klaproth）

马格努斯·马丁·庞丁（Magnus Martin Pontin）

马克·德拉方丹（Marc Delafontaine）

马克·欧力峰（Mark Oliphant）

马克·H. 西蒙斯（Mark H. Thiemens）

马库·拉萨能（Markku Räsänen）

马特·莱特利（Matt Rattley）

马歇尔·布伦纳（Marshall Brenna）

马修·哈廷斯（Matthew Hartings）

马祖尔（Mazur）

玛格丽特·佩里（Marguerite Perey）

玛吉特·S. 米勒（Margit S. Müller）

玛丽·居里（Marie Curie）

玛丽·马丁利·梅洛妮（Marie Mattingly Meloney）

玛丽莎·J. 蒙雷亚尔（Marisa J. Monreal）

迈克尔·A. 塔塞利（Michael A. Tarselli）

曼内·西格巴恩（Manne Siegbahn）

梅特克·杰罗尼克（Mietek Jaroniec）

米哈伊尔·N. 博奇卡廖夫（Mikhail N. Bochkarev）

米奇·安德烈·加西亚（Mitch André Garcia）

米西尔逊（Meselson）

莫里斯·特拉弗斯（Morris Travers）

莫利纳（Molina）

N

纳塔（Natta）

纳扎里奥·马丁（Nazario Martín）

娜杰日达·塔拉基纳（Nadezda V. Tarakina）

尼俄伯（Niobe）

尼尔·巴特利特（Neil Bartlett）

尼尔斯·玻尔（Niels Bohr）

尼尔斯·朗勒特（Nils Langlet）

尼古拉斯·帕帕菲（Nicholas Papaffy）

尼科尔森（Nicholson）

涅普斯（Niépce）

诺曼·洛克耶（Norman Lockyer）

欧内斯特·劳伦斯（Ernest Lawrence）

欧内斯特·卢瑟福（Ernest Rutherford）

P

帕梅拉·祖瑞尔（Pamela Zurer）

帕斯奎尔·罗曼（Pascual Román）

佩卡·皮克（Pekka Pyykkö）

皮·特奥多尔·克利夫（Per Teodor Cleve）

皮埃尔·居里（Pierre Curie）

皮埃尔·让森（Jules Janssen）

皮拉尔·戈雅（Pilar Goya）

皮耶兰格洛·梅特兰戈洛（Pierangelo Metrangolo）

皮耶特·万艾思（Pieter van Assche）

威廉·S. 诺尔斯（William S. Knowles）

威廉·汉普森（William Hampson）

威廉·克尔（William Kerr）

威廉·克里斯托弗·蔡泽（William Christopher Zeise）

威廉·克鲁克斯（William Crookes）

威廉·拉姆齐（William Ramsay）

威廉·伦琴（Wilhelm Röntgen）

威廉·诺伊斯（William Noyes）

维姬·坎特利尔（Vikki Cantrill）

维克多·格林尼亚（Victor Grignard）

维克托·尼诺夫（Victor Ninov）

维利·马克瓦尔德（Willy Marckwald）

维纳莫宁（Väinämöinen）

温琴佐·卡西亚罗洛（Vincenzo Casciarolo）

沃尔夫冈·克特勒（Wolfgang Ketterle）

沃尔特（Walter）

沃尔特·葛雷纳（Walter Greiner）

沃尔特·雷佩（Walter Reppe）

沃伊切赫·格罗查拉（Wojciech Grochala）

X

西格·霍夫曼（Sigurd Hofmann）

西蒙·H. 弗里德曼（Simon H. Friedman）

西蒙·希金斯（Simon Higgins）

希罗尼穆斯·里赫特（Hieronymus Richter）

肖恩·C. 伯德特（Shawn C. Burdette）

小川正孝（Masataka Ogawa）

Y-Z

雅克-路易斯·索雷（Jacques-Louis Soret）

雅努斯（Janus）

亚里士多德（Aristotle）

亚历山大·利特维年科（Alexander Litvinenko）

亚奈·卡什坦（Yannai Kashtan）

亚西尔·阿拉法特（Yasser Arafat）

野依良治（Ryoji Noyori）

伊达·塔克（Ida Tacke）同伊达·诺达克（Ida Noddack）

伊赫桑·U. 侃德（Ihsan U. Khand）

伊里斯（Iris）

伊丽莎白·威廉姆斯（Elizabeth Williams）

伊万·德莫乔夫斯基（Ivan Dmochowski）

永目谕一郎（Yuichiro Nagame）

永斯·雅各布·贝采利乌斯（Jöns Jakob Berzelius）

尤金-阿纳托利·德马塞（Eugène-Anatole Demarçay）

尤金-梅尔希奥·皮里哥（Eugène-Melchior Péligot）

尤里·奥加涅相（Yuri Oganessian）

尤利乌斯·洛塔尔·迈耶尔（Julius Lothar Meyer）

尤利娅·乔治斯古（Iulia Georgescu）

约翰·阿诺德（John Arnold）

约翰·埃姆斯利（John Emsley）

约翰·奥古斯特·阿韦德松（Johann August Arfvedson）

约翰·伯恩斯（John Burns）

约翰·加多林（Johan Gadolin）

约翰·罗洛夫（Johann Roloff）

约翰·普拉内（John Plane）

约翰·沃尔夫（Johann Wolff）

约翰内斯·格奥尔格·贝德诺尔茨（Johannes
　　Georg Bednorz）

约瑟夫·路易·盖 - 吕萨克（Joseph Louis
　　Gay-Lussac）

约瑟夫·普利斯特里（Joseph Priestley）

约西亚·韦奇伍德（Josiah Wedgwood）

詹姆斯·伊伯斯（Jim Ibers）

朱利奥·切萨雷·拉加拉（Giulio Cesare
　　Lagalla）

朱塞佩·雷斯纳蒂（Giuseppe Resnati）

朱塞佩·威尔第（Giuseppe Verdi）

编后记

这是自然的音符，也是科学的旋律。

当我在 Nature 自然科研（现为 Nature Portfolio）的微信订阅号看到了关于化学元素的连载科普文章时，作为一名科普图书策划编辑，把好内容变成好书的想法油然而生。当前的科普图书领域非常需要一本权威的、全面的，可以覆盖 118 种化学元素的科普图书。

虽然这本书从 2018 年建立联系到正式出版前后历时一年多，但《自然 - 化学》杂志的元素专栏至今已经连载了近 10 年，Nature 自然科研的翻译也持续了两年多。

这本书的书名《自然的音符：118 种化学元素的故事》，源于有一天我忽然发现元素的 7 个周期刚好与音乐简谱中的 7 个音符不谋而合，异曲同工，而且正是所有的元素谱写了大自然的动人乐章。

《自然的音符：118 种化学元素的故事》最终得以出版离不开大家的帮助和扶持。感谢 Nature 自然科研的宋晓晔、许栩、陆叶飞和李飘老师。感谢本书的四位译者：史晓艳、施夏夫、依丁和游龙翔。感谢为本书绘制插图的清华 7 字班倪雨歆同学。感谢金涌院士、施普林格·自然集团大中华区科学总监杨晓虹博士、姜雪峰教授为本书撰写推荐语。感谢中国化学会化学教育学科委员会、中国化工学会科普继续教育工作委员会对本书的推荐。感谢出版社海外合作部等部门同事的协助。

关于科学与美，朱光潜先生有一段论述："'地球绕日运行''勾方加股方等于弦方'一类的科学事实，和《密罗斯爱神》或《第九交响曲》一样可以摄魂震魄。科学家去寻求这一类的事实，穷到究竟，也正因为它们可以摄魂震魄。所以科学的活动也还是一种艺术的活动，不但善与美是一体，真与美也并没有隔阂。"

希望这本书成为您的科学手边书，发现自然与科学之美，用自然的音符谱写出属于自己的乐章。

刘杨

2019 年 12 月